Josef Hofbauer · Karl Sigmund

Evolutionstheorie und dynamische Systeme – Mathematische Aspekte der Selektion

Evolutionstheorie und dynamische Systeme

Mathematische Aspekte der Selektion

Josef Hofbauer und Karl Sigmund

Institut für Mathematik der Universität Wien

1984 · Mit 74 Abbildungen und einer Tabelle

Verlag Paul Parey · Berlin und Hamburg

CIP-Kurztitelaufnahme der Deutschen Bibliothek

Hofbauer, Josef:
Evolutionstheorie und dynamische Systeme: math. Aspekte d. Selektion / Josef Hofbauer u. Karl Sigmund. – Berlin; Hamburg: Parey, 1984.
ISBN 3-489-61834-3

NE: Sigmund, Karl

Anschrift der Verfasser:
Dr. J. Hofbauer, Prof. Dr. K. Sigmund,
Institut für Mathematik der Universität Wien,
Währinger Str. 17/VI
A-1090 Wien

Einband: Christian Honig, BDB/BDG,
D-5450 Neuwied 1

Anschriften: Lindenstr. 44–47, D-1000 Berlin 61; Spitalerstr. 12, D-2000 Hamburg 1

ISBN 3-489-61834-3. Printed in Germany

Graphische Darstellungen und Lithographie:
Atelier Oehrlein & Partner, D-1000 Berlin 33

Satz: Volker Spiess, D-1000 Berlin 62
Druck: Color-Druck, D-1000 Berlin 49

Bindung: Lüderitz & Bauer Buchgewerbe GmbH,
D-1000 Berlin 61

Vorwort

Die Biomathematik gilt als eine junge Wissenschaft, doch reicht ein kurioser Vorläufer bis ins Mittelalter zurück. Im dreizehnten Jahrhundert berechnete Leonardo da Pisa, genannt Fibonacci, im Auftrag seines Fürsten die Vermehrung von Kaninchen. Er nahm dabei an, daß ein Paar Kaninchen ab dem zweiten Lebensmonat jeden Monat ein Paar Kaninchen wirft. Bezeichnet a_n die Zahl der Kaninchenpaare im n-ten Monat, so erhält man die Rekurrenzrelation

$$a_n = a_{n-1} + a_{n-2}$$

denn a_n ist gleich der Anzahl der Kaninchenpaare, die es schon im Vormonat gab (also a_{n-1}), vermehrt um so viele neugeborene Paare, als es zeugungsfähige, das heißt mindestens zwei Monate alte Paare gibt (also a_{n-2}). Zusammen mit der Bedingung, daß man mit einem neugeborenen Pärchen beginnt (also $a_0 = a_1 = 1$), liefert das die berühmte Fibonacci-Folge

$$1, 1, 2, 3, 5, 8, 13, 21, \ldots$$

Schon bei diesem ersten Beispiel eines mathematischen Modells in der Biologie fällt eine gewisse Großzügigkeit auf: es werden hier weder die Sterblichkeit der Kaninchen noch die Schwankungen in der Zahl der Nachkommen berücksichtigt.

Ähnlich kühne Vereinfachungen findet man auch heute noch, unter anderem in dem vorliegenden Buch. Es mag oft erscheinen, als ob der Anspruch der Biomathematik, eine anwendungsorientierte Wissenschaft zu sein, sich eher auf die Anwendungen der Biologie in der Mathematik bezieht, als auf solche der Mathematik in der Biologie. Die Fibonacci-Folge ist sicherlich für Zahlentheoretiker wichtiger als für Kaninchenzüchter.

Doch soll man das Kind nicht mit dem Bad ausschütten: wenn mathematische Modelle in der Biologie auch nur sehr selten in der Lage sind, die verwirrende Vielfalt des Lebendigen zu beschreiben oder gar Vorhersagen für Untersuchungen im freien Feld zu liefern, so können sie trotzdem oft wertvolle Einsichten vermitteln. – Niemand wird die Bedeutung der mathematischen Physik bezweifeln: und doch läßt sich schon das Dreikörperproblem nicht lösen, geschweige denn eine exakte Vorhersage treffen, wohin ein fallengelassenes Blatt Papier schweben wird. Dabei hat die Mathematisierung der Physik einen gewaltigen Vorsprung, denn trotz Fibonacci und einiger anderer Vorläufer kam es erst vor etwa hundert Jahren in größerem Umfang zur Anwendung mathematischer Methoden in der Biologie. Dafür wächst heute die Biomathematik so rasant, als wollte sie die verlorenen Jahrhunderte aufholen.

Im folgenden soll gewiß nicht versucht werden, diese in alle Richtungen ausufernde Entwicklung in unserer Darstellung nachzuvollziehen. Wir bieten keinen Überblick an, sondern lediglich ein paar Kostproben. Dabei wollen wir vier Gebiete behandeln, die, obwohl scheinbar weit voneinander entfernt, doch allesamt Aspekte der Evolutionstheorie darstellen.

Im ersten Teil – über Populationsgenetik – wird untersucht, wie sich die Häufigkeiten von erblichen Merkmalen innerhalb einer Art verändern. Dies ist bestimmt das am besten gesicherte Gebiet der Biomathematik. Wir greifen hier einige der wichtigsten klassischen Resultate von Fisher, Haldane und Wright heraus.

Im zweiten Teil – über Populationsökologie – untersuchen wir Modelle, welche Wachstum und Wechselwirkung der Arten im Kampf ums Dasein beschreiben. Die Grundlagen sind hier nicht so einfach wie die Vererbungsgesetze, und der Mathematisierung sind Grenzen gesetzt. Wieder beschränken wir uns auf klassische Resultate, welche auf Lotka, Volterra und Gause zurückgehen.

Diese erste Hälfte des Buches enthält also vieles, was schon vor fünfzig Jahren, im „goldenen Zeitalter" der Biomathematik, bekannt war. Die zweite Hälfte dagegen enthält Theorien, welche erst im Laufe des letzten Jahrzehnts entstanden sind.

Der dritte Teil nämlich – über präbiotische Evolution – befaßt sich mit der Entwicklung der selbstreproduzierenden Makromoleküle, die am Ursprung des Lebens standen. Der grundlegende Begriff ist hier der des Hyperzyklus. Er wurde Anfang der Siebzigerjahre durch den deutschen Chemiker Manfred Eigen geprägt.

Der vierte Teil – über Soziobiologie – untersucht erbliche Verhaltensmuster im Tierreich mit Hilfe der Spieltheorie. Auch hier wurde der wichtigste Begriff, nämlich der einer evolutionsstabilen Strategie, erst vor etwa zehn Jahren eingeführt, und zwar von dem englischen Biologen John Maynard Smith.

Wie man sieht, handelt es sich in allen vier Fällen um Fragen der Selbstorganisation in der Evolution der Biosphäre. Doch die Systeme sind voneinander äußerst verschieden: so entstand etwa die katalytische Verkoppelung von Biopolymeren mehrere Jahrmilliarden vor der Ausprägung von Ritualkämpfen im Tierreich. Umso überraschender ist es, daß wir immer wieder zu demselben dynamischen System geführt werden. Ein und dieselbe Differentialgleichung zieht sich wie ein roter Faden durch alle Teile des Buches: sie steuert die Häufigkeiten der Gene, die Kopfzahlen von Tierpopulationen, die Konzentrationen von Polynukleotiden und die Mischungsverhältnisse von Strategien. Das dynamische System ist aber nicht nur von den Anwendungen her äußerst vielschichtig: auch seine mathematische Struktur ist reichhaltig genug, um Gelegenheit zu liefern, an Hand von Beispielen eine ganze Reihe von Methoden der qualitativen Theorie der Differentialgleichungen kennenzulernen.

Die mathematischen Techniken werden Schritt für Schritt eingeführt und erweitert, während die vier biologischen Themen – Populationsgenetik, Populationsökologie, präbiotische Evolution und Soziobiologie – in den vier etwa gleich langen Teilen des Buches jeweils von den einfachsten Grundlagen bis zu fortgeschrittenen Modellen aufgebaut werden.

Jeder Teil ist in sieben Kapitel gegliedert, von denen die ersten zwei oder drei mit einem Minimum an Mathematik auskommen. Der Leser, den – etwa – die Gleichungen im fünften Kapitel nicht interessieren, kann getrost in den zweiten, dritten oder vierten Teil umsteigen. Das führt zwar zu einer gewissen Redundanz in der Darstellung, fördert aber vielleicht die Zugänglichkeit des Ganzen.

Wir haben uns bemüht, sowohl für mathematisch interessierte Biologen als auch für biologisch interessierte Mathematiker zu schreiben. Wenn beide ungefähr gleich viele Seiten als wohlbekannt überspringen, wäre unser Ziel, eine ausgewogene Darstellung zu finden, erreicht: zumindest, solange nicht alles übersprungen wird.

Dieses Buch entstand aus Vorlesungen, die wir im Lauf der letzten Jahre am Institut für Mathematik der Universität Wien abhielten. Wir sind unseren kritischen Hörern sehr dankbar, insbesondere den Kollegen M. Koth, I. Bomze, R. Bürger und V. Losert, die wertvolle wissenschaftliche Beiträge lieferten. Weiters danken wir den Professoren M. Eigen, K.P. Hadeler, P. Hammerstein, R. Selten, J. Maynard Smith, E. Akin und R. Riedl für Diskussionen und den Einblick in noch unveröffentlichte Manuskripte, sowie Frau S. Aschan für ihre unermüdliche Bereitwilligkeit, das Manuskript auch noch ein x-tes Mal umzuschreiben, und Herrn A. Novak für die Herstellung der Plots.

Vor allem aber sind wir Professor Peter Schuster zu besonderem Dank verpflichtet: er hat uns nicht nur zur Biomathematik hingeführt, sondern mit seinen Arbeiten und Ergebnissen auch den Grundstock für dieses Buch geliefert.

Anmerkungen

Die älteste biomathematische Arbeit ist in Fibonacci (1202) zu finden. – Heute gibt es, besonders im englischsprachigen Raum, eine Flut von Lehrbüchern. An dieser Stelle verweisen wir nur auf Maynard Smith (1970) als knappe, geistvolle Einleitung. Als deutschsprachige Einführung können die Darstellungen von Hadeler (1974) und Nöbauer-Timischl (1979) empfohlen werden.

Wien, im Frühjahr 1984

J. Hofbauer
K. Sigmund

Liste der Symbole

$\mathbb{R}$	Menge der reellen Zahlen
$\mathbb{R}^n$	Menge der n-Tupel reeller Zahlen
$\mathbf{x} = (x_1, \ldots, x_n)$	ein Vektor aus dem $\mathbb{R}^n$
$\mathbb{R}^n_+ = \{ \mathbf{x} \in \mathbb{R}^n : x_i \geqslant 0 \text{ für } i=1,\ldots,n \}$	der positive Orthant
$S_n = \{ \mathbf{x} \in \mathbb{R}^n_+ : \sum_i x_i = 1 \}$	der n-eckige Simplex
$\mathbf{e}_i = (0, \ldots, 0, \underset{\uparrow}{1}, 0, \ldots, 0)$ (↑ i-te Stelle)	der i-te Einheitsvektor
$\sum_{i=1}^{n} x_i = x_1 + \ldots + x_n$	Summe über alle x_i (auch $\sum_i x_i$ geschrieben)
$\prod_{i=1}^{n} x_i = x_1 x_2 \ldots x_n$	Produkt über alle x_i (auch $\prod_i x_i$ geschrieben)
$A = (a_{ij})$	die n×n-Matrix $\begin{bmatrix} a_{11} & \cdots & a_{1n} \\ \vdots & & \vdots \\ a_{n1} & \cdots & a_{nn} \end{bmatrix}$
$(A\mathbf{x})_i = \sum_j a_{ij} x_j = a_{i1} x_1 + \ldots + a_{in} x_n$	
$A\mathbf{x}$	der Vektor mit den Komponenten $(A\mathbf{x})_1$ bis $(A\mathbf{x})_n$
$\mathbf{x} \cdot \mathbf{y} = \sum_{i=1}^{n} x_i y_i = x_1 y_1 + \ldots + x_n y_n$	das innere Produkt der Vektoren $\mathbf{x}$ und $\mathbf{y}$ aus $\mathbb{R}^n$
$\dot{x} = \frac{dx}{dt}$	die Ableitung von x nach t (hierbei wird vorausgesetzt, daß $t \to x(t)$ eine differenzierbare Funktion ist)
$\dot{\mathbf{x}} = (\dot{x}_1, \ldots, \dot{x}_n)$	die Ableitung der vektorwertigen Funktion $t \to \mathbf{x}(t)$
$P(A)$	Wahrscheinlichkeit des Ereignisses A
EX	Erwartungswert der Zufallsgröße X
$\operatorname{Var} X$	Varianz der Zufallsgröße X
$A \setminus B$	Menge aller Elemente, die zu A, aber nicht zu B gehören

Inhaltsverzeichnis

I Populationsgenetik

1 Einführung in die Populationsgenetik

1.1 Körperzellen

Je nach Gewebetyp sehen die Zellen von höheren Organismen äußerst unterschiedlich aus, doch enthält – von einigen Ausnahmen abgesehen – jede einen Zellkern, in welchem das gesamte Erbgut in Gestalt von *Chromosomen* gespeichert ist. Die Zahl der Chromosomen hängt von der Art ab (beim Menschen sind es 46), doch stets treten sie in homologen, also äußerlich ähnlichen Paaren auf. Teilt sich nun eine Körperzelle, so verdoppelt sich jedes Chromosom, und jede der beiden Tochterzellen wird mit einem vollständigen Satz von Chromosomen beschickt (siehe Abb. 1.1).

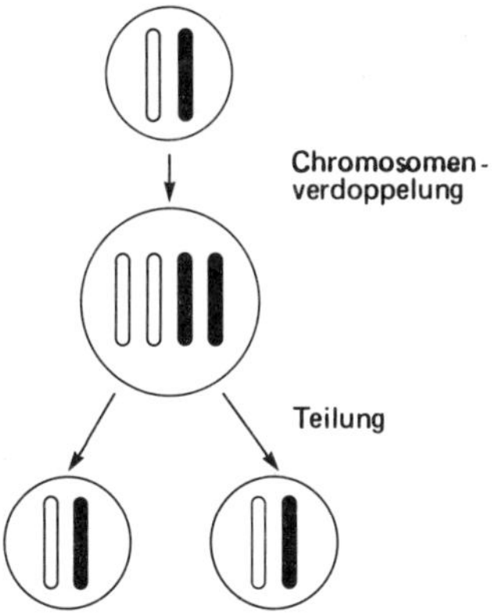

Abb. 1.1 Mitosis:
Teilung von Körperzellen

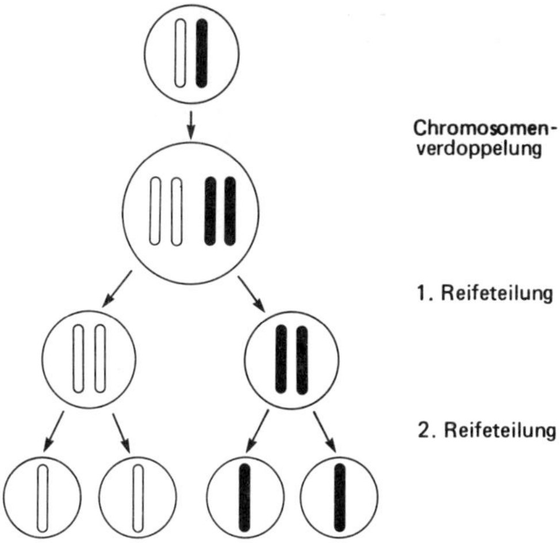

Abb. 1.2 Meiosis: Bildung von Keimzellen

Die Mechanismen der Zellteilung sind außerordentlich kompliziert und im einzelnen noch nicht voll durchschaut. Für uns von Bedeutung ist hier aber bloß, daß Tochterzellen genau dieselbe Erbinformation besitzen wie ihre Vorfahren. Jede unserer Körperzellen, ob sie nun zu den Gehirnwindungen gehört oder zum Fersenbein, enthält Kopien der Chromosomen der einen Zelle, die wir einmal waren, also Kopien unseres gesamten Erbgutes.

Betrachten wir nun ein erblich bestimmtes Merkmal, das zum Erscheinungsbild – zum sogenannten *Phänotyp* – gehört, etwa Augenfarbe oder Blutgruppe. Es wird (im allereinfachsten Fall) durch die beiden *Gene* bestimmt, die an zwei entsprechenden Orten eines homologen Chromosomenpaares sitzen, also am sogenannten *Locus* des Erbmerkmals. Es gibt nun im allgemeinen mehrere Typen von Genen, die an einem solchen *Genort* auftreten können, die sogenannten *Allele* $A_1, \ldots, A_n$. Der *Genotyp* wird durch das Paar bestimmt, das tatsächlich vorkommt. Im Fall A_iA_i, wenn also zweimal dasselbe Allel vertreten ist, heißt der Genotyp *homozygot*, im Fall A_iA_j $(i \neq j)$ dagegen *heterozygot*. Hier kann nun ein Allel das andere überstimmen – A_iA_j äußert sich etwa wie A_iA_i – dann heißt A_i *dominant* und A_j *rezessiv*. Es kann aber auch geschehen, daß sich der heterozygote Genotyp anders als beide homozygoten äußert. Doch die Genotypen A_iA_j und A_jA_i können nie unterschieden werden.

1.2 Keimzellen

Da die Chromosomen in den Körperzellen paarweise auftreten, nennt man diese Zellen *diploid*. Es gibt in unserem Organismus aber auch *haploide* Zellen, also solche, die nur die Hälfte der Chromosomen besitzen, von jedem Paar eines. Das sind die *Keimzellen* – die Samenzellen beim Mann, die Eizellen bei der Frau. Solche Zellen entstehen aus den Körperzellen durch Keimteilung oder *Meiosis* (siehe Abb. 1.2). Die Chromosomenpaare spalten sich dabei auf.

Bei der Befruchtung verschmelzen zwei Keimzellen und bilden eine diploide Zelle. Die Nachkommen besitzen also wieder einen doppelten Chromosomensatz; die eine Hälfte des Erbguts stammt vom Vater, die andere von der Mutter.

Bei der Keimteilung spalten sich je zwei verschiedene Chromosomenpaare unabhängig voneinander auf (siehe Abb. 1.3). Zwei Gene, die auf verschiedenen Chromosomen-

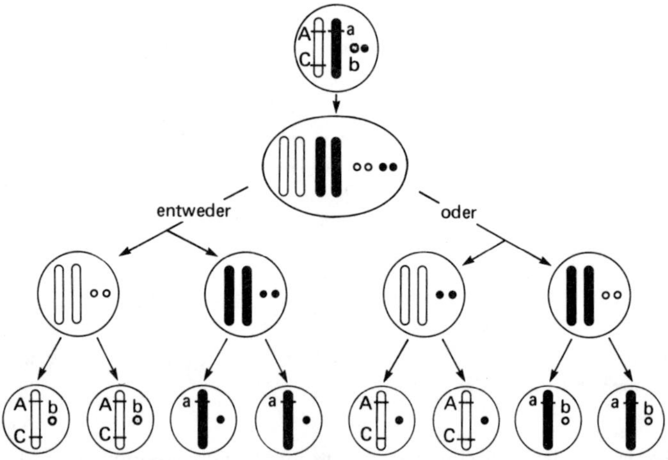

Abb. 1.3 Bei der Keimteilung werden die Chromosomenpaare unabhängig voneinander aufgespalten

paaren sitzen, werden somit auch unabhängig voneinander auf die Keimzellen aufgeteilt. Die Wahrscheinlichkeit, daß eine Keimzelle das Gen b enthält, ist $\frac{1}{2}$, ganz gleich, ob diese Keimzelle das Gen A enthält oder nicht. Zwei Gene, die auf homologen Chromosomen sitzen, wie etwa A und a, werden dagegen getrennt. Zwei Gene, die auf ein- und demselben Chromosom sitzen, wie etwa A und C, bleiben gekoppelt.

1.3 Genkoppelung und Genaustausch

Ganz richtig war der letzte Satz nicht. Er stellt nur eine erste Annäherung dar. Es kann in dem „Vierstrangstadium“ zwischen Chromosomenverdoppelung und erster Reifeteilung zu einem Genaustausch – einem „*cross-over*“ – kommen, wenn zwei homologe Chromosomen an entsprechenden Stellen abbrechen und „übers Kreuz“ wieder zusammenwachsen (siehe Abb. 1.4). Die Häufigkeit des Genaustausches ist ein Maß für den Abstand der beiden Genorte. Durch statistische Untersuchungen lassen sich Chromosomenkarten aufstellen, welche die Aneinanderreihung der Gene auf den Chromosomen wiedergeben.

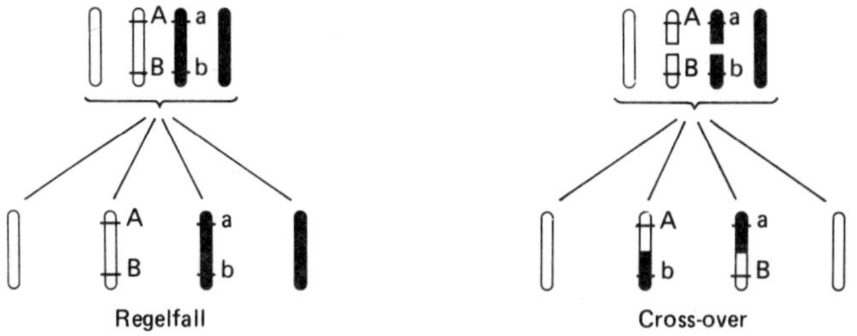

Abb. 1.4 Genaustausch (Cross-over)

Noch in einem zweiten Punkt muß die obige Darstellung korrigiert werden. Nicht alle Chromosomenpaare sind homolog. Es gibt eine Ausnahme: das Paar der *Geschlechtschromosomen.* Beim Menschen etwa ist das sogenannte X-Chromosom länger als das Y-Chromosom. Frauen haben nur X-Chromosome, Männer ein X- und ein Y-Chromosom. Die Hälfte der männlichen Samenzellen enthält also ein X-Chromosom, die andere Hälfte ein Y-Chromosom, während alle weiblichen Eizellen ein X-Chromosom enthalten. Verschmelzung führt mit gleicher Wahrscheinlichkeit zum Paar XX (einer Tochter) und zum Paar XY (einem Sohn).

Gene, die auf den Geschlechtschromosomen sitzen, heißen geschlechtsgebunden; die anderen heißen *autosom.*

1.4 Kreuzungsversuche

Die Vererbungsgesetze wurden wesentlich früher erkannt als die Vorgänge im Zellkern. Es war ein Brünner Mönch, Gregor Mendel, der in seinem Klostergarten die klassischen Kreuzungsversuche durchführte und aus ihnen die Grundlagen der Genetik ableitete.

So züchtete er zum Beispiel zwei reinerbige Stämme von Erbsen, von denen die einen roten, die anderen gelben Samen besaßen. Kreuzte er diese Stämme in der Elterngeneration E, so erhielt er nur Nachkommen mit gelbem Samen. Kreuzte er wieder die Erbsen dieser ersten Tochtergeneration T_1, so tauchten in der nächsten Generation T_2 neben Nachkommen mit gelbem Samen auch solche mit rotem auf, und zwar im Verhältnis 1:3.

Mendel erkannte, daß zum Genort, der die Samenfarbe bestimmt, zwei Allele gehören, R und G, wobei G dominant ist. Die Genotypen GG und RG führen also zum Phänotyp „gelber Samen“, der Genotyp RR zum Phänotyp „roter Samen“ (siehe Abb. 1.5).

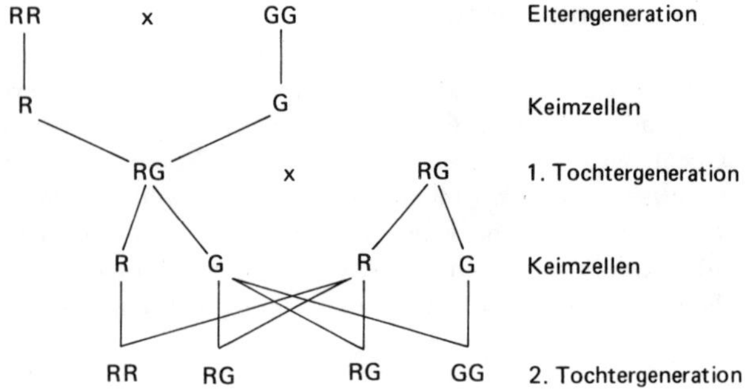

Abb. 1.5 Erster Mendelscher Kreuzungsversuch

Die beiden reinerbig gezüchteten Elternstämme sind homozygot, der Genotyp ist RR bzw. GG. Die Keimzellen des einen Stammes enthalten alle das Gen R, die des zweiten alle G. Durch Kreuzung entsteht die heterozygote Tochtergeneration T_1 mit Phänotyp „gelb". Hier enthalten die Keimzellen jetzt zur Hälfte das Gen R, zur anderen Hälfte das Gen G. Verschmelzen diese Keimzellen nun, zufällig gepaart, so sind die Genpaare der zweiten Tochtergeneration mit gleicher Wahrscheinlichkeit vom Typ (R,R), (R,G), (G,R) und (G,G). Der Phänotyp ist also mit Wahrscheinlichkeit $\frac{1}{4}$ „rot", mit Wahrscheinlichkeit $\frac{3}{4}$ „gelb".

In einem weiteren Versuch untersuchte Mendel die Fortpflanzung von zwei Merkmalen seiner Erbsen: Samenfarbe (rot oder gelb) und Samenform (glatt oder runzelig). Der eine reinerbige Erbsenstamm hatte gelben glatten Samen, der andere roten runzeligen. Auch hier lieferte die Kreuzung eine gleichförmige erste Tochtergeneration: alle Samen waren jetzt gelb und glatt. Kreuzte man aber jetzt die Erbsen der ersten Tochtergeneration, so erhielt man alle denkbaren Phänotypen, nämlich rot und runzelig, rot und glatt, gelb und runzelig und gelb und glatt, im Verhältnis 1:3:3:9.

Auch dieses Resultat ist leicht interpretiert. Die Genorte von Samenfarbe und Samenform liegen auf verschiedenen Chromosomenpaaren, pflanzen sich also unabhängig voneinander fort. Die zwei Allele für Samenfarbe, R und G, kennen wir schon. Die für die Samenform seien g (glatt) und r (runzelig), wobei g dominant ist.

	G/g	G/r	R/g	R/r
G/g	GG/gg	GG/gr	GR/gg	GR/gr
G/r	GG/gr	GG/rr	GR/gr	GR/rr
R/g	GR/gg	GR/gr	RR/gg	RR/gr
R/r	GR/gr	GR/rr	RR/gr	RR/rr

Abb. 1.6 Zum zweiten Mendelschen Kreuzungsversuch

Die Genotypen der reinerbigen Elterngeneration sind homozygot, GG/gg bzw. RR/rr. Die entsprechenden Keimzellen sind vom Typ G/g bzw. R/r. Die erste Tochtergeneration ist auf beiden Genorten heterozygot, nämlich vom Genotyp GR/gr. Ihre Keimzellen sind mit gleicher Wahrscheinlichkeit von den vier Typen G/g, G/r, R/g und R/r. Zufallspaarung führt zu allen 16 möglichen Genkombinationen mit gleicher Wahrscheinlichkeit: 9 davon gehören zum Phänotyp „gelb und glatt", 3 zu „gelb und runzelig", 3 zu „rot und glatt" und eine zu „rot und runzelig" (siehe Abb. 1.6).

In der zweiten Tochtergeneration sind die Ereignisse A („eine zufällig gewählte Pflanze hat gelben Samen") und B („eine zufällig gewählte Pflanze hat glatten Samen") unabhängig in dem Sinn, daß für ihre Wahrscheinlichkeiten gilt:

$$P(A \text{ und } B) = P(A)P(B),$$

da ja $P(A \text{ und } B) = \frac{9}{16}$, $P(A) = \frac{3}{4}$ und $P(B) = \frac{3}{4}$ gilt.

1.5 Selektion

Während die Vererbungslehre Mendels im 19. Jahrhundert ignoriert wurde, geriet die Evolutionstheorie Darwins sofort in den Mittelpunkt heftiger Kontroversen.

Darwin hat viel zur Bestätigung der Abstammungslehre beigetragen, also zum Nachweis der Umbildung und Entwicklung der Arten im Laufe der Zeit. Doch diese Lehre war schon vorher bekannt. Sein Hauptverdienst bestand vielmehr darin, eine Erklärung dafür gefunden zu haben. „Die Entstehung der Arten durch natürliche Auslese" – das war auch der Titel seines epochemachenden Buches.

Der erste Teil dieses Buches behandelt die Methoden und Erfahrungen der Taubenzüchter, denen es im Laufe von Jahrtausenden gelungen war, aus der Felsentaube eine ganze Reihe von Taubenrassen mit besonderen Eigenschaften zu züchten. Wollte man etwa Tauben mit besonders vielen Schwanzfedern erhalten, so wählte man solche, die mehr als die gewöhnliche Zahl von zwölf Schwanzfedern hatten, zur Weiterzucht aus. Durch fortgesetzte Zuchtwahl gelangte man so zur Rasse der Pfauentauben mit achtundvierzig Schwanzfedern.

Genauso werden auch im Vorgang der Evolution gewisse Merkmale ausgelesen. Gezüchtet wird hier zwar nicht durch einen Menschen mit einer Zielvorstellung, sondern durch die „blinde" Natur, aber die Methode ist dieselbe. Die *Selektion* nützt die *Variabilität* der Merkmale aus. Jene Abweichungen, die der Umwelt besonders gut angepaßt sind, führen zu einer höheren Zahl von Nachkommen. Sind die Abweichungen erblich, gewinnen sie daher an Häufigkeit.

In diesem Sinn führt der „Kampf ums Dasein" zu einem „Überleben des Tüchtigsten". – Wer der „Tüchtigste" ist (im Englischen bedeutet „fittest" auch „der Bestangepaßte"), wird durch die Umwelt bestimmt.

Ein Beispiel dazu liefert das Sichelzellen-Gen. Es ist rezessiv und lethal; doch ein heterozygoter Mensch mit einem solchen Gen ist gegen Malaria resistent. Innerhalb der schwarzen Bevölkerung Amerikas ist dieses Gen deshalb auch viel seltener als in Afrika, wo die Bedrohung durch Malaria weitaus größer ist.

Ein anderes Beispiel: von den neun Fliegenarten auf den Kerguelen-Inseln ist keine einzige flugfähig. Warum? Weil die Inselgruppe, die weit südlich im Indischen Ozean liegt, dermaßen sturmumtost ist, daß ein fliegendes Insekt allzu leicht aufs offene Meer hinaus getragen werden kann. Flügellose Nachkommen wurden nicht so bald dezimiert, und setzten sich schließlich durch.

1.6 Mutationen

Der Großteil der Kritik an Darwins Theorie kam – und kommt – von wenig ernstzunehmender Seite her und fußt auf einer anthropozentrischen Abneigung gegen affenähnliche Vorfahren. Doch zu Beginn dieses Jahrhunderts wurde von Genetikern ein schwerwiegender Einwand erhoben, der nicht so leicht abzutun war. Er führte zunächst zu einer Grundlagenkrise, dann aber zu einem wesentlich besseren Verständnis der Evolutionstheorie.

Ein Versuch schien den Nachweis geliefert zu haben, daß durch Züchtung lediglich schon bestehende Merkmale herausgesondert, nicht aber weiterentwickelt werden können.

Klassifiziert man nämlich Bohnen nach ihrem Durchmesser, so erhält man eine Glockenkurve als Verteilung. Wählt man jetzt die größten Bohnen und kreuzt sie, so erhält man in der nächsten Generation eine Glockenkurve mit deutlich größerem Mittelwert. Wählt man aber jetzt nochmals die Größten aus, um sie zu kreuzen, so ändert sich an der Verteilung nichts mehr. Die Zuchtwahl hat ihre Grenze erreicht.

Die (völlig korrekte) Interpretation der Genetiker lautete so: Selbst Bohnen mit identischen Erbanlagen schwanken in ihrer Größe. Ist nun die Elterngeneration ein Sortengemisch und wählt der Züchter die Größten aus, kann es ihm gelingen, die Sorte mit jenen Erbanlagen, die zu den größten Bohnen führen, aus dem Gemisch hervorzulesen. Doch weiter führt die Züchtung nicht. Die Schwankungen, die jetzt noch verbleiben, gehen auf Umwelteinflüsse zurück, berühren die Erbanlagen nicht und werden daher niemals weitergegeben. – So können also gar keine neuen Arten entstehen!

Es stellte sich freilich bald heraus, daß die Variabilität in der Natur zweierlei Ursachen hat. Zum einen gibt es Veränderungen, die von den Umwelteinflüssen herrühren, sogenannte *Modifikationen,* die nicht vererbt werden können. Dazu zählen auch die erworbenen Eigenschaften. Darüber hinaus aber kommt es auch hie und da zu Veränderungen der Erbanlagen selbst, sogenannten *Mutationen,* und diese werden dann treulich kopiert und weitergegeben. Diese Mutationen werden durch den „Zufall" bewirkt. Sie kommen nur selten vor – es gäbe ja sonst keine Konstanz der Arten – aber immerhin häufig genug, um der Selektion Spielraum zu liefern. Die Größenordnung ist etwa 10^{-6} Mutationen pro Generation pro Gen.

1.7 Anmerkungen

Das epochale Buch von Darwin (1859) hat viele Auflagen erlebt: nach heutigem Dafürhalten sind dabei die ersten Auflagen „darwinistischer" und korrekter. Für moderne Darstellungen der Evolutionstheorie verweisen wir auf Mayr (1967) und Riedl (1975). – Die Arbeiten von Mendel (1866) fanden lange keine Beachtung. Eine historisch fundierte Einleitung in die Genetik liefert Johansson (1980). Den Nachweis von Mutationen und ihre systematische Untersuchung führte der Amerikaner Morgan (1926) mit seinen Schülern durch. Das Buch von Bresch und Hausmann (1972) bietet einen schönen Einstieg in klassische und molekulare Genetik.

2 Zufallspaarung und das Gesetz von Hardy-Weinberg

2.1 Gen- und Genotyphäufigkeiten

Wenn an einem Genort zwei Allele A_1 und A_2 vorkommen können, so sind drei Genotypen möglich, nämlich A_1A_1, A_1A_2 und A_2A_2. In einer Bevölkerung von N Individuen mögen N_{11} vom Genotyp A_1A_1 sein, N_{12} vom Genotyp A_1A_2 und N_{22} vom Genotyp A_2A_2. Die *Genotyphäufigkeiten* sind

$$x = \frac{N_{11}}{N} \qquad y = \frac{N_{12}}{N} \qquad z = \frac{N_{22}}{N} \tag{2.1}$$

Wegen $N_{11} + N_{12} + N_{22} = N$ gilt $x + y + z = 1$.

Jedes Individuum hat zwei Gene, so daß es insgesamt 2N Gene gibt. Da A_1A_1 Individuen zwei Gene vom Typ A_1 besitzen, A_1A_2 Individuen aber nur eines, so kommen insgesamt $2N_{11} + N_{12}$ Gene A_1 in der Bevölkerung vor, und analog $2N_{22} + N_{12}$ Gene A_2. Die *Genhäufigkeiten* (eigentlich sollte es Allelhäufigkeiten heißen) sind also

$$p = \frac{2N_{11} + N_{12}}{2N} = x + \frac{y}{2} \qquad q = \frac{2N_{22} + N_{12}}{2N} = z + \frac{y}{2} \tag{2.2}$$

Natürlich gilt $p + q = 1$ und $p, q \geqslant 0$. Der Punkt (p,q) liegt – in der (p,q)-Ebene – auf dem Geradensegment zwischen (0,1) und (1,0). Ähnlich liegt der Punkt (x, y, z) im dreidimensionalen Raum auf dem gleichseitigen Dreieck, das von (1,0,0), (0,1,0) und (0,0,1) aufgespannt wird (siehe Abb. 2.1).

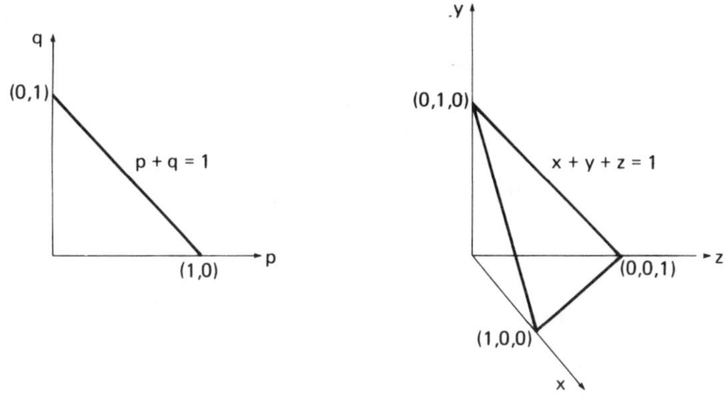

Abb. 2.1 Gen- und Genotyphäufigkeiten im Fall von zwei Allelen

Wenn man x, y und z kennt, sind p und q bestimmt, aber nicht umgekehrt: zu gegebenen p und q gibt es eine ganze Reihe von Möglichkeiten für x, y und z. Wir wollen aber zeigen, daß in wichtigen Fällen die Kenntnis der Genhäufigkeiten genügt, um die Genotyphäufigkeiten zu bestimmen.

Zunächst aber noch eine Bemerkung. Es ist für den Nachkommen gleichgültig, welches seiner zwei Gene er vom Vater und welches er von der Mutter bekommen hat. Wir werden aber vereinbaren, beim *Genpaar* eines Individuums an die erste Stelle das Gen vom Vater, an die zweite das von der Mutter zu setzen. Wir unterscheiden also die Genpaare (A_1, A_2) und (A_2, A_1), obwohl beide zu demselben Genotyp A_1A_2 gehören.

2.2 Das Gleichgewicht von Hardy-Weinberg

Wenn in der Elterngeneration die Häufigkeit des Gens A_1 durch p gegeben ist, so ist p die Wahrscheinlichkeit, daß das vom Vater geerbte Gen gerade A_1 ist, also daß an der ersten Stelle des Genpaares das Allel A_1 sitzt. Genauso ist p auch die Wahrscheinlichkeit, daß A_1 an der zweiten Stelle steht. Daher sind in der Tochtergeneration die Wahrscheinlichkeiten der Genpaare (A_1, A_1), (A_1, A_2), (A_2, A_1) und (A_2, A_2) durch p^2, pq, qp und q^2 gegeben, die Wahrscheinlichkeiten der Genotypen A_1A_1, A_1A_2 und A_2A_2 durch $x = p^2$, $y = 2pq$ und $z = q^2$. Die Genwahrscheinlichkeiten sind

$$x + \frac{y}{2} = p^2 + pq = p(p+q) = p$$

$$z + \frac{y}{2} = q^2 + pq = q$$

so wie in der Elterngeneration.

Das sogenannte „Hardy-Weinberg"-Gesetz lautet:

1) *Die Genwahrscheinlichkeiten bleiben von Generation zu Generation unverändert.*

2) *Ab der ersten Tochtergeneration sind die Genotypwahrscheinlichkeiten durch*

$$x = p^2 \qquad y = 2pq \qquad z = q^2 \tag{2.3}$$

gegeben. Auch sie ändern sich ab der ersten Generation nicht mehr.

Bei der Ableitung dieses Gesetzes haben wir allerhand vorausgesetzt. Gehen wir darauf jetzt näher ein!

Um etwa die Wahrscheinlichkeit des Genpaars (A_1, A_1) zu erhalten, haben wir einfach die Wahrscheinlichkeit, daß das väterliche Gen A_1 ist, mit der Wahrscheinlichkeit multipliziert, daß das mütterliche Gen A_1 ist. Wir haben also vorausgesetzt, daß die zwei Gene unabhängig voneinander vererbt werden. Das bedeutet, daß – in bezug auf das Erbmerkmal – die Paarung der Eltern zufällig ist. Die Wahrscheinlichkeit, daß die Mutter das Gen A_1 besitzt und weitergibt, wird nicht davon beeinflußt, ob auch der Vater dieses Gen besitzt.

Es gibt Fälle, wo Zufallspaarung sicherlich auszuschließen ist. In bezug auf Körpergröße etwa paaren die Menschen sich nicht zufällig. Große bevorzugen Große. In bezug auf die Blutgruppe darf man jedoch, wie sich statistisch nachweisen läßt, Zufallspaarung annehmen.

Bei der Herleitung der Hardy-Weinberg-Gesetze haben wir aber noch andere Annahmen verwendet.

So setzten wir etwa Häufigkeit bedenkenlos mit Wahrscheinlichkeit gleich. Das ist nur für den Grenzfall sehr großer Bevölkerungen erlaubt. Ist aber die Zahl der Nachkommen klein, so können Zufallsschwankungen zu einer ganz anderen Zusammensetzung der Tochtergeneration führen.

Weiters haben wir angenommen, daß keine Selektion stattfindet, daß also ein Genotyp nicht mehr Nachkommen hat als ein anderer. Es sind in unserem Modell auch Mutationen nicht vorgesehen. Außerdem setzten wir voraus, daß die Generationen einander nicht überlappen – sonst müßten wir die Altersstruktur und eine differenzierte Fruchtbarkeit berücksichtigen. Und schließlich dürfen unsere Gene auch nicht geschlechtsgebunden sein – sonst tritt, wie wir in Abschnitt 2.5 sehen werden, eine umständlichere Entwicklung ein.

Die Notwendigkeit all dieser Voraussetzungen schränkt natürlich den praktischen Wert des Hardy-Weinberg-Gesetzes empfindlich ein. Doch ist es Ausgangspunkt aller Überlegungen in der Populationsgenetik: dort werden nach und nach die obigen Annahmen fallengelassen.

2.3 Bemerkungen zum Hardy-Weinberg-Gleichgewicht

Wenn das Hardy-Weinberg-Gleichgewicht, also Beziehung (2.3) gilt, so folgt daraus

$$y^2 = 4xz \tag{2.4}$$

Umgekehrt folgt aus (2.4), daß

$$p^2 = (x + \tfrac{y}{2})^2 = x^2 + xy + \frac{y^2}{4} = x^2 + xy + xz = x(x + y + z) = x$$

$$q^2 = z$$

$$2pq = y$$

gilt, daß also das Hardy-Weinberg-Gleichgewicht vorliegt.

Auf dem (x,y,z)-Dreieck wird durch $y^2 = 4xz$ eine Parabel bestimmt (siehe Abb. 2.2). Die „Dynamik" der Entwicklung der Genotyphäufigkeiten ist also bei Zufallspaarung sehr einfach. Beim Schritt von der Eltern- zur ersten Tochtergeneration wechselt die Zusammensetzung der Bevölkerung vom Ausgangspunkt A zum Punkt B, der auf der Senkrechten durch A und auf der Parabel $y^2 = 4xz$ liegt, denn das Hardy-Weinberg-Gleichgewicht stellt sich ein, und $x + \frac{y}{2} = p$ ändert sich nicht. Ab der folgenden Generation bleibt dann alles gleich.

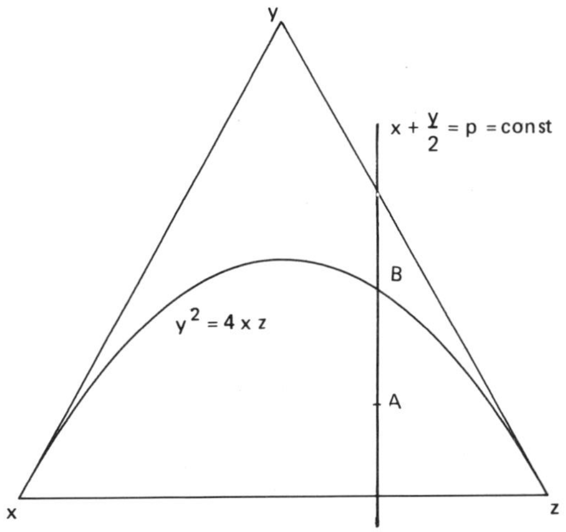

Abb. 2.2 Das Hardy-Weinberg-Gleichgewicht $y^2 = 4\,xz$

Gilt das Hardy-Weinberg-Gleichgewicht, so liefert die Kenntnis von p (und daher von q) die Werte von x, y und z. Ist umgekehrt x oder z bekannt, so läßt sich p leicht berechnen. Für einen vorgegebenen Wert von y kommen aber 0, 1 oder 2 Werte von p in Frage (siehe Abb. 2.3).

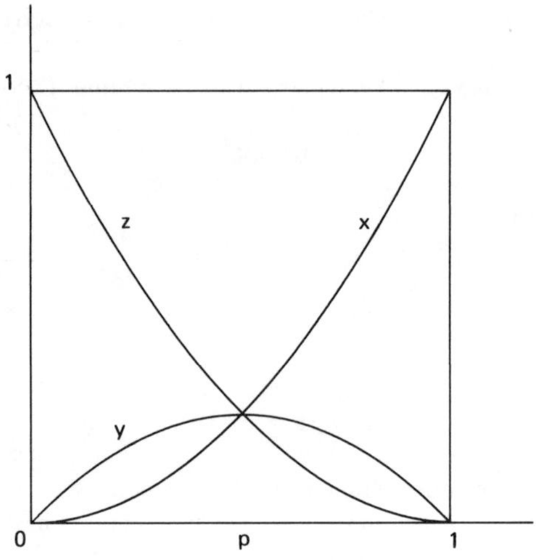

Abb. 2.3 Die Genotyphäufigkeiten x, y, z als Funktionen von p

2.4 Das Gesetz von Hardy-Weinberg für mehrere Allele

Bisher haben wir nur den Fall von 2 Allelen betrachtet. Bei der Farbe von Kaninchen oder bei der Blutgruppenbestimmung etwa kommen aber drei oder noch mehr Allele vor.

Nehmen wir an, daß die Wahrscheinlichkeit der Allele $A_1, \ldots, A_n$ durch $p_1, \ldots, p_n$ gegeben ist ($p_1 + \ldots + p_n = 1$). Die Wahrscheinlichkeiten der Genpaare (A_i, A_j) seien p_{ij} ($1 \leqslant i, j \leqslant n$). Ein zufällig ausgewähltes Gen ist nun mit Wahrscheinlichkeit $\frac{1}{2}$ ein „erstes Gen" (nach unserer Konvention also vom Vater geerbt), mit Wahrscheinlichkeit $\frac{1}{2}$ ein „zweites". Im ersten Fall ist es vom Typ A_i, wenn das Genpaar von der Form (A_i, A_j) war (für beliebiges j), was mit der Wahrscheinlichkeit p_{ij} vorkommt. Im zweiten Fall ist es vom Typ A_i, wenn das Genpaar von der Gestalt (A_j, A_i) war (für beliebiges j), was mit der Wahrscheinlichkeit p_{ji} eintritt. Es gilt also

$$p_i = \frac{1}{2}\left(\sum_{j=1}^{n} p_{ij} + \sum_{j=1}^{n} p_{ji}\right). \tag{2.5}$$

Bezeichnen wir nun mit p_i' bzw. p_{ij}' die entsprechende Wahrscheinlichkeit in der nächsten Generation. Nimmt man wieder Zufallspaarung an, so gilt

$$p_{ij}' = p_i p_j \tag{2.6}$$

(das Gen vom Vater ist mit Wahrscheinlichkeit p_i vom Typ A_i, das der Mutter mit Wahrscheinlichkeit p_j vom Typ A_j). Es folgt

$$p_i' = \frac{1}{2}\left(\sum_j p_{ij}' + \sum_j p_{ji}'\right) = \frac{1}{2} \cdot 2 \sum_j p_i p_j = p_i .$$

Das *Hardy-Weinberg-Gesetz* lautet also jetzt:
a) *Die Genwahrscheinlichkeiten bleiben von Generation zu Generation unverändert.*
b) *Ab der ersten Tochtergeneration ist die Wahrscheinlichkeit des homozygoten Genotyps A_jA_j durch p_j^2, die des heterozygoten Genotyps A_iA_j $(j \neq i)$ durch $2p_ip_j$ gegeben.*

2.5 Der Fall geschlechtsgebundener Gene

Betrachten wir der Einfachheit halber wieder nur zwei Allele A_1 und A_2; nehmen wir aber an, daß diese Gene auf dem X-Chromosom sitzen. Für den weiblichen Teil der Bevölkerung, der zwei X-Chromosome besitzt, sind die Genotypen wie üblich A_1A_1, A_1A_2 und A_2A_2. Die Genotyphäufigkeiten in der n-ten Generation wollen wir mit $x(n)$, $y(n)$ und $z(n)$ bezeichnen, die Genhäufigkeiten mit $p^w(n)$ und $q^w(n)$. Der männliche Teil der Bevölkerung besitzt ein Y-Chromosom (vom Vater) und ein X-Chromosom (von der Mutter). Die Genotypen sind jetzt einfach A_1 und A_2. Wir haben hier also nur die Genhäufigkeiten zu betrachten, die wir – für die n-te Generation – mit $p^m(n)$ und $q^m(n)$ bezeichnen.

Da ein männlicher Nachkomme sein Gen von der Mutter erbt, gilt

$$p^m(n+1) = p^w(n) \quad \text{und} \quad q^m(n+1) = q^w(n) \tag{2.7}$$

Weibliche Nachkommen erhalten je ein Gen von Vater und Mutter. Nimmt man wieder Zufallspaarung an, so erhält man

$$\begin{aligned} x(n+1) &= p^w(n)p^m(n) \\ y(n+1) &= p^w(n)q^m(n) + q^w(n)p^m(n) \\ z(n+1) &= q^w(n)q^m(n) \end{aligned} \tag{2.8}$$

Aus $p^w(n+1) = x(n+1) + \frac{1}{2}y(n+1)$ folgt

$$\begin{aligned} p^w(n+1) &= \tfrac{1}{2}(p^w(n) + p^m(n)) \\ q^w(n+1) &= \tfrac{1}{2}(q^w(n) + q^m(n)) \end{aligned}$$

Es genügt offenbar, die Folge der männlichen Genhäufigkeiten zu kennen. Nun gilt

$$p^m(n+2) = p^w(n+1) = \tfrac{1}{2}(p^w(n) + p^m(n)) = \tfrac{1}{2}(p^m(n+1) + p^m(n)) \tag{2.9}$$

Die Folge der $u_n = p^m(n)$ erfüllt also die *Rekurrenzrelation*

$$u_{n+2} = \tfrac{1}{2}u_{n+1} + \tfrac{1}{2}u_n \tag{2.10}$$

Durch so eine Beziehung ist die Folge u_n eindeutig bestimmt und schrittweise zu berechnen, sofern nur die ersten zwei Folgenglieder bekannt sind. Nun gibt es ein einfaches Rezept, um das n-te Folgenglied direkt (statt rekursiv) zu bestimmen. Der „*linearen Differenzengleichung*"

$$u_{n+2} + au_{n+1} + bu_n = 0 \tag{2.11}$$

$(a, b \in \mathbb{R})$ ordnet man als „charakteristische Gleichung" zu:

$$\lambda^2 + a\lambda + b = 0 \tag{2.12}$$

Wenn diese Gleichung zwei verschiedene reelle Wurzeln λ_1 und λ_2 hat, so gilt, wie man leicht nachprüft,

$$u_n = c_1\lambda_1{}^n + c_2\lambda_2{}^n \tag{2.13}$$

wobei nur noch die Konstanten c_1 und c_2 passend zu bestimmen sind; das geschieht, indem man die ersten beiden Gleichungen (u_0 und u_1 sind ja bekannt) nach c_1 und c_2 löst.

Im Fall (2.10) hat die charakteristische Gleichung

$$\lambda^2 - \frac{1}{2}\lambda - \frac{1}{2} = 0 \tag{2.14}$$

die Lösungen $\lambda_1 = 1$, $\lambda_2 = -\frac{1}{2}$, also folgt

$$p^m(n) = c_1 + (-\tfrac{1}{2})^n c_2 \tag{2.15}$$

Aus den ersten zwei Gleichungen, nämlich

$$c_1 + c_2 = p^m(0)$$

und

$$c_1 - \frac{c_2}{2} = p^m(1) \; (= p^w(0))$$

erhält man

$$c_1 = \frac{1}{3}[p^m(0) + 2p^w(0)] \tag{2.16}$$

und

$$c_2 = \frac{2}{3}[p^m(0) - p^w(0)] \tag{2.17}$$

Die Häufigkeit $p^m(n)$ strebt nach (2.15) oszillierend gegen den Grenzwert c_1. Bezeichnen wir diesen Wert mit p, so gilt auch $p^w(n) \to p$ und $x(n) \to p^2$, $y(n) \to 2pq$ und $z(n) \to q^2$. Es stellt sich also wieder ein Hardy-Weinberg-Gleichgewicht ein, doch erst im Grenzwert und nicht schon nach einem Schritt (siehe Abb. 2.4).

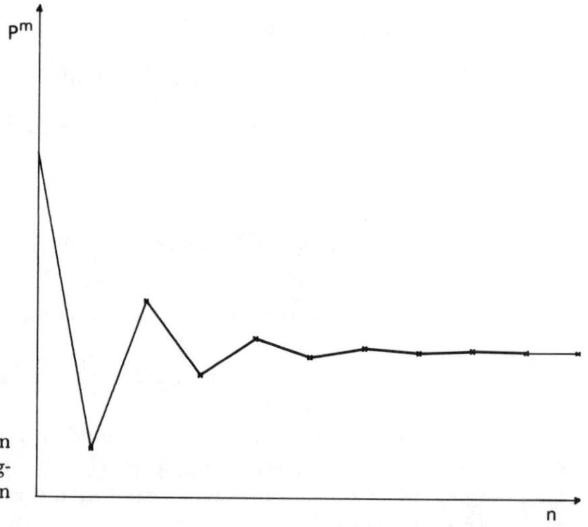

Abb. 2.4 Bei geschlechtsgebundenen Genen stellt sich das Hardy-Weinberg-Gleichgewicht im Grenzwert $n \to \infty$ ein

2.6 Anmerkungen

Das Gesetz vom genetischen Gleichgewicht wurde unabhängig und fast gleichzeitig vom deutschen Arzt Weinberg (1908) und vom englischen Mathematiker Hardy (1908) entdeckt. Interessanterweise war es der Arzt, der die Verallgemeinerung auf n Allele durchführte. – Hervorragende Lehrbücher der Populationsgenetik stammen von Li (1972), Crow-Kimura (1970) und – für Mathematiker besonders empfehlenswert – Ewens (1979).

3 Endliche Bevölkerungen und die Zufallsdrift von Wright

3.1 Die Binomialverteilung

Wir schicken einiges aus der elementaren Wahrscheinlichkeitsrechnung voraus. Für eine vom Zufall abhängige Größe X, welche nur die Werte $x_1, \ldots, x_n$ annehmen kann, und zwar mit den Wahrscheinlichkeiten $P(X = x_1), \ldots, P(X = x_n)$, ist der *Mittelwert* definiert durch

$$EX = \sum_{k=1}^{n} x_k P(X = x_k) \tag{3.1}$$

Die zufällig angenommenen Werte von X liegen rechts und links um den Mittelwert: die Abweichung beträgt X – EX, ist also selbst eine Zufallsgröße. Das Quadrat davon, oder genauer sein Mittelwert, liefert ein Maß für die Größe der Schwankungen. Dieses Maß heißt die *Varianz* von X. Es gilt also

$$\text{Var } X = E(X - EX)^2 \tag{3.2}$$

daher auch

$$\text{Var } X = E(X^2) - (EX)^2 \tag{3.3}$$

Sind nun X_1 und X_2 zwei Zufallsgrößen, so gilt für den Mittelwert:

$$E(X_1 + X_2) = EX_1 + EX_2 \tag{3.4}$$

Sind X_1 und X_2 auch noch unabhängig voneinander, so hat man zusätzlich

$$\text{Var}(X_1 + X_2) = \text{Var } X_1 + \text{Var } X_2. \tag{3.5}$$

Nehmen wir als einfachsten Fall einen Versuch mit nur zwei möglichen Ausgängen, „Erfolg" oder „Mißerfolg". Schreiben wir 1 bei „Erfolg", 0 bei „Mißerfolg", so haben wir eine Zufallsgröße X definiert, die den Wert 1 mit der „Erfolgswahrscheinlichkeit" p, den Wert 0 mit Wahrscheinlichkeit q = 1 – p annimmt. Es gilt

$$EX = 0 . q + 1 . p = p \tag{3.6}$$

$$EX^2 = 0^2 . q + 1^2 . p = p \tag{3.7}$$

und

$$\text{Var } X = EX^2 - (EX)^2 = p - p^2 = p(1 - p) = pq \tag{3.8}$$

Nehmen wir jetzt an, daß wir n unabhängige Wiederholungen dieses Versuches beobachten. Das wird als *„Bernoullische Versuchsanordnung"* bezeichnet. Wir haben also die Zufallsgrößen $X_1, \ldots, X_n$ zu betrachten, wobei X_k für den k-ten Versuch so wie oben definiert wird. Sei jetzt

$$Z = X_1 + \ldots + X_n.$$

Z zählt die Anzahl der „Erfolge" unter den n Wiederholungen. Z ist nun wieder eine Zufallsgröße: sie kann die Werte 0,1, . . . , n annehmen. Mit welcher Wahrscheinlichkeit ist Z = k? Nehmen wir etwa den Fall, daß die ersten k Versuche Erfolg, die weiteren n-k Mißerfolg brachten. Das entspricht einer Folge von k Einsen und n−k Nullen und tritt mit der Wahrscheinlichkeit $p^k q^{n-k}$ ein.

Nun muß es natürlich nicht sein, daß gerade die ersten Versuche die erfolgreichen sind. Jede andere Anordnung von k Einsen und n-k Nullen tritt mit gleicher Wahrscheinlichkeit ein. Insgesamt gibt es

$$\binom{n}{k} = \frac{n!}{k!(n-k)!} = \frac{n(n-1)\dots(n-k+1)}{1.2.\dots k} \tag{3.9}$$

solcher Fälle, also gilt

$$P(Z = k) = \binom{n}{k} p^k (1-p)^{n-k} \tag{3.10}$$

Man sagt, Z ist *binomialverteilt.* Nun gilt wegen (3.6) und (3.8)

$$EZ = EX_1 + \dots + EX_n = p + \dots + p = np \tag{3.11}$$

$$\text{Var } Z = \text{Var } X_1 + \dots + \text{Var } X_n = pq + \dots + pq = np\,(1-p) \tag{3.12}$$

und daher

$$E(Z^2) = \text{Var } Z + (EZ)^2 = np[1 + (n-1)p]. \tag{3.13}$$

3.2 Das Modell von Wright

Untersuchen wir nun zwei Allele A_1, A_2 in einer Bevölkerung, die endlich ist, sonst aber alle Voraussetzungen des Hardy-Weinberg-Gesetzes erfüllt (vgl. Abschnitt 2.2). Genauer wollen wir annehmen, daß es in jeder Generation N Individuen gibt, also 2N Gene. Mit X_n bezeichnen wir die Häufigkeit des Gens A_1 in der n-ten Generation. X_n ist eine Zufallsgröße, welche die Werte 0, 1, . . . , 2N annehmen kann.

Setzen wir nun voraus, daß $X_n = i$ gilt. Mit welcher Wahrscheinlichkeit p_{ik} gilt dann $X_{n+1} = k$, für k zwischen 0 und 2N? Nun, die 2N Gene der Generation n+1 werden zufällig aus den Keimzellen der Elterngeneration n erhalten. Die Wahrscheinlichkeit, bei einer solchen Auswahl das Allel A_1 zu bekommen, ist $\frac{i}{2N}$. Werden 2N Keimzellen zufällig (und unabhängig voneinander) gewählt, so erhalten wir für die Wahrscheinlichkeit von k Keimzellen mit dem Allel A_1

$$\binom{2N}{k} \left(\frac{i}{2N}\right)^k \left(1 - \frac{i}{2N}\right)^{2N-k} \tag{3.14}$$

(Wir hatten ja eben wieder eine Bernoullische Versuchsanordnung mit 2N Wiederholungen. Als „Erfolg“ zählt die Wahl einer Keimzelle vom Typ A_1, die Wahrscheinlichkeit p ist $\frac{i}{2N}$). Die „Übergangswahrscheinlichkeit“ p_{ik} ist also durch (3.14) gegeben und hängt nicht von n ab.

In der (n+1)-ten Generation gibt es gerade dann k Gene A_1, wenn es in der n-ten Generation i solche Gene gab (mit i beliebig zwischen 0 und 2N) und dann ein Übergang von i nach k stattfand. Also

$$P(X_{n+1} = k) = \sum_{i=0}^{2N} P(X_n = i) p_{ik} \tag{3.15}$$

Das ist wieder eine Rekurrenzrelation. Weiß man etwa, daß in der 0-ten Generation genau s Allele A_1 vorhanden waren ($P(X_0 = s) = 1$), dann kann man schrittweise die Wahrscheinlichkeitsverteilung von X_1, X_2, . . . ausrechnen, zumindest in der Theorie. Praktisch ist so eine Rechnung freilich viel zu kompliziert. Sie ist auch gar nicht notwendig, wie wir gleich sehen werden: die wesentlichen Züge der Entwicklung der Häufigkeiten im *Wrightschen Modell* lassen sich ganz einfach erkennen.

3.3 Mittelwert und Varianz

Der Mittelwert der Häufigkeiten in der (n+1)-ten Generation

$$E(X_{n+1}) = \sum_{k=0}^{2N} kP(X_{n+1} = k)$$

ist nach (3.15) gleich

$$\sum_k k \sum_i P(X_n = i)p_{ik}$$

oder, falls man die Summationsreihenfolge vertauscht, gleich

$$\sum_i P(X_n = i) \sum_k k\, p_{ik}$$

Nun ist p_{ik} durch die Binomialverteilung (3.14) bestimmt, und daher gilt nach (3.11)

$$\sum_k k\, p_{ik} = 2N \cdot \frac{i}{2N} = i$$

Daraus folgt

$$E(X_{n+1}) = \sum_i i\, P(X_n = i) = E(X_n) \tag{3.16}$$

Der Mittelwert ändert sich also im Laufe der Generationen nicht, sondern bleibt gleich dem Anfangswert EX_0.

Ähnlich rechnet man

$$E(X_{n+1}^2) = \sum_k k^2\, P(X_{n+1} = k) = \sum_k k^2 \sum_i P(X_n = i)p_{ik} = \sum_i P(X_n = i) \sum_k k^2\, p_{ik}$$

Da p_{ik} die Binomialverteilung (3.14) besitzt, gilt nach (3.13)

$$\sum_k k^2\, p_{ik} = 2N\, \frac{i}{2N} [1 + (2N - 1)\, \frac{i}{2N}]$$

und daher

$$E(X_{n+1}^2) = \sum_i P(X_n = i)\, (i + \frac{2N-1}{2N}\, i^2) = \sum_i i\, P(X_n = i) + \frac{2N-1}{2N} \sum_i i^2\, P(X_n = i)$$

also

$$E(X_{n+1}^2) = EX_0 + [1 - \frac{1}{2N}]\, E(X_n^2)$$

Die Größe $u_n = E(X_n^2)$ erfüllt also

$$u_{n+1} = b + au_n \tag{3.17}$$

mit $b = EX_0$ und $a = 1 - \frac{1}{2N}$. Es folgt

$$u_n = b(1 + a + \ldots + a^{n-1}) + a^n u_0 \tag{3.18}$$

$$= b\, \frac{1 - a^n}{1 - a} + a^n u_0$$

Da $0 < a < 1$ gilt, strebt u_n gegen $\frac{b}{1-a}$; also erhält man

$$E(X_n^2) \to 2N\,EX_o \tag{3.19}$$

und daher

$$\mathrm{Var}\,X_n = E(X_n^2) - (EX_n)^2 \to (2N - EX_o)EX_o \tag{3.20}$$

Wenn insbesondere in der 0-ten Generation genau s Allele vorhanden sind, also $X_0 = s$ mit Wahrscheinlichkeit 1 gilt, so ist $EX_0 = s$ und $\mathrm{Var}\,X_n$ strebt gegen $(2N - s)s$. Der Mittelwert EX_n bleibt konstant gleich s. Trotzdem ändert sich das System im Laufe der Zeit sehr stark.

3.4 Heterozygosität

Sei H_n die Wahrscheinlichkeit, daß ein aus der n-ten Generation zufällig gewähltes Individuum heterozygot ist.

Nehmen wir zunächst an, daß genau i der 2N Gene vom Typ A_1 sind. Die Wahrscheinlichkeit, daß das Individuum das Genpaar (A_1, A_2) besitzt, ist das Produkt aus $\frac{i}{2N}$ (der Wahrscheinlichkeit, daß das erste Gen A_1 ist) mit $1 - \frac{i-1}{2N-1}$ (denn dann bleiben noch $2N - 1$ Gene zur Auswahl, und $i - 1$ davon sind vom Typ A_1). Analog berechnet man die Wahrscheinlichkeit, das Genpaar (A_2, A_1) zu erhalten. Insgesamt ist also die Wahrscheinlichkeit, daß das Individuum heterozygot ist, unter der Voraussetzung, daß $X_n = i$ gilt, gerade

$$\frac{i}{2N}\left(1 - \frac{i-1}{2N-1}\right) + \left(1 - \frac{i}{2N}\right)\left(\frac{i}{2N-1}\right) = \frac{i}{N}\left(\frac{2N-i}{2N-1}\right) \tag{3.21}$$

Summieren wir nun über alle möglichen Fälle, also alle i zwischen 0 und 2N, so erhalten wir

$$H_n = \sum_{i=0}^{2N} \frac{i\,(2N-i)}{N(2N-1)} P(X_n = i) = \frac{2}{2N-1}\sum_{i=0}^{2N} i\,P(X_n = i) - \frac{1}{N(2N-1)}\sum_{i=0}^{2N} i^2 P(X_n = i).$$

Die erste Summe auf der rechten Seite ist EX_n, also gleich EX_0. Die zweite Summe ist $E(X_n{}^2)$, strebt also gegen $2N\,EX_0$. Insgesamt gilt für $n \to +\infty$

$$H_n \to 0 \tag{3.22}$$

d.h., *die Heterozygoten sterben aus.*

Das ist auch einfach zu erklären. Der Zustand der Bevölkerung wird in der n-ten Generation durch X_n bestimmt. Dieser Wert ändert sich von einer Generation zur nächsten, gemäß der „Übergangswahrscheinlichkeit" p_{ik} von Formel (3.14). Das ist die „*Zufallsdrift*". Wird nun aber einmal ein „Randpunkt" getroffen – 0 oder 2N – so ist eines der beiden Gene aus der Bevölkerung verschwunden, und kann dann – jedenfalls im Rahmen des Modells, welches Mutationen vernachlässigt – auch später nicht wieder auftauchen (siehe Abb. 3.1). Es setzt sich also mit Wahrscheinlichkeit 1 einer der beiden Homozygoten A_1A_1 oder A_2A_2 durch. Welcher? Auch das ist leicht zu beantworten. Da für $i = 1,2,\ldots, 2N-1$ gilt

$$P(X_n = i) \to 0 \tag{3.23}$$

(sonst könnte ja $H_n \to 0$ nicht gelten), so folgt aus

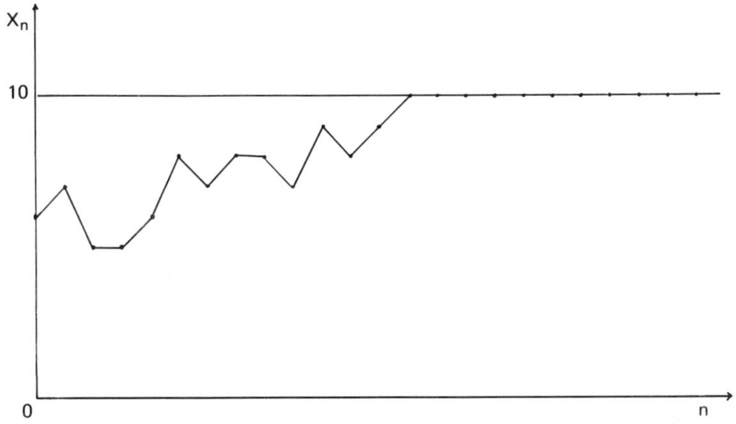

Abb. 3.1 Die Zufallsdrift der Genhäufigkeiten (N = 5)

$$EX_o = \lim_{n\to\infty} EX_n = \lim_{n\to\infty} \sum_{i=0}^{2N} i\, P(X_n = i) = \lim_{n\to\infty} 2N\, P(X_n = 2N)$$

daß

$$P(X_n = 2N) \to \frac{EX_o}{2N} \tag{3.24}$$

und daher

$$P(X_n = 0) \to 1 - \frac{EX_o}{2N} \tag{3.25}$$

gilt. Diese beiden Grenzwerte geben die Wahrscheinlichkeiten an, daß sich A_1A_1 bzw. A_2A_2 durchsetzt.

3.5 Anmerkungen

Eine schöne Einführung in die Wahrscheinlichkeitstheorie liefert das klassische Buch von Feller (1966). – Wright (1931) strich heraus, daß bei kleinen Bevölkerungen der Zufall eine verstärkte Rolle spielt und zu Erscheinungen führt, die von den deterministischen Modellen nicht berücksichtigt werden können. Seitdem haben die stochastischen Methoden in der Populationsgenetik stetig an Bedeutung gewonnen (siehe Ewens (1979)).

4 Selektion und der Fundamentalsatz von Fisher

4.1 Das Selektionsmodell

Wir wollen nun den Einfluß der Selektion auf eine Bevölkerung untersuchen, die ansonsten allen Voraussetzungen des Hardy-Weinberg-Gleichgewichts entspricht. Dabei nehmen wir an, daß die Selektion ausschließlich über die unterschiedlichen Überlebenschancen der Genotypen bis ins Fortpflanzungsstadium wirkt.

Betrachten wir einen Genort mit n Allelen $A_1, \ldots, A_n$. Die Genhäufigkeiten im Fortpflanzungsstadium der Elterngeneration seien $p_1, \ldots, p_n$. Da wir Zufallspaarung voraussetzen, ist $p_i p_j$ die Häufigkeit des Genpaars (A_i, A_j) unter den Nachkommen. Ist N die Gesamtzahl der Nachkommen, so besitzen davon $p_i p_j N$ das Genpaar (A_i, A_j).

Sei w_{ij} die Wahrscheinlichkeit, daß ein (A_i, A_j)-Individuum bis zur Fortpflanzung überlebt. Die Selektionskoeffizienten w_{ij} $(1 \leqslant i, j \leqslant n)$ erfüllen $w_{ij} \geqslant 0$ und es gilt $w_{ij} = w_{ji}$, da (A_i, A_j) und (A_j, A_i) ja zum gleichen Genotyp gehören. Die Selektionsmatrix

$$W = \begin{bmatrix} w_{11} & \cdots & w_{1n} \\ \vdots & \ddots & \vdots \\ w_{n1} & \cdots & w_{nn} \end{bmatrix}$$

ist also symmetrisch.

Es kommen somit $w_{ij}\, p_i p_j N$ Individuen mit dem Genpaar (A_i, A_j) bis zur Fortpflanzung; die Gesamtzahl aller fortpflanzungsfähigen Individuen ist $\sum_{r,s=1}^{n} w_{rs}\, p_r p_s N$. Wir wollen annehmen, daß diese Zahl von 0 verschieden ist. Bezeichnen wir nun mit p'_{ij} die Wahrscheinlichkeit des Genpaars (A_i, A_j) unter den fortpflanzungsfähigen Individuen, und mit p'_i die Wahrscheinlichkeit des Gens A_i in der nächsten Generation, so gilt

$$p'_{ij} = \frac{w_{ij} p_i p_j N}{\sum_{r,s} w_{rs} p_r p_s N}$$

und wegen

$$p'_i = \frac{1}{2} \sum_j p'_{ij} + \frac{1}{2} \sum_j p'_{ji}$$

daher

$$p'_i = p_i \, \frac{\sum_j w_{ij} p_j}{\sum_{r,s} w_{rs} p_r p_s} \qquad i = 1, \ldots, n \tag{4.1}$$

Diese Differenzengleichung liefert somit die Entwicklung der Genhäufigkeiten von einer Generation zur nächsten.

Wenn wir mit S_n den „Simplex“

$$\{\mathbf{p} = (p_1, \ldots, p_n) \in \mathbb{R}^n, p_i \geqslant 0, \sum_i p_i = 1\} \tag{4.2}$$

bezeichnen, dessen Punkte den möglichen Zuständen – also Genhäufigkeiten – entsprechen, so beschreibt die Abbildung

$$\mathbf{p} = (p_1, \ldots, p_n) \to \mathbf{p}' = (p_1', \ldots, p_n') \tag{4.3}$$

von S_n in sich die Wirkung der Selektion auf die Genhäufigkeiten in einem Generationsschritt.

4.2 Die mittlere Fitness und der Fundamentalsatz

Wenn die n × n-Matrix W auf den Vektor $\mathbf{p} = (p_1, \ldots, p_n)$ wirkt, so entsteht der Vektor $W\mathbf{p}$, dessen i-te Komponente gegeben ist durch

$$(W\mathbf{p})_i = \sum_{j=1}^{n} w_{ij} p_j.$$

Wenn wir das innere Produkt zweier Vektoren $\mathbf{x} = (x_1, \ldots, x_n)$ und $\mathbf{y} = (y_1, \ldots, y_n)$ mit $\mathbf{x}.\mathbf{y}$ bezeichnen, also

$$\mathbf{x}.\mathbf{y} = \sum_{r=1}^{n} x_r y_r$$

gilt, so läßt sich der im Nenner von (4.1) stehende Ausdruck als $\mathbf{p}.W\mathbf{p}$ schreiben, da

$$\mathbf{p}.W\mathbf{p} = \sum_{r=1}^{n} p_r (W\mathbf{p})_r = \sum_r p_r \sum_s w_{rs} p_s$$

gilt. Dieser Ausdruck läßt sich deuten als „mittlere Fitness“ $\Phi(\mathbf{p})$ der Bevökerung, deren Genhäufigkeiten durch $\mathbf{p} = (p_1, \ldots, p_n)$ gegeben sind: denn die Fitness – oder Überlebenswahrscheinlichkeit – des Genpars (A_r, A_s) ist ja w_{rs}, und $p_r p_s$ ist die Häufigkeit dieses Bevölkerungsteils in der Gesamtpopulation. Der Fundamentalsatz von Fisher besagt nun, daß unter dem Einfluß der Selektion diese mittlere Fitness von Generation zu Generation wächst. Genauer gilt:

Wenn $\mathbf{p}'$ *aus* $\mathbf{p}$ *durch die Differenzengleichung (4.1) hervorgeht, also durch*

$$p_i' = p_i \frac{(W\mathbf{p})_i}{\mathbf{p}.W\mathbf{p}}$$

(wobei $\Phi(\mathbf{p}) = \mathbf{p}.W\mathbf{p} \neq 0$ *vorausgesetzt wird), so gilt*

$$\Phi(\mathbf{p}') \geqslant \Phi(\mathbf{p}) \tag{4.4}$$

wobei das Gleichheitszeichen genau dann zutrifft, wenn $\mathbf{p}' = \mathbf{p}$ *ist.*

Dem Beweis dieses Satzes schicken wir einige Hilfsüberlegungen voraus.

4.3 Konvexitätsungleichungen

Halten wir zunächst fest, daß eine auf dem Intervall I definierte Funktion f *konvex* heißt, wenn für je zwei Punkte P und Q, die auf dem Graphen liegen, gilt: die Strecke PQ liegt oberhalb des Graphen zwischen P und Q (siehe Abb. 4.1). Wir können auch sagen:

f heißt konvex, wenn für je zwei verschiedene Punkte $x_1, x_2 \in I$ und für jedes α mit $0 < \alpha < 1$ die Ungleichung

$$f(\alpha x_1 + (1-\alpha)x_2) < \alpha f(x_1) + (1-\alpha) f(x_2) \tag{4.5}$$

gilt. Aus dem Mittelwertsatz der Differentialrechnung folgt ganz leicht, daß f konvex ist, wenn die Ableitung von f auf I monoton wächst, was wiederum sicher der Fall ist, wenn die zweite Ableitung stets positiv ist.

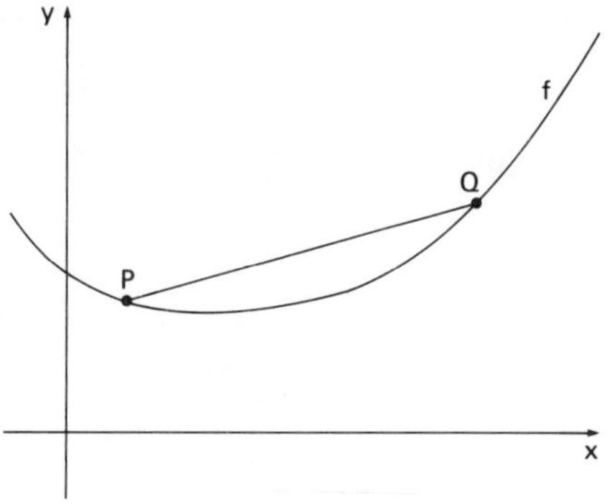

Abb. 4.1 Der Graph einer konvexen Funktion

Ist f konvex, so gilt für jede Wahl von $x_1, \ldots, x_n \in I$ und jeden Punkt $\mathbf{p} = (p_1, \ldots, p_n)$ im Inneren von S_n die sogenannte *Jensensche Ungleichung*

$$f\left(\sum_{i=1}^{n} p_i x_i\right) \leq \sum_{i=1}^{n} p_i f(x_i) \tag{4.6}$$

Der Beweis verwendet vollständige Induktion. Für n=2 stimmt (4.6) mit (4.5) überein. Nehmen wir an, daß die Jensensche Ungleichung für n − 1 schon gezeigt ist, so erhalten wir sie für n. Denn setzen wir

$$\bar{p}_k = \frac{p_k}{1-p_n} \quad (k = 1, \ldots, n-1) \quad \text{und} \quad \bar{x} = \sum_{k=1}^{n-1} \bar{p}_k x_k$$

so gilt offenbar, daß $(\bar{p}_1, \ldots, \bar{p}_{n-1})$ im Inneren von S_{n-1} und $\bar{x}$ in I liegt. Wegen

$$\sum_{k=1}^{n} p_k x_k = \sum_{k=1}^{n-1} p_k x_k + p_n x_n = (1-p_n)\bar{x} + p_n x_n$$

folgt nach (4.5)

$$f\left(\sum_{k=1}^{n} p_k x_k\right) = f\left((1-p_n)\bar{x} + p_n x_n\right) \leq (1-p_n) f(\bar{x}) + p_n f(x_n)$$

Jetzt nehmen wir aber die Gültigkeit der Jensenschen Ungleichung für n − 1 an, daher gilt

$$f(\bar{x}) = f\left(\sum_{k=1}^{n-1} \bar{p}_k x_k\right) \leq \sum_{k=1}^{n-1} \bar{p}_k f(x_k)$$

und daraus folgt (4.6).

Aus diesem Beweis folgt auch sofort, daß in (4.6) das Gleichheitszeichen genau dann gilt, wenn $x_1 = x_2 = \ldots = x_n$.

Wenden wir nun (4.6) auf die Funktion $f(x) = x^\alpha$ mit $\alpha > 1$ an: diese Funktion ist ja auf $I = [0, +\infty)$ konvex, also gilt für $x_1, \ldots, x_n \geqslant 0$ und $(p_1, \ldots, p_n) \in S_n$

$$\left(\sum_{i=1}^{n} p_i x_i\right)^\alpha \leqslant \sum_{i=1}^{n} p_i x_i^\alpha \tag{4.7}$$

Offenbar gilt das Gleichheitszeichen genau dann, wenn es einen Wert c gibt, so daß $x_j = c$ für alle j mit $p_j > 0$ gilt.

Für die Funktion $f(x) = -\log x$, die auf $I = (0, +\infty)$ konvex ist, erhalten wir aus (4.5) für $a,b > 0$

$$-\log\left(\frac{a}{2} + \frac{b}{2}\right) \leqslant -\frac{1}{2}\log a - \frac{1}{2}\log b = -\frac{1}{2}\log ab = -\log\sqrt{ab}$$

oder

$$\sqrt{ab} \leqslant \frac{a+b}{2}, \tag{4.8}$$

die bekannte *Ungleichung vom arithmetischen und geometrischen Mittel.*

Wenden wir schließlich (4.6) noch auf $f(x) = -\log x$ an mit $\mathbf{p}, \mathbf{x} \in S_n$. Wir setzen dabei aus Stetigkeitsgründen $0.\log 0 = 0.\log \infty = 0$. Wenn wir mit J die Menge der Indices $i \in \{1, \ldots, n\}$ bezeichnen, für die $p_i > 0$ ist, erhalten wir:

$$\sum_{i=1}^{n} p_i \log\frac{x_i}{p_i} = \sum_{i\in J} p_i \log\frac{x_i}{p_i} \leqslant \log\left(\sum_{i\in J} x_i\right) \leqslant \log \sum_{i=1}^{n} x_i = \log 1 = 0,$$

daher

$$\sum_{i=1}^{n} p_i \log x_i \leqslant \sum_{i=1}^{n} p_i \log p_i$$

und schließlich

$$\prod_{i=1}^{n} x_i^{p_i} \leqslant \prod_{i=1}^{n} p_i^{p_i} \tag{4.9}$$

wobei das Gleichheitszeichen genau dann gilt, wenn $x_i = p_i$ für $i = 1, \ldots, n$.

4.4 Der Beweis des Fundamentalsatzes

Da wir $\mathbf{p}.W\mathbf{p} > 0$ voraussetzen, genügt es, statt (4.4) die Ungleichung

$$(\mathbf{p}.W\mathbf{p})^2(\mathbf{p}'.W\mathbf{p}') \geqslant (\mathbf{p}.W\mathbf{p})^3 \tag{4.10}$$

zu beweisen. Nun gilt

$$(\mathbf{p}.W\mathbf{p})^2\, \mathbf{p}'.W\mathbf{p}' = (\mathbf{p}.W\mathbf{p})^2 \sum_{i,k} p_i' w_{ik} p_k'$$

Wenn man p_i' und p_k' gemäß der Differenzengleichung (4.1) ersetzt, erhält man

$$\sum_{i,k} p_i (W\mathbf{p})_i\, w_{ik}\, p_k (W\mathbf{p})_k = \sum_{i,j,k} p_i\, w_{ij}\, p_j\, w_{ik}\, p_k (W\mathbf{p})_k = (1)$$

Vertauscht man die Indices j und k, gibt das

$$\sum_{i,j,k} p_i w_{ik} p_k w_{ij} p_j (\mathbf{Wp})_j = (2)$$

Die Ausdrücke (1) und (2) sind gleich, also auch gleich ihrem arithmetischen Mittel

$$\sum_{i,j,k} p_i w_{ij} p_j w_{ik} p_k \left(\tfrac{1}{2}[(\mathbf{Wp})_j + (\mathbf{Wp})_k]\right)$$

Dieser Ausdruck ist nach (4.8) nicht kleiner als

$$\sum_{i,j,k} p_i w_{ij} p_j w_{ik} p_k (\mathbf{Wp})_j^{\frac{1}{2}} (\mathbf{Wp})_k^{\frac{1}{2}}$$

$$= \sum_i p_i \sum_j w_{ij} p_j (\mathbf{Wp})_j^{\frac{1}{2}} \sum_k w_{ik} p_k (\mathbf{Wp})_k^{\frac{1}{2}}$$

$$= \sum_i p_i \left[\sum_j w_{ij} p_j (\mathbf{Wp})_j^{\frac{1}{2}}\right]^2$$

Der Ausdruck wieder ist nach (4.7), auf $\alpha = 2$ angewandt, nicht kleiner als

$$\left(\sum_i p_i \sum_j w_{ij} p_j (\mathbf{Wp})_j^{\frac{1}{2}}\right)^2 = \left(\sum_j p_j (\mathbf{Wp})_j^{\frac{1}{2}} \sum_i p_i w_{ij}\right)^2$$

Da $w_{ij} = w_{ji}$ gilt, erhält man daraus

$$\left(\sum_j p_j (\mathbf{Wp})_j^{\frac{1}{2}} (\mathbf{Wp})_j\right)^2 = \left[\sum p_j (\mathbf{Wp})_j^{\frac{3}{2}}\right]^2$$

Nach (4.7) (für $\alpha = \frac{3}{2}$) ist dieser Ausdruck nicht kleiner als

$$\left[\sum p_j (\mathbf{Wp})_j\right]^{\frac{3}{2} \cdot 2} = (\mathbf{p}.\mathbf{Wp})^3$$

womit (4.10) gezeigt ist.

Damit in (4.4) das Gleichheitszeichen stehen kann, muß bei der letzen Abschätzung ein Wert c existieren, so daß $(\mathbf{Wp})_j = c$ für alle j mit $p_j > 0$ gilt. Daraus folgt

$$p_j (\mathbf{Wp})_j = p_j c$$

nun wieder für alle j, also durch Summieren $\mathbf{p}.\mathbf{Wp} = c$. Wegen der Differenzengleichung (4.1) gilt daher

$$p_i' = p_i \frac{(\mathbf{Wp})_i}{\mathbf{p}.\mathbf{Wp}} = p_i \qquad i = 1, \ldots, n$$

also $\mathbf{p} = \mathbf{p}'$. Umgekehrt folgt aus $\mathbf{p} = \mathbf{p}'$ natürlich das Gleichheitszeichen in (4.4).

Damit ist der Fundamentalsatz bewiesen. Halten wir noch fest: $\mathbf{p}$ ist genau dann ein Fixpunkt, wenn $(\mathbf{Wp})_j = c$ für alle j mit $p_j > 0$ gilt. Das gibt ein System von linearen

Gleichungen, allerdings mit einer Unbekannten – c – mehr, als es Gleichungen gibt. Aber $\Sigma\, p_j = 1$ ist ja auch noch eine zusätzliche Gleichung.

4.5 Die Entwicklung der Genhäufigkeiten

Bezeichnen wir mit $\mathbf{p}^{(k)} \in S_n$ den Vektor, der die Genhäufigkeiten in der k-ten Generation angibt. Nach dem Fundamentalsatz ist die Folge $\mathbf{p}^{(k)}.W\mathbf{p}^{(k)}$ monoton wachsend, strebt also gegen einen Grenzwert L. Daraus folgt noch nicht, daß die Folge der $\mathbf{p}^{(k)}$ einem Grenzwert zustrebt. Wenn wir aber mit $\bar{\mathbf{p}}$ einen Häufungspunkt der $\mathbf{p}^{(k)}$ bezeichnen, also annehmen, daß es eine Teilfolge $\mathbf{p}^{(k_m)}$ gibt, die gegen $\bar{\mathbf{p}}$ strebt, dann folgt, daß $\bar{\mathbf{p}}$ ein Fixpunkt ist, denn dann gilt auch $\mathbf{p}^{(k_m+1)} \to (\bar{\mathbf{p}})'$; aus $\mathbf{p}^{(k_m)}.\,W\mathbf{p}^{(k_m)} \to \bar{\mathbf{p}}.\,W\bar{\mathbf{p}} = L$ und $\mathbf{p}^{(k_m+1)}.\,W\mathbf{p}^{(k_m+1)} \to \bar{\mathbf{p}}'.W\bar{\mathbf{p}}' = L$ folgt $\bar{\mathbf{p}}.W\bar{\mathbf{p}} = \bar{\mathbf{p}}'.W\bar{\mathbf{p}}'$ und daher $\bar{\mathbf{p}} = \bar{\mathbf{p}}'$.

Weiters gilt, daß die Menge der Häufungspunkte zusammenhängend ist. Das folgt aus der Tatsache, daß der Abstand zwischen den Genhäufigkeiten zweier aufeinanderfolgender Generationen, $\| \mathbf{p}^{(k+1)} - \mathbf{p}^{(k)} \|$, gegen Null strebt; gäbe es nämlich ein $\epsilon > 0$, so daß $\| \mathbf{p}^{(k_m+1)} - \mathbf{p}^{(k_m)} \| > \epsilon$ für eine Teilfolge k_m gilt, so könnten nicht beide Folgen $\mathbf{p}^{(k_m)}$ und $\mathbf{p}^{(k_m+1)}$ gegen $\bar{\mathbf{p}}$ streben, im Widerspruch zur obigen Überlegung.

Wenn die Fixpunkte der Differenzengleichung (4.1) alle isoliert sind, so strebt jede Folge $\mathbf{p}^{(k)}$ gegen einen Fixpunkt, d.h. es stellt sich stets ein Gleichgewicht ein. Daß die Fixpunkte isoliert sind, ist aber der allgemeine Fall.

Auch sonst läßt sich, allerdings mit wesentlich größerer Mühe, beweisen, daß *jede Folge* $\mathbf{p}^{(k)}$ *zu einem Fixpunkt hin konvergiert.*

4.6 Der Fall zweier Allele

Wenn die drei Genotypen A_1A_1, A_1A_2, A_2A_2 gleiche Fitness besitzen, also $w_{11} = w_{12} = w_{22}$ gilt, so ändert sich natürlich nichts von Generation zu Generation, d.h. jeder Punkt von S_2 ist ein Fixpunkt. Wir wollen diesen Fall ausschließen. Die zwei Endpunkte von S_2, (0,1) und (1,0), sind weiterhin Fixpunkte. Im Inneren gibt es noch einen Fixpunkt $\bar{\mathbf{p}}$, wenn $(W\bar{\mathbf{p}})_1 = (W\bar{\mathbf{p}})_2$ $(= \bar{\mathbf{p}}.W\bar{\mathbf{p}})$ gilt, also

$$\bar{p}_1(w_{11} - w_{12}) = \bar{p}_2(w_{22} - w_{12})$$

Aus $\bar{p}_2 = 1 - \bar{p}_1$ folgt daher: es gibt genau dann einen Fixpunkt $(\bar{p}_1, \bar{p}_2)$ im Inneren, wenn

$$\bar{p}_1 = \frac{w_{22} - w_{12}}{(w_{11} - w_{12}) + (w_{22} - w_{12})} \tag{4.11}$$

im offenen Intervall (0,1) liegt. Das ist genau dann der Fall, wenn

$$(w_{11} - w_{12})\,(w_{22} - w_{12}) > 0. \tag{4.12}$$

Die mittlere Fitness

$$\begin{aligned}\mathbf{p}.W\mathbf{p} &= w_{11}p_1^{\,2} + 2\,w_{12}p_1(1 - p_1) + w_{22}\,(1 - p_1)^2 = \\ &= p_1^{\,2}[(w_{11} - w_{12}) + (w_{22} - w_{12})] - 2p_1[w_{22} - w_{12}] + w_{22} = \Phi(p_1)\end{aligned}$$

nimmt nach dem Fundamentalsatz nicht ab. Daraus folgt (siehe Abb. 4.2):

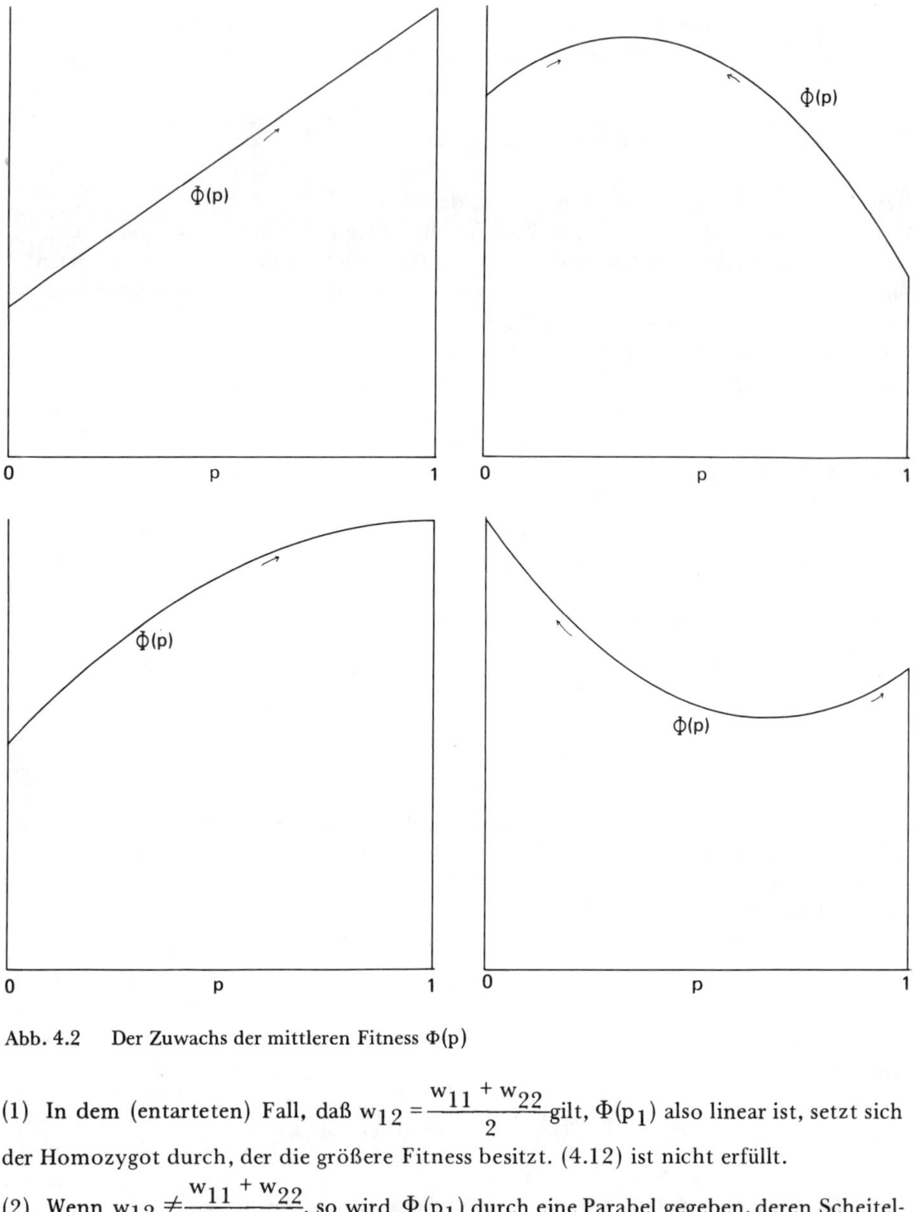

Abb. 4.2 Der Zuwachs der mittleren Fitness Φ(p)

(1) In dem (entarteten) Fall, daß $w_{12} = \frac{w_{11} + w_{22}}{2}$ gilt, $\Phi(p_1)$ also linear ist, setzt sich der Homozygot durch, der die größere Fitness besitzt. (4.12) ist nicht erfüllt.

(2) Wenn $w_{12} \neq \frac{w_{11} + w_{22}}{2}$, so wird $\Phi(p_1)$ durch eine Parabel gegeben, deren Scheitelpunkt an der Stelle (4.11) liegt. Ist (4.12) nicht erfüllt, liegt also der Scheitelpunkt nicht in (0,1), so setzt sich wieder der Homozygot mit der größeren Fitness durch. Wenn es aber einen Fixpunkt $\bar{p}$ in (0,1) gibt, können zwei Fälle eintreten:

(2a) der Heterozygote hat die größte Fitness

$$w_{12} > w_{11}, w_{22} \tag{4.13}$$

dann hat die Parabel ein Maximum am Scheitelpunkt, und beide Gene halten sich in der Bevölkerung, $\bar{p}$ ist also stabil; oder

(2b) der Heterozygote hat die geringste Fitness, dann ist $\bar{p}$ unstabil, es setzt sich – je nach Anfangsbedingung – der eine oder andere Homozygote durch.

4.7 Anmerkungen

Der Engländer Fisher, der Schöpfer der modernen Statistik und der Populationsgenetik, bewies eine einfache Fassung des Fundamentaltheorems in seinem grundlegenden Werk „The genetical theory of natural selection“ (1930). Der Fall von n Allelen wurde von Mulholland und Smith (1959), Scheuer und Mandel (1959) und Kingman (1961) behandelt. Der besonders elegante Beweis von Kingman, an den wir uns hier halten, hat sich in den meisten Darstellungen durchgesetzt (siehe z.B. Hadeler (1974) oder Ewens (1979)). Daß die Genhäufigkeiten stets gegen genau einen Gleichgewichtspunkt konvergieren, wurde erst vor kurzem von Losert und Akin (1983) gezeigt.

Für Untersuchungen der Selektions-Mutationsgleichung verweisen wir auf Hadeler (1981).

5 Koppelung und Dominanz

5.1 Das Rekombinations- und Selektionsmodell

In den meisten Fällen ist die Annahme, daß die Fitness nur von einem Genort abhängt, völlig unrealistisch. Die ungeheure Komplexität der genetischen Wechselbeziehungen wirklichkeitstreu modellieren zu wollen, ist aber aussichtslos. Um zumindest einen ersten Einblick in die Rolle von Genkoppelung und Rekombination zu gewinnen, werden wir uns auf zwei Genorte mit je zwei Allelen beschränken.

Zum ersten Genort mögen die Allele A_1 und A_2 gehören, zum zweiten die Allele B_1 und B_2. Als haploide Keimzellen treten also die Typen A_1B_1, A_2B_1, A_1B_2 und A_2B_2 auf; wir bezeichnen sie mit G_1 bis G_4, und ihre Häufigkeiten im Zygotenstadium (d.h. unmittelbar nach der Paarung) mit x_1 bis x_4. Der Punkt $x = (x_1, x_2, x_3, x_4)$ auf S_4 beschreibt also die Gametenhäufigkeiten.

Jedes Individuum entsteht durch Verschmelzung einer väterlichen G_i- mit einer mütterlichen G_j-Keimzelle und wird durch das Paar (G_i,G_j) beschrieben. Die Wahrscheinlichkeit des Überlebens vom Zygoten- ins Reifestadium bezeichnen wir mit w_{ij}. Natürlich gilt $w_{ij} = w_{ji}$. Außerdem gelte auch $w_{23} = w_{14}$, denn (G_2,G_3) und (G_1,G_4) sind beide am ersten Genort vom Genotyp A_1A_2 und am zweiten Genort vom Genotyp B_1B_2. Die Fitness-Tabelle lautet somit:

	A_1A_1	A_1A_2	A_2A_2
B_1B_1	w_{11}	$w_{12} = w_{21}$	w_{22}
B_1B_2	$w_{13} = w_{31}$	$w_{14} = w_{41} = w_{23} = w_{32}$	$w_{24} = w_{42}$
B_2B_2	w_{33}	$w_{34} = w_{43}$	w_{44}

(5.1)

Wir setzen wieder Zufallspaarung voraus. Die Keimzelle G_i ist mit Wahrscheinlichkeit x_j mit G_j gepaart und gehört dann zu einem Individuum mit Fitness w_{ij}. Wir können

$$m_i = \sum_j w_{ij} x_j = (\mathbf{Wx})_i \tag{5.2}$$

als Fitness von G_i definieren (i = 1, 2, 3, 4). Die durchschnittliche Fitness der Gameten – und der Gesamtbevölkerung – ist

$$\Phi = \sum_i m_i x_i = \sum_{ij} w_{ij} x_i x_j \tag{5.3}$$

Im Reifestadium kann es nun mit Wahrscheinlichkeit r zu einem Genaustausch zwischen den beiden Genorten kommen (s. Abb. 5.1). (Wenn die Genorte auf verschiedenen

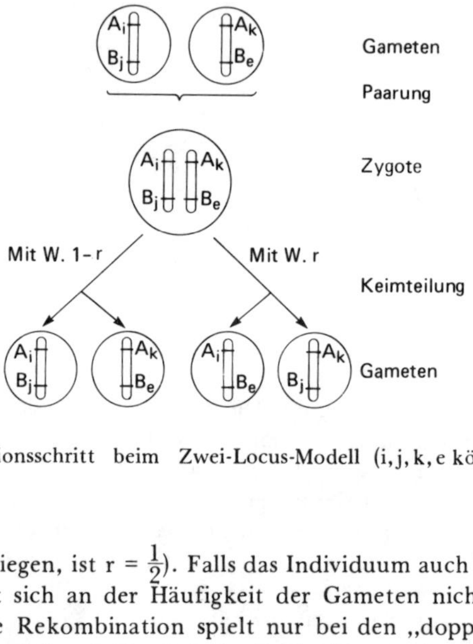

Abb. 5.1 Ein Generationsschritt beim Zwei-Locus-Modell (i, j, k, e können die Werte 1 und 2 annehmen)

Chromosomenpaaren liegen, ist $r = \frac{1}{2}$). Falls das Individuum auch bloß an einem Genort homozygot ist, ändert sich an der Häufigkeit der Gameten nichts, wenn der Genaustausch stattfindet. Die Rekombination spielt nur bei den „doppelten Heterozygoten" (G_2,G_3), (G_3,G_2), (G_1,G_4) und (G_4,G_1) eine Rolle. Nun ist der Anteil der (G_2,G_3)-Individuen an der Bevölkerung im Reifestadium durch $\frac{1}{\Phi} w_{23}x_2x_3$ gegeben. Von den Gameten sind je $\frac{r}{2}$ vom Typ G_1 und G_4, und je $\frac{1-r}{2}$ vom Typ G_2 und G_3. Entsprechendes gilt für die anderen Gametenpaare. Faßt man alles zusammen, so erhält man für die Gametenhäufigkeiten x_1', x_2', x_3', x_4' unter den Zygoten der nächsten Generation

$$\begin{aligned} x_1' &= \frac{1}{\Phi}(x_1m_1 - r\,b\,D) \\ x_2' &= \frac{1}{\Phi}(x_2m_2 + r\,b\,D) \\ x_3' &= \frac{1}{\Phi}(x_3m_3 + r\,b\,D) \\ x_4' &= \frac{1}{\Phi}(x_4m_4 - r\,b\,D) \end{aligned} \tag{5.4}$$

wobei b die gemeinsame Überlebenswahrscheinlichkeit der doppelten Heterozygoten bezeichnet (also $b = w_{23} = w_{32} = w_{14} = w_{41}$) und $D = x_1x_4 - x_2x_3$ gilt.

Im Fall r = 0 ergibt das die Selektionsgleichung (4.1) für 4 „Allele" G_1 bis G_4.

5.2 Die Koppelung

Die *Koppelungsgröße* $D = x_1x_4 - x_2x_3$ mißt die Abhängigkeit zwischen den beiden Genorten. Beachtet man nämlich, daß die Wahrscheinlichkeiten der Allele A_1,A_2,B_1 und B_2 durch x_1+x_3, x_2+x_4, x_1+x_2 und x_3+x_4 gegeben sind und daß

$$x_1x_4 - x_2x_3 = x_1 - (x_1+x_3)(x_1+x_2) \tag{5.5}$$

gilt, so folgt daraus

$$D = \text{Wahrsch. } (A_1B_1) - (\text{Wahrsch. } A_1)(\text{Wahrsch. } B_1) \tag{5.6}$$

Es gilt also $D = 0$ genau dann, wenn

$$\text{Wahrsch. } (A_iB_j) = (\text{Wahrsch. } A_i)(\text{Wahrsch. } B_j) \tag{5.7}$$

für $i,j = 1,2$ gilt. Man spricht in diesem Fall vom *Koppelungsgleichgewicht*. Die Größe D verschwindet genau dann, wenn x in der sogenannten *Wright-Mannigfaltigkeit*

$$W = \{x \in S_4 : x_1x_4 = x_2x_3\} \tag{5.8}$$

liegt (s. Abb. 5.2).

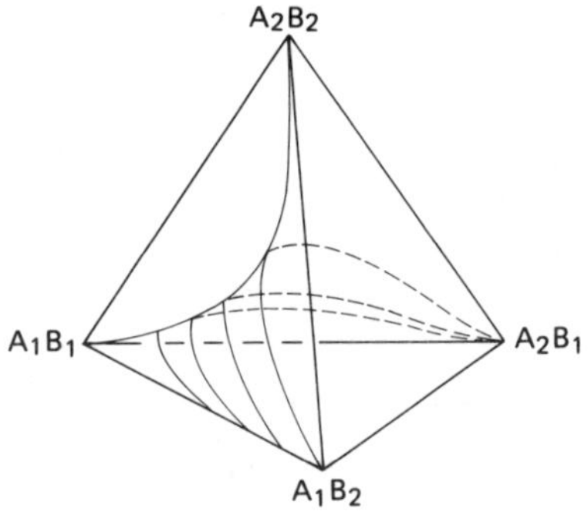

Abb. 5.2 Die Wright-Mannigfaltigkeit im Fall von zwei Genorten mit je zwei Allelen

Sind alle w_{ij} gleich (etwa = 1), wirkt also keine Selektion, so gilt

$$\begin{aligned} x_i' &= x_i - rD \qquad i = 1,4 \\ x_i' &= x_i + rD \qquad i = 2,3\,. \end{aligned} \tag{5.9}$$

Die Koppelungsgröße in der nächsten Generation ist dann

$$D' = x_1'x_4' - x_2'x_3' = (1-r)D \tag{5.10}$$

Aus $D = 0$ folgt $D' = 0$, die Wright-Mannigfaltigkeit W ist somit invariant. Für $r > 0$ konvergiert die Koppelungsgröße im Lauf der Generationen gegen 0, die Bevölkerung strebt also unter dem Einfluß der Rekombination ins Koppelungsgleichgewicht.

Ist die Bevölkerung aber zusätzlich noch der Wirkung der Selektion unterworfen, so ist W im allgemeinen nicht invariant, und das Koppelungsgleichgewicht wird nicht angenähert. Das läßt sich mit einfachen Beispielen zeigen.

5.3 Fitness

Wenn die Fitness von zwei – oder mehr – Genorten abhängt, muß sie nicht immer zunehmen; der Fundamentalsatz gilt hier also nicht. Das ist leicht zu überprüfen. Es genügt, Parameterwerte w_{ij} zu wählen, so daß Φ ein eindeutig bestimmtes Maximum an einer Stelle $\mathbf{x}$ im Inneren von S_4 besitzt, die nicht auf der Wright-Mannigfaltigkeit W liegt. Wäre nun $r = 0$, so müßte $\mathbf{x}$ ein Fixpunkt der Selektionsgleichung sein (da die mittlere Fitness nicht zunehmen kann): es müßte also $m_1 = m_2 = m_3 = m_4 = \Phi$ gelten. Nun interessieren wir uns für den Fall $r > 0$: aber da die m_i und Φ nicht von r abhängen, gilt $m_i = \Phi$ auch in diesem Fall. Aus (5.4) folgt

$$x_1{}' = x_1 - \frac{r\,b\,D}{\Phi} \tag{5.11}$$

und da $D \neq 0$ gilt, muß $\mathbf{x} \neq \mathbf{x}'$ sein. An der Stelle $\mathbf{x}'$ ist der Wert von Φ aber sicher kleiner als an der Stelle $\mathbf{x}$, wo das Maximum liegt: es gilt

$$\Phi(\mathbf{x}') < \Phi(\mathbf{x}) \tag{5.12}$$

Die mittlere Fitness ist also von einer Generation zur nächsten gesunken.

In manchen Sonderfällen wächst die Fitness aber doch, so zum Beispiel, wenn sie aus den Beiträgen der Genorte additiv zusammengesetzt ist:

	A_1A_1	A_1A_2	A_2A_2
B_1B_1	$a_1 + b_1$	$a_2 + b_1$	$a_3 + b_1$
B_1B_2	$a_1 + b_2$	$a_2 + b_2$	$a_3 + b_2$
B_2B_2	$a_1 + b_3$	$a_2 + b_3$	$a_3 + b_3$

(5.13)

In diesem Fall ist die mittlere Fitness gegeben durch

$$\begin{aligned}\Phi(\mathbf{x}) = \sum_{ij} w_{ij}x_ix_j = a_1(x_1+x_3)^2 + 2a_2(x_1+x_3)(x_2+x_4) + a_3(x_2+x_4)^2 + \\ + b_1(x_1+x_2)^2 + 2b_2(x_1+x_2)(x_3+x_4) + b_3(x_3+x_4)^2\end{aligned} \tag{5.14}$$

$\Phi(\mathbf{x}')$ hängt also nur von den Genhäufigkeiten $x_1{}'+x_3{}'$, usw. ab. Diese Genhäufigkeiten werden durch (5.4) gegeben: dabei geht der Wert von r gar nicht in die Rechnung ein. Im Fall $r = 0$ aber wächst Φ, wie wir vom Fundamentalsatz her wissen: also nimmt Φ auch zu, wenn $r > 0$ gilt.

5.4 Ein Dominanz-Modell

Es wird leicht übersehen, daß sich schon im einfachsten Fall von einem Genort mit zwei Allelen der Genotyp mit der größten Fitness keineswegs durchzusetzen braucht. Wenn nämlich dieser Genotyp gerade der heterozygote ist – was ja ohne weiteres vorkommen kann – dann verbietet der Mendelsche Kreuzungsmechanismus seinen vollständigen Erfolg: denn jede Paarung von zwei Heterozygoten führt ja mit Wahrscheinlichkeit 1/2 zu homozygoten Nachkommen. Hier wirkt also die Genetik der Optimierung entgegen.

Derlei kann freilich nicht eintreten, wenn Dominanz vorliegt, also der heterozygote Phänotyp mit einem homozygoten übereinstimmt. Nun ist Dominanz nicht stets eine Eigenschaft der Allele selbst, sondern wird oft durch Gene an einem anderen Genort – dem Sekundärort – bewirkt. Betrachten wir etwa die folgende Fitnesstabelle (s. (5.1)):

	aa	Aa	AA
mm	1-s	1	1-hs
Mm	1-s	1	1-ks
MM	1-s	1	1

(5.15)

mit $0 < s \leqslant 1$, $0 < h \leqslant \frac{1}{s}$ und $0 \leqslant k \leqslant h$. Sitzt das Genpaar mm am Sekundärort, so gibt es am Primärort keine Dominanz: der Heterozygot Aa ist am fittesten. Das Genpaar MM am Sekundärort bewirkt dagegen Dominanz vom Allel A am Primärort. Die Wirkung des Genpaars Mm schließlich liegt zwischen denen von MM und mm.

Aus (5.2) und (5.3) wird

$$\begin{aligned} m_1 &= 1 - s(x_1+x_3) \\ m_2 &= 1 - s(hx_2+kx_4) \\ m_3 &= 1 - s(x_1+x_3) \\ m_4 &= 1 - skx_2 \\ \Phi &= 1 - s[(x_1+x_3)^2 + x_2(2kx_4+hx_2)] \end{aligned} \tag{5.16}$$

Wir wollen nun zeigen, daß sich hier der Genotyp AM/AM durchsetzen wird und so mit Hilfe des „Modifikatorgens" M die optimale Fitness 1 doch noch von der Bevölkerung erreicht wird.

Genauer: ist $\mathbf{x}^{(n)}$ eine Folge im Inneren von S_4, wobei $\mathbf{x}^{(n+1)}$ aus $\mathbf{x}^{(n)}$ mittels der Differenzengleichung (5.4) hervorgeht und die m_i durch (5.16) geliefert werden, dann strebt $\mathbf{x}^{(n)}$ gegen den Eckpunkt $\mathbf{e}_4 = (0,0,0,1)$ von S_4.

Zum Nachweis werden wir die Werte gewisser Funktionen, wie der Koppelung $D = x_1x_4 - x_2x_3$ oder des Verhältnisses x_1/x_3, längs der Bahnen von $\mathbf{x}^{(n)}$ untersuchen und daraus schließen, daß diese Bahnen zu gewissen Teilmengen von S_4 und letztlich zum Punkt $\mathbf{e}_4$ hinstreben müssen.

Wir bereiten das durch einige Rechengänge vor:

$$\begin{aligned} x_2'x_4-x_4'x_2 &= \frac{1}{\Phi}[x_2x_4\,(m_2-m_4) + rD\,(x_2+x_4)] \\ &= \frac{1}{\Phi}[-s\,x_2x_4\,((h-k)x_2+kx_4) + rD(x_2+x_4)] \end{aligned} \tag{5.17}$$

$$x_3'x_1-x_1'x_3 = \frac{1}{\Phi}\,rD(x_1+x_3) \tag{5.18}$$

und

$$\begin{aligned} \Phi^2[x_1'x_4'-x_2'x_3'] &= (m_1x_1-rD)\,(m_4x_4-rD) - (m_2x_2+rD)\,(m_3x_3+rD) \\ &= m_1m_4x_1x_4 - m_2m_3x_2x_3 - rD\Phi \\ &\geqslant D(m_1m_4 - r\Phi) \end{aligned} \tag{5.19}$$

wobei wir bei der letzten Abschätzung ausgenutzt haben, daß $m_1 = m_3$ und $m_4 \geqslant m_2$, also $m_1 m_4 \geqslant m_2 m_3$ gilt. Der Klammerausdruck auf der rechten Seite von (5.19) ist stets positiv, denn wegen $r \leqslant \frac{1}{2}$ und (5.16) gilt

$$\begin{aligned} m_1 m_4 - r\Phi &\geqslant m_1 m_4 - \tfrac{1}{2}\Phi = \\ &= [1-s(x_1+x_3)]\,[1-skx_2] - \tfrac{1}{2}[1-s(x_1+x_3)^2 - sx_2(2kx_4+hx_2)] = \\ &= \tfrac{1-s}{2}(1-skx_2)^2 + \tfrac{s}{2}x_2{}^2[(1-ks)^2+h-sk^2] + sx_2x_4(k+1-sk) + \tfrac{s}{2}x_4{}^2 \geqslant 0 \end{aligned}$$

Führen wir noch die Größe

$$Z = \frac{x_1 x_4}{x_2 x_3} - 1 \tag{5.20}$$

ein, mit der sich oft leichter rechnen läßt als mit D und die dasselbe Vorzeichen hat. Für $Z \geqslant 0$ folgt aus (5.19)

$$Z' = \frac{x_1' x_4'}{x_2' x_3'} - 1 \geqslant 0$$

und für $Z < 0$ gilt wegen (5.17) und (5.18)

$$\frac{x_4'}{x_2'} > \frac{x_4}{x_2} \quad \text{und} \quad \frac{x_1'}{x_3'} > \frac{x_1}{x_3} \tag{5.21}$$

also

$$Z' > Z.$$

Sei nun P die Menge der Häufungspunkte der Folge $\mathbf{x}^{(n)}$. P ist eine nichtleere Teilmenge von S_4, welche invariant ist: denn aus $\mathbf{p} \in P$, d.h. $\mathbf{x}^{(n_k)} \to \mathbf{p}$ für eine Teilfolge n_k, folgt $\mathbf{x}^{(n_k+1)} \to \mathbf{p}'$ und mithin $\mathbf{p}' \in P$.

Wegen (5.21) muß P in der Menge liegen, wo $D \geqslant 0$ gilt. Die Werte von Z längs der Bahn von $\mathbf{x}^{(n)}$ können ja nicht mehr in die Nähe eines einmal angenommenen negativen Wertes zurück.

Im nächsten Schritt sehen wir, daß P sogar in der Menge liegen muß, wo $D = 0$ gilt. Für jeden Punkt in der Menge, wo $D > 0$ gilt, nimmt ja das Verhältnis $\frac{x_1}{x_3}$ gemäß (5.18) im nächsten Schritt ab, und dann nie wieder zu: dieses Verhältnis kehrt also nie wieder in die Nähe eines früheren Wertes zurück.

Auf der Fläche mit $D = 0$ wiederum nimmt wegen (5.17) das Verhältnis $\frac{x_2}{x_4}$ ab, außer am Rand von S_4. P muß also in der Randfläche $x_2 = 0$ und somit auf der Kante $x_3+x_4 = 1$ liegen. Dort aber nimmt x_4 immer zu. Also strebt $\mathbf{x}^{(n)}$ gegen den Eckpunkt $\mathbf{e}_4$.

5.5 Anmerkungen

Wichtige Arbeiten über Modelle mit je zwei Allelen an zwei Genorten stammen von Ewens (1969), Karlin (1975), Nagylaki (1977), Levin (1978), Hastings (1981) und Akin (1982). Ein Überblick über die mathematischen Aspekte der Theorie von Modifikator-Genen wird in Karlin und McGregor (1974) gegeben. Die Dominanztheorie (Fisher (1928)) ist heftig diskutiert worden: wir verweisen auf Ewens (1967), Feldman und Karlin (1971), Parsons und Bodmer (1961) und Sheppard (1958) für wichtige Beiträge. Die in Abschnitt 5.4 vorgebrachte Überlegung ist der Spezialfall einer Untersuchung von Bürger (1983 a, b, c), wo auch andere Dominanzmechanismen studiert und die Wirkungen von Mutationen und negativen Selektionen am Sekundärort berücksichtigt werden (vgl. auch Wagner und Bürger (1983)). Der eigentliche „Witz" der Dominanzmodelle wird erst beim Auftreten von Mutationen deutlich, worauf wir hier nicht eingegangen sind.

6 Das stetige Selektionsmodell

6.1 Die Selektionsgleichung

Wir wollen nochmals die Wirkung der Selektion untersuchen, wie in Kapitel 4, doch diesmal nicht voraussetzen, daß die Generationen getrennt sind. Wieder betrachten wir einen Genort und n Allele $A_1, \ldots, A_n$. Mit $N_i = N_i(t)$ bezeichnen wir die Anzahl der Allele A_i im Genpool zur Zeit t, und mit $N = \Sigma N_i$ die Anzahl aller Gene. Dann ist natürlich $\frac{N}{2}$ die Gesamtzahl der Individuen in der Population.

Nehmen wir nun an, daß zu jedem Zeitpunkt die Bevölkerung im Hardy-Weinberg-Gleichgewicht ist. Die Anzahl der Individuen mit dem Genpaar (A_i, A_j) ist gegeben durch das Produkt von $\frac{N}{2}$ (der Bevölkerungszahl) mit $\frac{N_i}{N}$ (der Wahrscheinlichkeit, daß das erste Gen von Typ A_i ist) und $\frac{N_j}{N}$ (der Wahrscheinlichkeit, daß das zweite Gen vom Typ A_j ist), also durch

$$\frac{N_i N_j}{2N} \tag{6.1}$$

Der mittlere Beitrag, den ein (A_i, A_j)-Individuum während der Zeitspanne Δt zum Wachstum der Bevölkerung liefert, sei durch $w_{ij}\,\Delta t$ gegeben, mit $w_{ij} = \frac{1}{2} g_{ij} - t_{ij}$. Dabei ist t_{ij} die Wahrscheinlichkeit, daß das Individuum stirbt, und g_{ij} die Wahrscheinlichkeit, daß es einen Nachkommen erzeugt: der Nachkomme zählt nur halb, da er ja auch zum anderen Elternteil gehört.

Der Zuwachs an Genen A_i im Genpool der Bevölkerung ist daher gegeben durch

$$N_i(t+\Delta t) - N_i(t) = \sum_j w_{ij} \frac{N_i N_j}{2N} \Delta t + \sum_j w_{ji} \frac{N_j N_i}{2N} \Delta t$$

also, da natürlich $w_{ij} = w_{ji}$ gilt:

$$N_i(t+\Delta t) - N_i(t) = \frac{N_i(t)}{N(t)} \sum_j w_{ij} N_j(t) \Delta t \tag{6.2}$$

Geben wir nun einem mathematischen Impuls nach, und fassen wir N_i als differenzierbare Funktion von t auf! Das ist natürlich Unsinn, da N_i nur ganzzahlige Werte annehmen kann. Aber immerhin:

$$\frac{d}{dt} N_i(t) = \frac{N_i(t)}{N(t)} \sum_j w_{ij} N_j(t)$$

Statt die Ableitung nach der Zeit t durch $\frac{d}{dt}$ zu bezeichnen, setzen wir lieber einen Punkt über die Funktion. Wir schreiben also

$$\dot{N}_i = \frac{N_i}{N} \sum_j w_{ij} N_j \tag{6.3}$$

Nun muß dann auch gelten:

$$\dot{N} = \dot{N}_1 + \ldots + \dot{N}_n = \frac{1}{N} \sum_{i,j} w_{ij} N_i N_j \tag{6.4}$$

und somit, wenn wir mit x_i die relative Häufigkeit $\frac{N_i}{N}$ des Gens A_i im Genpool bezeichnen, nach der Quotientenregel und (6.3), (6.4):

$$\dot{x}_i = (\frac{N_i}{N})^{\boldsymbol{\cdot}} = \frac{N\dot{N}_i - N_i\dot{N}}{N^2} = \frac{N_i \sum_j w_{ij} N_j - N_i \sum_{r,s} w_{rs} N_r N_s / N}{N^2} =$$

$$= x_i (\sum_j w_{ij} x_j - \sum_{r,s} w_{rs} x_r x_s)$$

oder, mit W als der n × n-Matrix (w_{ij}):

$$\dot{x}_i = x_i ((W\mathbf{x})_i - \mathbf{x}.W\mathbf{x}) \qquad i = 1, \ldots, n \tag{6.5}$$

Das ist die *Selektionsgleichung der Populationsgenetik.*

Sie entspricht der Differenzengleichung (4.1). Die Herleitung ist, wie wir bemerkt haben, recht abenteuerlich. Vielleicht wird uns etwas besser bei den Gedanken, daß N_i und N nur ganzzahlige Werte annehmen, aber $x_i = \frac{N_i}{N}$, jedenfalls wenn N groß ist, nur sehr kleine Sprünge macht. Natürlich kann „in Wirklichkeit" auch $x_i(t)$ unmöglich differenzierbar sein. Aber wir tun so, als ob. Der Grund: (6.5) ist eine Differentialgleichung, und damit läßt sich viel mehr anfangen als mit einer Differenzengleichung wie (4.1).

6.2 Grundlegendes über Differentialgleichungen

Wir schreiben allgemein

$$\dot{\mathbf{x}} = \mathbf{f}(t, \mathbf{x}) \tag{6.6}$$

für die Differentialgleichung

$$\dot{x}_i = f_i (t, x_1, \ldots, x_n) \qquad i = 1, \ldots, n \tag{6.7}$$

Dabei sind die Funktionen f_i auf einer offenen Menge im $\mathbb{R}^{n+1}$ definiert und stetig differenzierbar. Unter einer Lösung verstehen wir eine Abbildung

$$t \to \mathbf{x}(t) = (x_1(t), \ldots, x_n(t))$$

von einem Intervall I in den $\mathbb{R}^n$, so daß die Funktionen x_i differenzierbar sind und für alle $t \in I$ gilt:

$$\dot{x}_i(t) = f_i(t, x_1(t), \ldots, x_n(t)) \qquad i = 1, \ldots, n.$$

Wir veranschaulichen uns das folgendermaßen: Für jede Zeit t ist jedem Punkt $\mathbf{x}$ im $\mathbb{R}^n$ (oder in einem Teilgebiet G von $\mathbb{R}^n$, dem Definitionsbereich der Differentialgleichung) ein n-dimensionaler Vektor $\mathbf{f}(t,\mathbf{x})$ zugeordnet, dessen Komponenten die $f_i(t, x_1, \ldots, x_n)$ sind ($i = 1, \ldots, n$). Diesen Vektor können wir uns als die „Windstärke" vorstellen, die zur Zeit t im Punkt $\mathbf{x}$ herrscht. Einen Weg $t \to \mathbf{x}(t)$ können wir auffassen als die Beschreibung der Bewegung eines „Teilchens" im n-dimensionalen Raum: zur Zeit t sind die Position $\mathbf{x}(t) = (x_1(t), \ldots, x_n(t))$ und die Geschwindigkeit $\dot{\mathbf{x}}(t) = (\dot{x}_1(t), \ldots, \dot{x}_n(t))$ n-dimensionale Vektoren. Der Weg ist nun Lösung der Differentialgleichung, wenn die Geschwindigkeit $\dot{\mathbf{x}}(t)$ in jedem Augenblick mit der „Windstärke" $\mathbf{f}(t, \mathbf{x}(t))$ am Punkt $\mathbf{x}(t)$ übereinstimmt.

Unter einer „Anfangsbedingung" versteht man die Festlegung der Position des Teilchens zu einer bestimmten Zeit t_0 an einem bestimmten Punkt $\mathbf{x}_0$ im $\mathbb{R}^n$. Wie in allen Lehrbüchern über Differentialgleichungen bewiesen wird, gilt der Existenz- und Eindeutikeitssatz, welcher besagt, daß zu jeder Anfangsbedingung die Differentialgleichung (6.6) genau eine Lösung besitzt. Wir werden als Anfangsbedingung stets verlangen, zur Zeit 0 in einem gewissen Punkt $\mathbf{x}$ zu sein, und bezeichnen die entsprechende Lösung mit $\mathbf{x}(t)$. Mit dieser Konvention gilt also stets $\mathbf{x}(0) = \mathbf{x}$. Für festes t hängt $\mathbf{x}(t)$ stetig vom Anfangsort $\mathbf{x}$ ab.

Beachten wir, daß eine Lösung nicht für alle Zeiten definiert sein muß: es gibt zwar stets ein maximales Intervall (a, b), so daß die Lösung $\mathbf{x}(t)$ für alle $t \in (a, b)$ existiert, aber (a, b) ist nicht notwendigerweise $(-\infty, +\infty)$. Das zeigt schon das Beispiel $\dot{x} = 1+x^2$ in $\mathbb{R}$ mit $x(0) = 0$. Die Lösung wird durch $x(t) = \tan t$ gegeben und ist nur für $t \in (-\frac{\pi}{2}, \frac{\pi}{2})$ definiert. Man kann sich hier vorstellen, daß $x(t)$ so schnell wächst, d.h. die Zahlengerade $\mathbb{R}$ so rasch durchläuft, daß die Bahn zur Zeit $\frac{\pi}{2}$ ins Unendliche hinausfliegt.

Von besonderem Interesse sind die zeitunabhängigen Differentialgleichungen

$$\dot{\mathbf{x}} = \mathbf{f}(\mathbf{x}) \text{ oder } \dot{x}_i = f_i(x_1, \ldots, x_n). \tag{6.8}$$

Die rechte Seite hängt hier nicht von t ab, die „Windstärke" am Ort $\mathbf{x}$ ändert sich nicht mit der Zeit. Wenn wir zwei Teilchen (oder „Lösungen") an der Stelle $\mathbf{x}$ loslassen, eines T Zeiteinheiten hinter dem anderen, so werden beide dieselbe Bahn durchlaufen, nur eben eines immer um T Zeiteinheiten verspätet. Anders ausgedrückt, aus $\mathbf{x}(T) = \mathbf{y}$ folgt $\mathbf{x}(T+t) = \mathbf{y}(t)$ für alle t, für welche die Lösungen erklärt sind.

In einem wichtigen Fall ist die Lösung für alle Zeiten t definiert:

Wenn (a,b) das maximale offene Intervall ist, für welches die Lösung $\mathbf{x}(t)$ *definiert ist, und* $\mathbf{x}(t)$ *für alle* $t \in (a,b)$ *eine beschränkte, abgeschlossene Menge K nicht verläßt, so ist* $(a,b) = \mathbb{R}$*, die Lösung also für alle* $t \in \mathbb{R}$ *definiert.*

In den meisten Fällen ist es sehr schwer, die Lösung einer Differentialgleichung anzugeben. Falls die Funktionen f_i linear sind, so geht es. Der größere Teil der Lehrbücher über Differentialgleichungen ist damit angefüllt. Wir werden aber viele nichtlineare Differentialgleichungen kennenlernen, für welche eine explizite Lösung nicht gefunden werden kann.

Immerhin können wir festhalten: wenn für die zeitunabhängige Differentialgleichung (6.8) ein Punkt $\mathbf{x}_0 \in G$ existiert, so daß $\mathbf{f}(\mathbf{x}_0) = 0$ gilt (der angeheftete Vektor also der Nullvektor ist), dann ist die konstante Funktion $\mathbf{x}(t) \equiv \mathbf{x}_0$ offenbar eine Lösung – linke und rechte Seite von (6.8) verschwinden. $\mathbf{x}_0$ heißt dann *Fixpunkt*, oder *stationäre Lösung*, oder *Gleichgewichtspunkt:* ist man in so einem Punkt, so rührt man sich nicht von der Stelle.

6.3 Einige Eigenschaften der Selektionsgleichung

Die Selektionsgleichung (6.5) ist so, wie sie steht, für alle $(x_1, \ldots, x_n) \in \mathbb{R}^n$ definiert. Wir wollen aber die x_i als Wahrscheinlichkeiten interpretieren, also $\mathbf{x} = (x_1, \ldots, x_n)$ als Punkt auf dem Simplex S_n. Damit diese Interpretation mit der Gleichung konsistent ist, muß für die Lösung $\mathbf{x}(t)$ gelten:

Wenn $\mathbf{x}(0) \in S_n$, *dann* $\mathbf{x}(t) \in S_n$ *für alle* $t \in \mathbb{R}$.

Setzen wir nämlich

$$S(t) = x_1(t) + \ldots + x_n(t)$$

dann gilt

$$\dot{S} = \sum_i \dot{x}_i = \sum_i x_i \left((W\mathbf{x})_i - \mathbf{x}.W\mathbf{x}\right)$$

also

$$\dot{S} = (\mathbf{x}.W\mathbf{x})\,(1-S) \tag{6.9}$$

Wir können $\mathbf{x}.W\mathbf{x}$ als Funktion $A(t)$ auffassen. Nun ist $S(t) \equiv 1$ offenbar die (eindeutig bestimmte) Lösung der (zeitabhängigen) Differentialgleichung $\dot{S} = A(t)(1-S)$ mit Anfangsbedingung $S(0) = 1$. Also folgt aus $S(0) = 1$, daß $S(t) = 1$ für alle $t \in \mathbb{R}$ gilt.

Weiter ist $x_i(t) \equiv 0$ für jedes feste i die (eindeutig bestimmte) Lösung der Differentialgleichung

$$\dot{x}_i = x_i \left((W\mathbf{x})_i - \mathbf{x}.W\mathbf{x}\right)$$

mit Anfangsbedingungen $x_i(0) = 0$. Daraus folgt sofort: wenn $x_i(0) > 0$, dann gilt auch $x_i(t) > 0$ für alle $t \in \mathbb{R}$.

Insgesamt also: wenn $\Sigma x_i = 1$ und $x_i \geqslant 0$ für $i = 1, \ldots, n$ zu einem bestimmten Zeitpunkt erfüllt ist, dann ist diese Bedingung auch immer erfüllt. Da die Bahn die abgeschlossene und beschränkte Menge S_n nicht verläßt, ist – nach einem Satz im vorigen Abschnitt – $\mathbf{x}(t)$ für alle $t \in \mathbb{R}$ definiert.

Der Simplex S_n ist also invariant unter der Gleichung (6.5). *Von nun an wollen wir (6.5) nur mehr eingeschränkt auf dem Simplex* S_n *betrachten.*

Der Rand von S_n besteht aus Teilsimplices. Genauer: für jede echte Teilmenge I der Indexmenge $\{1, \ldots, n\}$ ist

$$S_n(I) = \{\mathbf{x} \in S_n : x_i = 0 \text{ für alle } i \in I\}$$

ein Simplex, der am Rand von S_n liegt; und die Vereinigung all dieser Simplices bildet gerade den Rand von S_n. Man sieht sofort, daß die Einschränkung von (6.5) auf $S_n(I)$ wieder eine Gleichung von dieser Gestalt ist – nur jetzt mit weniger Variablen – so daß auch die „Seitenflächen“ $S_n(I)$, und damit auch der Rand von S_n, invariant sind. Insbesondere sind die Ecken von S_n – also die Einheitsvektoren $\mathbf{e}_i$ – Fixpunkte von (6.5).

Gibt es noch andere Fixpunkte? Suchen wir sie zunächst im Inneren von S_n, also dort, wo $x_i > 0$ für $i = 1, \ldots, n$ gilt. Damit $\dot{x}_i = 0$ sein kann, muß $(W\mathbf{x})_i - \mathbf{x}.W\mathbf{x} = 0$ sein. Es folgt

$$(W\mathbf{x})_1 = (W\mathbf{x})_2 = \ldots = (W\mathbf{x})_n \tag{6.10}$$

Das sind n−1 lineare Gleichungen in n Unbekannten. Es kommt noch die Gleichung

$$\Sigma x_i = 1 \tag{6.11}$$

hinzu. (Sind diese Gleichungen erfüllt, so ist der gemeinsame Wert der Ausdrücke in (6.10) gerade $\mathbf{x}.W\mathbf{x}$).

Die Fixpunkte von (6.5) im Inneren von S_n sind also genau die Lösungen von (6.10) und (6.11), die $x_i > 0$ für $i = 1, \ldots, n$ erfüllen. Es kann vorkommen, daß es keinen, oder einen, oder unendlich viele solcher Fixpunkte gibt. Im letzteren Fall – der nur eintritt, wenn es lineare Abhängigkeiten zwischen den Zeilen der Matrix W gibt, also ein „entarteter Fall" vorliegt – bilden die Lösungen eine lineare Teilmannigfaltigkeit von S_n.

Ganz analog geht man vor, um die Fixpunkte auf den Randflächen $S_n(I)$ zu finden.

Halten wir übrigens fest, daß wir bisher noch nicht ausgenutzt haben, daß die Matrix $W = (w_{ij})$ symmetrisch ist. Im nächsten Abschnitt soll das anders werden.

6.4 Der Fundamentalsatz

Ganz so wie bei der Differenzengleichung, die in Kapitel 4 behandelt wurde, läßt sich auch bei (6.5) zeigen, daß die mittlere Fitness $\mathbf{x}.W\mathbf{x}$ nie abnehmen kann. Der Beweis ist sogar wesentlich einfacher. Setzen wir

$$\Phi(t) = \mathbf{x}(t).W\mathbf{x}(t) = \sum_{ij} w_{ij}\, x_i(t) x_j(t)$$

für die mittlere Fitness der Population zur Zeit t. Dann folgt:

Es gilt $\dot{\Phi}(t) \geqslant 0$. *Das Gleichheitszeichen trifft genau auf der Menge F der Fixpunkte von (6.5) zu.*

Es gilt nämlich

$$\dot{\Phi} = (\mathbf{x}.W\mathbf{x})^{\bullet} = \dot{\mathbf{x}}.W\mathbf{x} + \mathbf{x}.W\dot{\mathbf{x}}$$

Da W symmetrisch ist, sind die beiden Summanden gleich. Also folgt

$$\dot{\Phi} = 2\,\Sigma\,\dot{x}_i\,(W\mathbf{x})_i = 2\,\Sigma[x_i\,((W\mathbf{x})_i - \mathbf{x}.W\mathbf{x})\,(W\mathbf{x})_i] =$$

$$= 2\{\Sigma\, x_i\,(W\mathbf{x})_i^2 - [\Sigma\, x_i\,(W\mathbf{x})_i]^2\} \geqslant 0 \tag{6.12}$$

wobei die Ungleichung aus (4.7) (mit $\alpha = 2$) folgt. Gleichheit gilt genau dann, wenn für die Indices i mit $x_i > 0$ die Ausdrücke $(W\mathbf{x})_i$ einen gemeinsamen Wert annehmen. Das sind aber, wie wir im vorigen Abschnitt gesehen haben, gerade die Fixpunkte von (6.5).

Halten wir noch fest, daß sich der Ausdruck auf der rechten Seite von (6.12) – bis auf den Faktor 2 – interpretieren läßt als „Varianz der Fitness" im Sinn von (3.3). Ein zufällig gewähltes Gen ist mit Wahrscheinlichkeit x_i vom Typ A_i und hat dann die

— von den Genhäufigkeiten abhängige — Fitness $(W\mathbf{x})_i$: denn mit Wahrscheinlichkeit x_j gehört es zum Genotyp A_iA_j, und der hat Fitness w_{ij}.

Die Zunahme der mittleren Fitness Φ der Gesamtbevölkerung ist also proportional zur Varianz der Fitness.

6.5 α- und ω-Limiten

Wenn es — wie das meistens der Fall ist — nicht gelingt, exakte Lösungen einer gegebenen Differentialgleichung zu finden, wird man sich mit angenäherten behelfen: der Fortschritt auf den Gebieten der Numerik und der Computertechnologie erleichtert es, auf analytische Ausdrücke für die Lösungen zu verzichten. Doch für die Untersuchung des asymptotischen Langzeitverhaltens taugt die Berechnung von Näherungen nichts: sie kann nicht wiedergeben, was sich in der fernsten Zukunft — oder Vergangenheit — abspielt. Was also stellt sich „zu guter Letzt" ein? Fährt die Bahn ins Unendliche? Strebt die Lösung gegen ein Gleichgewicht, oder wird sie immerfort oszillieren? Das sind Fragen, die zur qualitativen Theorie der Differentialgleichungen gehören, und hier sind die wichtigsten Begriffe die der α- und ω-Limiten, die wir gleich definieren.

Sei $\dot{\mathbf{x}} = \mathbf{f}(\mathbf{x})$ eine zeitunabhängige Differentialgleichung in einem Gebiet von $\mathbb{R}^n$ und $\mathbf{x}$ ein Punkt im Definitionsbereich, so daß die für alle $t \in \mathbb{R}$ definierte Bahn $\mathbf{x}(t)$ mit $\mathbf{x}(0) = \mathbf{x}$ existieren möge. Der *ω-Limes* von $\mathbf{x}$ wird definiert als:

$$\omega(\mathbf{x}) = \{\mathbf{y} \in \mathbb{R}^n\text{: es gibt eine Folge } t_k \to +\infty \text{ s.d. } \mathbf{x}(t_k) \to \mathbf{y}\}$$

Der α-Limes wird analog (mit $t_k \to -\infty$) beschrieben. Der ω-Limes ist also die Menge der Punkte $\mathbf{y}$, für welche jede noch so kleine Umgebung nach beliebig langer Zeit von der Bahn $\mathbf{x}(t)$ besucht wird.

Der ω-Limes eines Punktes $\mathbf{x}$ kann leer sein: im Fall $\dot{x} = 1$ auf der Geraden $\mathbb{R}^1$ fährt etwa die Lösung $x(t) = x+t$ durch jeden Punkt durch und kehrt nie wieder zurück. Aber wenn die Bahn (oder die positive Halbbahn, also $\mathbf{x}(t)$ für $t \geqslant 0$) eine abgeschlossene beschränkte Menge K nie verläßt, dann muß jede Folge $\mathbf{x}(t_k)$ Häufungspunkte besitzen, $\omega(\mathbf{x})$ kann daher nicht leer sein.

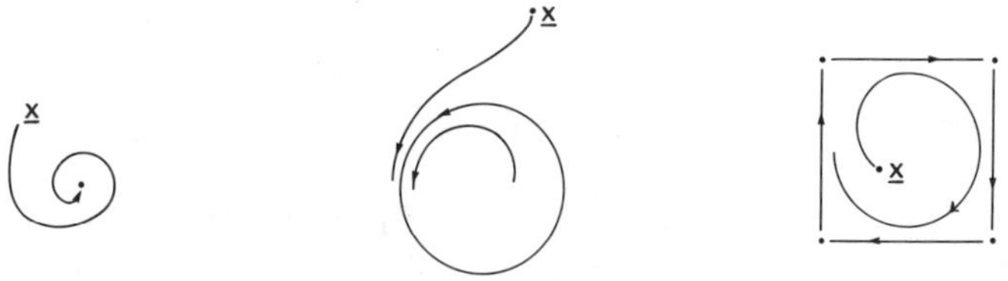

Abb. 6.1 Der ω-Limes $\omega(\mathbf{x})$ ist (a) ein Fixpunkt, (b) eine periodische Bahn, (c) eine invariante Menge, die aus vier Fixpunkten und vier Bahnen, die diese verbinden, besteht

Weiters hat jeder Punkt $\mathbf{z}$ auf der Bahn $\mathbf{x}(t)$ denselben ω-Limes: denn dann ist $\mathbf{z} = \mathbf{x}(T)$ für eine bestimmte Zeit T, also $\mathbf{z}(t-T) = \mathbf{x}(t)$ für alle t. Wenn $\mathbf{x}(t_k) \to \mathbf{y}$, so gilt $\mathbf{z}(t_k-T) \to \mathbf{y}$, $\mathbf{y}$ ist also auch im ω-Limes von $\mathbf{z}$.

Leicht zu sehen ist weiters, daß die Menge $\omega(\mathbf{x})$, als eine Menge von Häufungspunkten, notwendig abgeschlossen ist.

Schließlich ist $\omega(\mathbf{x})$ auch invariant. Denn angenommen, es gilt $\mathbf{y} \in \omega(\mathbf{x})$, und t ist eine beliebige Zeit. Da es eine Folge t_k gibt mit $\mathbf{x}(t_k) \to \mathbf{y}$, und da die Lösungen stetig sind, folgt $\mathbf{x}(t_k+t) \to \mathbf{y}(t)$. Somit ist $\mathbf{y}(t)$ in $\omega(\mathbf{x})$. Der ω-Limes enthält mit jedem Punkt $\mathbf{y}$ die ganze Bahn durch $\mathbf{y}$.

Die Abb. 6.1 veranschaulicht $\omega(\mathbf{x})$ in drei Fällen.

6.6 Der Satz von Ljapunov

Der Satz von Ljapunov gibt eine Methode an, um ω-Limiten auch dann in den Griff zu bekommen, wenn man die Lösung der Differentialgleichung nicht kennt:

Die Differentialgleichung $\dot{\mathbf{x}} = \mathbf{f}(\mathbf{x})$ *sei auf* $G \subset \mathbb{R}^n$ *definiert. V sei eine Funktion von G in* $\mathbb{R}^n$*, deren partielle Ableitungen existieren. Für jede Lösung* $t \to \mathbf{x}(t)$ *der Differentialgleichung möge die Ableitung* $\dot{V}$ *der Abbildung* $t \to V(\mathbf{x}(t))$ *die Ungleichung* $\dot{V} \geqslant 0$ *erfüllen. Dann liegen* $\omega(\mathbf{x}) \cap G$ *und* $\alpha(\mathbf{x}) \cap G$ *in der Menge* $\{\mathbf{x} \in G\colon \dot{V}(\mathbf{x}) = 0\}$.

Der Satz gibt nicht an, wie man so eine „Ljapunov-Funktion" V finden kann. Hier gibt es auch gar keine allgemeine Methode: aber in vielen Fällen gelingt es mit Geschick, Geduld oder Glück, ein passendes V zu finden. Für die Selektionsgleichung etwa ist, wie wir im Abschnitt 4 gesehen haben, $\Phi(\mathbf{x}) = \mathbf{x}.W\mathbf{x}$ eine solche Funktion. Der Satz von Ljapunov sagt in diesem Fall aus, daß die α- und ω-Limiten jeder Bahn in der Menge F der Fixpunkte liegen.

Nun zum Beweis. Gilt etwa $\mathbf{y} \in \omega(\mathbf{x}) \cap G$, dann gibt es nach Definition eine Folge $t_k \to +\infty$ mit $\mathbf{x}(t_k) \to \mathbf{y}$. Angenommen, $\dot{V}(\mathbf{y}) = 0$ wäre nicht erfüllt. Dann müßte $\dot{V}(\mathbf{y}) > 0$ gelten. Da der Wert von V längs jeder Bahn, also auch der von $\mathbf{y}$, nur zunehmen kann, gilt

$$V(\mathbf{y}(t)) > V(\mathbf{y}) \tag{6.13}$$

für $t > 0$. Auch $V(\mathbf{x}(t))$ ist monoton wachsend. Da V stetig ist, strebt $V(\mathbf{x}(t_k))$ gegen $V(\mathbf{y})$, und somit ist für jedes $t \in \mathbb{R}$

$$V(\mathbf{x}(t)) \leqslant V(\mathbf{y}) \tag{6.14}$$

Sei $t \in \mathbb{R}$ beliebig. Aus $\mathbf{x}(t_k) \to \mathbf{y}$ für $k \to +\infty$ folgt $\mathbf{x}(t_k+t) \to \mathbf{y}(t)$ und somit

$$V(\mathbf{x}(t_k+t)) \to V(\mathbf{y}(t)) \tag{6.15}$$

also gilt wegen (6.13)

$$V(\mathbf{x}(t_k+t)) > V(\mathbf{y})$$

für k hinreichend groß. Das ist aber im Widerspruch zu (6.14).

6.7 Das asymptotische Verhalten der Selektionsgleichung

Wir wissen bereits, daß die Bahnen der Selektionsgleichung (6.5) gegen die Menge F der Fixpunkte konvergieren. Liegen diese Fixpunkte isoliert, was ja im allgemeinen der Fall ist, dann konvergiert also jede Bahn gegen einen Fixpunkt. Für gewisse „entartete" Fitnessmatrizen können aber, wie wir im Abschnitt 6.3 gesehen haben, lineare Mannigfaltigkeiten von Fixpunkten auftreten. Die folgende Zusatzüberlegung bestätigt jedoch, daß auch dann noch gilt: *für $t \to +\infty$ stellt sich ein Gleichgewicht ein.*

Sei nämlich $\mathbf{p}$ ein beliebiger Punkt im ω-Limes der Bahn von $\mathbf{x}$. Da $\Phi(\mathbf{x}(t))$ monoton wächst, existiert $\lim_{t \to +\infty} \Phi(\mathbf{x}(t)) = \Phi(\mathbf{p})$. Sei $J = \{i: (W\mathbf{p})_i \neq \mathbf{p}.W\mathbf{p}\}$. Da $\mathbf{p}$ Fixpunkt ist, muß $p_i = 0$ für alle $i \in J$ gelten. Sei

$$L(\mathbf{x}) = -\Sigma p_i \log \frac{x_i}{p_i} = \Sigma p_i \log p_i - \Sigma p_i \log x_i \tag{6.16}$$

Offenbar ist L eine stetige Funktion auf S_n, die dort, wo L endlich ist (also auf der Menge $\{\mathbf{x} \in S_n$: wenn $p_i > 0$, dann $x_i > 0\}$, differenzierbar ist. Nach (4.9) nimmt sie ihr Minimum 0 nur an der Stelle $\mathbf{x} = \mathbf{p}$ an.

Definieren wir

$$S(\mathbf{x}) = \sum_{i \in J} x_i \qquad Z(\mathbf{x}) = \min_{i \in J} [(W\mathbf{x})_i - \mathbf{x}.W\mathbf{x}]^2 \tag{6.17}$$

(falls J leer ist, setzen wir $S(\mathbf{x}) = 0$ und $Z(\mathbf{x}) = 1$). Aus (6.12) folgt

$$\frac{1}{2} \dot{\Phi}(\mathbf{x}) = \Sigma x_i [(W\mathbf{x})_i - \mathbf{x}.W\mathbf{x}]^2 \geqslant S(\mathbf{x}).Z(\mathbf{x}) \tag{6.18}$$

Wegen der Definition von J gilt $z = Z(\mathbf{p}) > 0$. Also ist $\{\mathbf{x}: Z(\mathbf{x}) > \frac{z}{2}\}$ eine offene Umgebung von $\mathbf{p}$, enthält daher auch eine der Mengen $\{\mathbf{x} \in S_n: L(\mathbf{x}) \leqslant \epsilon\}$, die ja für $\epsilon \to 0$ auf den Punkt $\mathbf{p}$ zusammenschrumpfen. Es gibt also ein $\bar{\epsilon} > 0$, so daß für alle $\mathbf{x}$ mit $L(\mathbf{x}) \leqslant \bar{\epsilon}$ gilt:

$$Z(\mathbf{x}) > \frac{z}{2} \tag{6.19}$$

Da $\mathbf{p}$ im ω-Limes von $\mathbf{x}$ liegt, ist $x_i > 0$, falls $p_i > 0$. Wir können L also differenzieren:

$$\begin{aligned} \dot{L}(\mathbf{x}) &= -\Sigma p_i \frac{\dot{x}_i}{x_i} = -\Sigma p_i [(W\mathbf{x})_i - \mathbf{x}.W\mathbf{x}] = \mathbf{x}.W\mathbf{x} - \mathbf{p}.W\mathbf{x} \\ &= (\mathbf{x}.W\mathbf{x} - \mathbf{p}.W\mathbf{p}) + \mathbf{p}.W\mathbf{p} - \mathbf{x}.W\mathbf{p} \\ &= \mathbf{x}.W\mathbf{x} - \mathbf{p}.W\mathbf{p} + \Sigma[\mathbf{p}.W\mathbf{p} - (W\mathbf{p})_i]x_i \end{aligned}$$

(Dabei wurde die Symmetrie der Matrix W benutzt). Aus $\mathbf{x}.W\mathbf{x} \leqslant \mathbf{p}.W\mathbf{p}$ folgt

$$\dot{L}(\mathbf{x}) \leqslant K.\,S(\mathbf{x}) \tag{6.20}$$

für

$$K = \max_{i \in J} [\mathbf{p}.W\mathbf{p} - (W\mathbf{p})_i] \tag{6.21}$$

Sei jetzt $t_n \to +\infty$ eine Folge, für welche $\mathbf{x}(t_n) \to \mathbf{p}$ gilt. Dann strebt $L(\mathbf{x}(t_n))$ gegen $L(\mathbf{p})=0$. Für $\epsilon < \bar{\epsilon}$ wählen wir $n = n(\epsilon)$ so groß, daß

$$L(\mathbf{x}(t_n)) < \frac{\epsilon}{2} \quad \text{und} \quad \frac{K}{z} [\Phi(\mathbf{p}) - \Phi(\mathbf{x}(t_n))] < \frac{\epsilon}{2} \tag{6.22}$$

gilt. Ist jetzt $t > t_n$ und $L(\mathbf{x}(s)) < \bar{\epsilon}$ für alle $s \in [t_n, t]$, dann liefern die Abschätzungen (6.18) bis (6.21)

$$\dot{L}(\mathbf{x}(s)) \leqslant K.\frac{1}{2} \cdot \frac{\dot{\Phi}(\mathbf{x}(s))}{Z(\mathbf{x}(s))} < \frac{K}{z} \dot{\Phi}(\mathbf{x}(s)). \tag{6.23}$$

Integriert man von t_n bis t, so folgt wegen (6.22)

$$0 \leqslant L(\mathbf{x}(t)) \leqslant L(\mathbf{x}(t_n)) + \frac{K}{z}\,[\Phi(\mathbf{x}(t)) - \Phi(\mathbf{x}(t_n))] < \epsilon. \tag{6.24}$$

Da $\epsilon < \bar{\epsilon}$ gilt, bleibt $\mathbf{x}(t)$ für alle $t \geqslant t_n$ in der durch (6.19) beschriebenen Umgebung von $\mathbf{p}$. (6.24) gilt also für alle $t \geqslant t_n$.

Da man ϵ beliebig klein wählen kann, konvergiert $L(\mathbf{x}(t))$ für $t \to +\infty$ gegen 0, also strebt $\mathbf{x}(t)$ gegen $\mathbf{p}$. Somit ist $\mathbf{p}$ der einzige Punkt im ω-Limes von $\mathbf{x}$.

6.8 Anmerkungen

Hervorragende Lehrbücher über gewöhnliche Differentialgleichungen sind die von Hirsch und Smale (1974), Pontrjagin (1962) und Hurewicz (1958). Sie widmen der qualitativen Theorie breiten Raum. Die Differentialgleichung (6.5) wurde von Fisher, Haldane und Wright aufgestellt (vgl. Hadeler (1974). Für ihre Darstellung als Gradientensystem verweisen wir auf Shahshahani (1979) und Akin (1979). Doch ist die Herleitung der Gleichung zweifelhaft, vor allem wegen der Voraussetzung des Hardy-Weinberg-Gleichgewichts, von welcher man zeigen kann, daß sie im allgemeinen nur angenähert erfüllt sein kann (vgl. Kap. 7 sowie Nagylaki (1977) und Ewens (1979)). Der Beweis in Abschnitt 7 stammt aus Akin und Hofbauer (1982).

7 Fertilität

7.1 Die Fertilitätsgleichung (diskreter Fall)

Die natürliche Auslese wirkt nicht nur über die unterschiedlichen Überlebenswahrscheinlichkeiten der Genotypen, sondern auch über die unterschiedlichen Fruchtbarkeiten der verschiedenen Paarungstypen. – Die Selektionsgleichungen, die wir bisher untersuchten – also (4.1) und (6.5) – beschränkten sich auf die Wirkung unterschiedlicher Überlebenswahrscheinlichkeiten. Jetzt wollen wir auch die Wirkung unterschiedlicher Fertilitäten studieren. Wir gehen dabei von einem Modell aus, das durch einen einzigen Genort beschrieben wird, und behandeln zuerst den Fall von 2, dann den von n Allelen.

Wenn nur zwei Allele A_1 und A_2 vorkommen, so gibt es drei Genotypen A_1A_1, A_1A_2 und A_2A_2, also neun mögliche Paarungstypen. Jedem Paarungstyp ordnen wir, wie in Tabelle 7.1 dargestellt, eine durchschnittliche Fruchtbarkeit zu: so ist etwa F_{12} die mittlere Anzahl der Nachkommen eines A_1A_1-Vaters und einer A_1A_2-Mutter.

Sind nun x, y und z die Häufigkeiten der Genotypen A_1A_1, A_1A_2 und A_2A_2 in der Elterngeneration, und findet Zufallspaarung statt, so ist xy die Häufigkeit der Paare, wo der Vater vom Typ A_1A_1, die Mutter vom Typ A_1A_2 ist. Die Anzahl ihre Nachkommen ist proportional zu xyF_{12}, wobei die eine Hälfte vom Typ A_1A_1, die andere vom Typ A_1A_2 ist.

Führt man diese Überlegung für alle Paarungen durch, und bezeichnet man mit x', y' und z' die Häufigkeiten der Genotypen in der nächsten Generation, so erhält man auf Grund von Tabelle 7.1:

Tabelle 7.1 Genotyphäufigkeiten für Fertilitätsmodelle für zwei Allele

Vater	Mutter	Paarungs-häufigkeit	Nachwuchs A_1A_1	A_1A_2	A_2A_2	Fruchtbarkeit allgemein	multiplikativ
	A_1A_1	x^2	1	0	0	F_{11}	m_1w_1
A_1A_1	A_1A_2	xy	1/2	1/2	0	F_{12}	m_1w_2
	A_2A_2	xz	0	1	0	F_{13}	m_1w_3
	A_1A_1	xy	1/2	1/2	0	F_{21}	m_2w_1
A_1A_2	A_1A_2	y^2	1/4	1/2	1/4	F_{22}	m_2w_2
	A_2A_2	yz	0	1/2	1/2	F_{23}	m_2w_3
	A_1A_1	xz	0	1	0	F_{31}	m_3w_1
A_2A_2	A_1A_2	yz	0	1/2	1/2	F_{32}	m_3w_2
	A_2A_2	z^2	0	0	1	F_{33}	m_3w_3

allgemein

$$\Phi x' = F_{11}x^2+\tfrac{1}{2}(F_{12}+F_{21})xy+\tfrac{1}{4}F_{22}y^2$$
$$\Phi y' = \tfrac{1}{2}F_{22}y^2+\tfrac{1}{2}(F_{12}+F_{21})xy+\tfrac{1}{2}(F_{23}+F_{32})yz+(F_{13}+F_{31})xz$$
$$\Phi z' = F_{33}z^2+\tfrac{1}{2}(F_{23}+F_{32})yz+\tfrac{1}{4}F_{22}y^2$$

multiplikativ

$$\Phi x' = (m_1x+m_2\tfrac{y}{2})(w_1x+w_2\tfrac{y}{2})$$
$$\Phi y' = (m_1x+m_2\tfrac{y}{2})(w_2\tfrac{y}{2}+w_3z)+(m_2\tfrac{y}{2}+m_3z)(w_1x+w_2\tfrac{y}{2})$$
$$\Phi z' = (m_2\tfrac{y}{2}+m_3z)(w_2\tfrac{y}{2}+w_3z)$$

$$\begin{aligned} x' &= \tfrac{1}{\Phi}[F_{11}x^2+\tfrac{1}{2}(F_{12}+F_{21})xy+\tfrac{1}{4}F_{22}y^2] \\ y' &= \tfrac{1}{\Phi}[\tfrac{1}{2}F_{22}y^2+\tfrac{1}{2}(F_{12}+F_{21})xy+\tfrac{1}{2}(F_{23}+F_{32})yz+(F_{13}+F_{31})xz] \qquad (7.1) \\ z' &= \tfrac{1}{\Phi}[F_{33}z^2+\tfrac{1}{2}(F_{23}+F_{32})yz+\tfrac{1}{4}F_{22}y^2] \end{aligned}$$

wobei natürlich der Proportionalitätsfaktor Φ so gewählt werden muß, daß wieder $x' + y' + z' = 1$ gilt. Φ muß somit die Summe der Ausdrücke sein, die auf den rechten Seiten von (7.1) in eckigen Klammern stehen. Φ ist also die mittlere Fruchtbarkeit in der Bevölkerung.

Bei dieser Ableitung haben wir, der Übersichtlichkeit halber, Zufallspaarung vorausgesetzt und angenommen, daß die Überlebenswahrscheinlichkeiten alle gleich groß sind. Diese Annahmen können aber ohne weiteres fallen gelassen werden: an der Gestalt der Gleichung (7.1) ändert sich dabei nichts, sondern höchstens an den Koeffizienten F_{ij}.

Wir wollen das gleich für den allgemeinen Fall von n Allelen $A_1, \dots, A_n$ beweisen. Bezeichnen wir die Häufigkeit des homozygoten Genotyps A_iA_i bei der Geburt mit x_{ii}, die des heterozygoten Genotyps A_iA_j mit $2x_{ij}$ $(i \neq j)$. (Diese Konvention ist günstig: der Genotyp A_iA_j wird ja von zwei möglichen Genpaaren – (A_i, A_j) und (A_j, A_i) – gebildet.) Es gilt dann

$$\sum_{ij} x_{ij} = 1$$

und die Häufigkeit des Allels A_i wird durch

$$x_i = \sum_{j=1}^{n} x_{ij} \tag{7.2}$$

gegeben.

Sei nun h(ij, rs) das Produkt von der Wahrscheinlichkeit der Paarung eines A_iA_j-Männchens und eines A_rA_s-Weibchens mit der Fertilität dieser Paarung. Bezeichnen wir weiter mit m_{ij} bzw. w_{ij} die Wahrscheinlichkeiten des Überlebens von Geburt bis zum Reifestadium für A_iA_j-Männchen bzw. Weibchen. Ein A_iA_j-Nachkomme entstammt der Paarung eines A_iA_r-Männchens mit einem A_jA_s-Weibchen, oder eines A_jA_s-Männchens mit einem A_iA_r-Weibchen (mit $1 \leqslant s, r \leqslant n$). Daraus folgt für die Häufigkeit des Genotyps A_iA_j in der nächsten Generation:

$$x'_{ij} = \frac{1}{\Phi} \sum_{r,s} \frac{h(ir, js)m_{ir}w_{js} + h(js, ir)w_{ir}m_{js}}{2} x_{ir}x_{js}$$

wobei Φ ein Normalisierungsfaktor ist, der bewirkt, daß die Summe aller x'_{ij} wieder 1 ergibt. Setzt man nun

$$f(ir, js) = h(ir, js)m_{ir}w_{js} \tag{7.3}$$

so erhält man

$$x'_{ij} = \frac{1}{\Phi} \sum_{r,s} \frac{f(ir, js) + f(js, ir)}{2} x_{ir}x_{js} \tag{7.4}$$

Das ist nichts anderes als die Verallgemeinerung von (7.1) auf den Fall von n Allelen.

7.2 Die Fertilitätsgleichung (stetiger Fall)

Im vorigen Abschnitt nahmen wir an, daß die Generationen getrennt sind, und gelangten so zu den Differenzengleichungen (7.1) und (7.4). Jetzt wollen wir voraussetzen, daß die Generationen stetig ineinander übergehen, und die entsprechenden Differentialgleichungen finden. Wir verfahren dabei nach einer Methode, die sehr häufig benutzt wird, obwohl sie durchaus nicht unproblematisch ist.

Gehen wir ganz allgemein von einer Differenzengleichung

$$x' = F(x) \tag{7.5}$$

aus, von welcher wir annehmen wollen, daß sie das Bevölkerungswachstum von einer Generation zur nächsten beschreibt. Der Zuwachs in einem Generationsschritt ist somit

$$x' - x = F(x) - x.$$

Wählen wir die Spanne eines Generationsschrittes als Zeiteinheit, so ist $x' - x$ nichts anderes als $x(1) - x(0)$. Findet nun dieser Zuwachs nicht schlagartig statt, sondern gleichmäßig über die gesamte Zeitspanne, so dürfen wir annehmen, daß er in einem n-tel der Zeit etwa ein n-tel beträgt:

$$x(\tfrac{1}{n}) - x(0) = \tfrac{1}{n}\,(F(x) - x)$$

Setzen wir $\frac{1}{n} = \Delta t$, so gibt das

$$\frac{x(\Delta t) - x(0)}{\Delta t} = F(x) - x$$

oder nach dem Grenzübergang $\Delta t \to 0$

$$\dot{x} = F(x) - x \tag{7.6}$$

Aus der Differenzengleichung (7.4) wird also

$$\dot{x}_{ij} = \frac{1}{\Phi}\,[\sum_{r,s} \frac{f(ir, js) + f(js, ir)}{2}\, x_{ir}\, x_{js} - x_{ij}\,\Phi] \tag{7.7}$$

Wir wollen diese Differentialgleichung noch etwas vereinfachen, indem wir den Faktor $\frac{1}{\Phi}$ (der ja – als mittlere Fruchtbarkeit – stets positiv ist) unter den Tisch fallen lassen. Wie wir im nächsten Abschnitt sehen werden, ändert sich nämlich dadurch an den Lösungskurven nichts – sie werden bloß mit einer anderen Geschwindigkeit durchlaufen. Da wir aber bei der Festlegung unserer Zeiteinheit auf eine Generationsspanne ohnedies schon die Geschwindigkeit umnormiert haben, kommt es uns auf eine weitere Änderung nicht mehr an.

Somit erhalten wir

$$\dot{x}_{ij} = \sum_{r,s} \frac{f(ir, js) + f(js, ir)}{2}\, x_{ir} x_{js} - x_{ij}\,\Phi \tag{7.8}$$

was wir als die allgemeine Gestalt der Fertilitätsgleichung im stetigen Fall ansehen wollen. Für zwei Allele ergibt sich analog aus (7.1)

$$\begin{aligned}
\dot{x} &= F_{11}x^2 + \tfrac{1}{2}(F_{12}+F_{21})xy + \tfrac{1}{4}\,F_{22}y^2 - x\Phi \\
\dot{y} &= \tfrac{1}{2}F_{22}y^2 + \tfrac{1}{2}(F_{12}+F_{21})xy + \tfrac{1}{2}(F_{23}+F_{32})yz + (F_{13}+F_{31})xz - y\Phi \\
\dot{z} &= F_{33}z^2 + \tfrac{1}{2}(F_{23}+F_{32})yz + \tfrac{1}{4}\,F_{22}y^2 - z\Phi
\end{aligned} \tag{7.9}$$

Φ ist dabei wie in Abschnitt 7.1 definiert.

Halten wir noch einmal fest, daß der Schritt von der Differenzengleichung (7.4) zur Differentialgleichung (7.8) durchaus kein zwingender war. Vielleicht gewinnt man etwas Vertrauen in die Methode, wenn man überprüft, daß sie aus der diskreten Selektionsgleichung (4.1) die stetige Selektionsgleichung (6.5) – die wir auf völlig unabhängige Art in Abschnitt 6.1 hergeleitet hatten – liefert. In Abschnitt 7.4 werden wir allerdings sehen, daß diese Herleitung auch nicht ohne ihre Tücken ist.

7.3 Geschwindigkeitstransformationen

Da wir *Geschwindigkeitstransformationen* im folgenden noch mehrmals verwenden werden, wollen wir sie gleich im allgemeinen Rahmen betrachten. Seien also

$$\dot{x}_i = f_i(x_1, \ldots, x_n)\, M(x_1, \ldots, x_n) \qquad i = 1, \ldots, n \tag{7.10}$$

und

$$\dot{x}_i = f_i(x_1, \ldots, x_n) \qquad i = 1, \ldots, n \tag{7.11}$$

zwei Gleichungen, die sich nur durch den Faktor $M(x_1, \ldots, x_n) > 0$ unterscheiden (der unabhängig von i ist). Wenn **x** ein Fixpunkt von (7.10) ist, dann auch von (7.11), und umgekehrt. Wenn aber **x** kein Fixpunkt ist, dann ist mindestens eine Geschwindigkeitskomponente – ohne Beschränkung der Allgemeinheit $\dot{x}_n$ – verschieden von Null. In einer hinreichend kleinen Umgebung von **x** ist dann die Funktion $x_n(t)$ umkehrbar, d.h. t läßt sich als Funktion von x_n ausdrücken, $t = t(x_n)$. Daher sind dort $x_1, \ldots, x_{n-1}$ als Funktionen von t auch Funktionen von x_n. Für $1 \leqslant i \leqslant n-1$ gilt dann

$$\frac{dx_i}{dx_n} = \frac{\frac{dx_i}{dt}}{\frac{dx_n}{dt}} = \frac{f_i}{f_n} = \frac{f_i M}{f_n M} \tag{7.12}$$

was heißt, daß für (7.10) und (7.11) die Funktionen x_i (in der Veränderlichen x_n) identisch sind.

Anders ausgedrückt: der Geschwindigkeitsvektor $(\dot{x}_1, \ldots, \dot{x}_n)$ hat für (7.10) und (7.11) dieselbe Richtung, nur einen anderen Betrag. Das Verhältnis der Beträge ist $M(x_1, \ldots, x_n)$, hängt also im allgemeinen vom Punkt $(x_1, \ldots, x_n)$ ab. Die Lösungskurven selbst aber ändern sich nicht.

7.4 Multiplikative Fertilität

In ihrer allgemeinen Gestalt sind die Fertilitätsgleichungen (7.1), (7.4), (7.8) und (7.9) noch nicht analysiert. Wir wollen uns hier nur mit einem Sonderfall befassen, den wir später, in Kapitel 28, verwenden werden: wir setzen voraus, daß die Fertilität eines Paares in einen männlichen und einen weiblichen Teil multiplikativ aufgespalten werden kann.

Im Fall zweier Allele bedeutet das die Existenz von Fertilitätsfaktoren m_1, m_2 und m_3 (bzw. w_1, w_2 und w_3) für Männchen (bzw. Weibchen) vom Genotyp A_1A_1, A_1A_2 und A_2A_2, so daß

$$F_{ij} = m_i w_j \tag{7.13}$$

für $1 \leqslant i, j \leqslant 3$ gilt. Gleichung (7.1) wird zu

$$\begin{aligned} x' &= \frac{1}{\Phi}\left(m_1 x + m_2 \frac{y}{2}\right)\left(w_1 x + w_2 \frac{y}{2}\right) \\ y' &= \frac{1}{\Phi}\left[\left(m_1 x + m_2 \frac{y}{2}\right)\left(w_2 \frac{y}{2} + w_3 z\right) + \left(m_2 \frac{y}{2} + m_3 z\right)\left(w_1 x + w_2 \frac{y}{2}\right)\right] \\ z' &= \frac{1}{\Phi}\left(m_2 \frac{y}{2} + m_3 z\right)\left(w_2 \frac{y}{2} + w_3 z\right) \end{aligned} \tag{7.14}$$

mit

$$\Phi = (m_1 x + m_2 y + m_3 z)\,(w_1 x + w_2 y + w_3 z) \tag{7.15}$$

Das stetige Gegenstück (7.9) nimmt eine ähnliche Form an.

Im allgemeinen Fall (n Allele) haben wir

$$f(ij, rs) = m(ij)\, w(rs) \tag{7.16}$$

wobei

$$m(ij) = m(ji) \text{ und } w(rs) = w(sr)$$

zu gelten hat.

Es läßt sich nun in natürlicher Weise die durchschnittliche Fertilität des Gens A_i definieren, und zwar in der männlichen Bevölkerung als

$$M(i) = \sum_j m(ij) x_{ij} \tag{7.17}$$

und in der weiblichen als

$$W(i) = \sum_j w(ij) x_{ij} \tag{7.18}$$

Die Fertilitätsgleichungen (7.4) bzw. (7.8) nehmen dann die Gestalt

$$x_{ij}' = \frac{1}{\Phi} \frac{M(i)W(j) + M(j)W(i)}{2} \tag{7.19}$$

bzw.

$$\dot{x}_{ij} = \frac{M(i)W(j) + M(j)W(i)}{2} - x_{ij}\,\Phi \tag{7.20}$$

an, mit

$$\Phi = \sum_{i,j} M(i)W(j) = (\sum_i M(i))\,(\sum_j W(j)) \tag{7.21}$$

In dieser Allgemeinheit scheint das Modell noch immer nicht leicht zugänglich zu sein. Insbesondere gibt es kein Analogon zum Hardy-Weinberg-Gesetz ($x_{ij} = x_i x_j$) und zum Fundamentaltheorem (Φ monoton wachsend).

Nehmen wir jetzt zusätzlich an, daß der Fertilitätsfaktor unabhängig ist vom Geschlecht (was sicher nicht oft in der Wirklichkeit vorkommen wird, aber bei den Rechnungen hilft).

Im Fall zweier Allele gilt dann $m_i = w_i$ ($1 \leqslant i \leqslant 3$) und (7.14) wird zu

$$\begin{aligned} x' &= \frac{1}{\Phi} (m_1 x + m_2 \tfrac{y}{2})^2 \\ y' &= \frac{1}{\Phi} 2(m_1 x + m_2 \tfrac{y}{2})\,(m_2 \tfrac{y}{2} + m_3 z) \\ z' &= \frac{1}{\Phi} (m_2 \tfrac{y}{2} + m_3 z)^2 \end{aligned} \tag{7.22}$$

mit

$$\Phi = (m_1 x + m_2 y + m_3 z)^2$$

In diesem Fall stellt sich – schon nach einer Generation – das Hardy-Weinberg-Gleichgewicht ein, denn es gilt

$$y'^2 = 4x'z' \qquad (7.23)$$

Für die entsprechende Differentialgleichung gilt die Aussage aber nicht: die Hardy-Weinberg-Parabel $y^2 = 4xz$ ist nicht invariant, d.h. aus $y^2-4xz = 0$ folgt im allgemeinen nicht $(y^2-4xz)^{\bullet} = 0$. Das überprüft man etwa mit $x = \frac{y}{2} = z = \frac{1}{4}$, $m_1 = m_3 = 1$, $m_2 = 2$.

Im allgemeinen Fall (n Allele) bedeutet die Symmetrieannahme, daß stets $m(ij) = w(ij)$ gilt. Daraus folgt $M(i) = W(i)$ und somit

$$x'_{ij} = \frac{1}{\Phi} M(i)M(j) \qquad (7.24)$$

$$\dot{x}_{ij} = M(i)M(j) - x_{ij}\,\Phi \qquad (7.25)$$

$$\Phi = (\Sigma\, M(i))^2 \qquad (7.26)$$

Auch hier führt die Differenzengleichung zum Hardy-Weinberg-Gleichgewicht, denn für die Genhäufigkeiten in der folgenden Generation gilt:

$$x'_i = \sum_j x'_{ij} = \frac{1}{\Phi} M(i) \sum_j M(j) = \frac{M(i)}{\Sigma\, M(j)} \qquad (7.27)$$

und mithin

$$x'_{ij} = x'_i\, x'_j \qquad (7.28)$$

Auch nimmt dann die mittlere Fertilität, also Φ, von einer Generation zur nächsten zu: denn (7.27) führt, wenn $x_{ij} = x_i x_j$ gilt, zu

$$x'_i = x_i \frac{\sum_j m(ij)x_j}{\sum_{rs} m(rs)x_r x_s} \qquad (7.29)$$

was gerade mit der Selektionsgleichung (4.1) übereinstimmt, und

$$\sum_i M(i) = \sum_{ij} m(ij)x_i x_j \qquad (7.30)$$

nimmt aufgrund des Fundamentaltheorems zu (s. Abschnitt 4.2).

Für die Differentialgleichung (7.25) gelten die entsprechenden Aussagen im allgemeinen nicht. Das führt zu einer bedenklichen Situation. Setzt man nämlich Zufallspaarung voraus und nimmt an, daß die verschiedenen Paarungstypen alle gleiche Fruchtbarkeit haben, läßt man also die Selektion nur noch über die unterschiedliche Überlebenswahrscheinlichkeit der Genotypen von der Geburt bis zum Reifestadium wirken, so ist (7.8) wegen (7.3) von der Gestalt (7.20), d.h. eine Gleichung mit multiplikativer Fertilität. In diesem Fall tritt somit das Hardy-Weinberg-Gleichgewicht im allgemeinen nicht ein. Bei der Ableitung der Selektionsgleichung (6.5) in Abschnitt 6.1 wurde die Hardy-Weinberg-Beziehung aber vorausgesetzt! Die „klassische" Gleichung (6.5) läßt sich wohl nur als eine erste Annäherung rechtfertigen.

7.5 Additive Fertilität

Als zweiten Sonderfall der allgemeinen Fertilitätsgleichungen (7.1), (7.4), (7.8) und (7.9) wollen wir jetzt annehmen, daß sich die Fertilität eines Paares additiv in einen männlichen und weiblichen Anteil aufspalten läßt. Es gelte also in Analogie zu (7.13) bzw. (7.16):

$$F_{ij} = m_i + w_j \tag{7.31}$$

bzw.

$$f(ij,rs) = m(ij) + w(rs) \tag{7.32}$$

Diese Annahme ist natürlich kaum realistischer als die der multiplikativen Fertilität. Sie enthält aber den wichtigen Spezialfall, daß eines der beiden Geschlechter keinen Einfluß auf die Fertilität hat. (Diese Situation werden wir in Kap. 28 betrachten.)

Im Fall zweier Allele vereinfacht sich etwa die Differentialgleichung (7.9) mittels (7.31) zu

$$\begin{aligned}
\dot{x} &= (x + \tfrac{y}{2})(f_1 x + f_2 \tfrac{y}{2}) - x\Phi \\
\dot{y} &= (x + \tfrac{y}{2})(f_2 \tfrac{y}{2} + f_3 z) + (\tfrac{y}{2} + z)(f_1 x + f_2 \tfrac{y}{2}) - y\Phi \\
\dot{z} &= (\tfrac{y}{2} + z)(f_2 \tfrac{y}{2} + f_3 z) - z\Phi
\end{aligned} \tag{7.33}$$

mit $f_i = m_i + w_i$ und

$$\Phi = f_1 x + f_2 y + f_3 z$$

Diesmal führt der stetige Fall zum Hardy-Weinberg-Gleichgewicht. Es gilt nämlich:

$$\begin{aligned}
(y^2 - 4xz)^{\cdot} &= 2y\dot{y} - 4\dot{x}z - 4\dot{z}x = \\
&= 2y(x + \tfrac{y}{2})(f_2 \tfrac{y}{2} + f_3 z) + 2y(\tfrac{y}{2} + z)(f_1 x + f_2 \tfrac{y}{2}) - 2y^2\Phi - \\
&\quad - 4z(x + \tfrac{y}{2})(f_1 x + f_2 \tfrac{y}{2}) + 4xz\Phi - 4x(\tfrac{y}{2} + z)(f_2 \tfrac{y}{2} + f_3 z) + 4xz\Phi = \\
&= -(y^2 - 4xz)(f_1 x + f_2 y + f_3 z)
\end{aligned}$$

also

$$(y^2 - 4xz)^{\cdot} = -(y^2 - 4xz)\Phi \tag{7.34}$$

Offenbar ist die Hardy-Weinberg-Parabel $y^2 = 4xz$ invariant (s. Abb 2.2). Darüber hinaus strebt jede Bahn gegen diese Menge, denn mit

$$V = (y^2 - 4xz)^2 \geqslant 0$$

folgt wegen (7.34)

$$\dot{V} = 2(y^2 - 4xz)(y^2 - 4xz)^{\cdot} = -2V\Phi \leqslant 0$$

Nach dem Satz von Ljapunov aus Abschnitt 6.6 liegt also der ω-Limes jeder Bahn in der Menge, wo $\dot{V}$ verschwindet, d.h. wo $y^2 = 4xz$ gilt.

Im diskreten Fall wird sich aber im allgemeinen das Hardy-Weinberg-Gleichgewicht nicht einstellen. Das kann man wieder anhand eines einfachen Zahlenbeispiels sehen, etwa mit $x = \frac{y}{2} = z = \frac{1}{4}$ und $f_1 = f_3 = 1$, $f_2 = 2$. Die Bevölkerung verläßt in der nächsten Generation das Hardy-Weinberg-Gleichgewicht.

Im allgemeinen Fall von n Allelen gilt (7.32). Die Differenzengleichung (7.4) wird daher zu

$$
\begin{aligned}
x'_{ij} &= \frac{1}{\Phi} \sum_{r,s} \frac{m(ir)+w(js)+m(js)+w(ir)}{2} x_{ir} x_{js} \\
&= \frac{1}{\Phi} \left[\left(\sum_r \frac{m(ir)+w(ir)}{2} x_{ir}\right) \left(\sum_s x_{js}\right) + \left(\sum_s \frac{m(js)+w(js)}{2} x_{js}\right) \left(\sum_r x_{ir}\right) \right] \\
&= \frac{1}{\Phi} [x_j F(i) + x_i F(j)],
\end{aligned}
\tag{7.35}
$$

wobei x_i nach (7.2) die Häufigkeit des Allels A_i und

$$
F(i) = \sum_r \frac{m(ir) + w(ir)}{2} x_{ir} = \frac{1}{2} (M(i) + W(i))
\tag{7.36}
$$

dessen mittlere Fertilität in der Gesamtbevölkerung bezeichnet. Für die entsprechende Differentialgleichung

$$
\dot{x}_{ij} = x_j F(i) + x_i F(j) - x_{ij} \Phi
\tag{7.37}
$$

mit

$$
\Phi = 2 \left(\sum_i x_i\right) \left(\sum_j F(j)\right) = 2 \sum_j F(j) = \sum_j [M(j) + W(j)]
$$

gilt jetzt ein Hardy-Weinberg-Gesetz. Denn aus

$$
\dot{x}_i = \sum_j \dot{x}_{ij} = F(i) + x_i \sum_j F(j) - x_i \Phi = F(i) - \frac{x_i \Phi}{2}
\tag{7.38}
$$

folgt

$$
\begin{aligned}
(x_{ij} - x_i x_j)^{\bullet} &= x_j F(i) + x_i F(j) - x_{ij} \Phi - x_j F(i) + x_i x_j \frac{\Phi}{2} - x_i F(j) + x_i x_j \frac{\Phi}{2} \\
&= -(x_{ij} - x_i x_j) \Phi .
\end{aligned}
$$

Da offenkundig $\Phi > 0$ gilt, folgt daraus für $t \to +\infty$

$$
x_{ij} - x_i x_j \to 0
$$

d.h., *die Hardy-Weinberg-Beziehung* $x_{ij} = x_i x_j$ *stellt sich im Grenzwert ein.*

Wenn sie aber gilt, so folgt

$$
\dot{x}_i = F(i) - \frac{\Phi}{2} x_i = x_i \left[\sum_j \frac{m(ij)+w(ij)}{2} x_j - \sum_{rs} \frac{m(rs)+w(rs)}{2} x_r x_s \right].
$$

Man erhält also die Selektionsgleichung (6.5) mit „Selektionskoeffizienten"

$$w_{ij} = \frac{m(ij) + w(ij)}{2}$$

und die Fruchtbarkeit Φ nimmt nach dem Fundamentalsatz zu.

Diesmal ist es die Differenzengleichung (7.35), für welche die entsprechenden Aussagen nicht gelten.

7.6 Anmerkungen

Die allgemeine Fertilitätsgleichung für getrennte Generationen wurde von Roux (1977) aufgestellt. Bodmer (1965) behandelt den Fall multiplikativer Fertilität. Pollak (1978) zeigte, daß die mittlere Fruchtbarkeit nicht unbedingt zunehmen muß. Eine andere Symmetrieannahme ($F_{11} = F_{33}$, $F_{12} = F_{21} = F_{23} = F_{32}$ und $F_{13} = F_{31}$, also Unterscheidbarkeit von A_1A_1 und A_2A_2) wurde von Hadeler und Liberman (1975) untersucht. Für einen ausgezeichneten historischen Überblick über die verschiedenen Selektionsmodelle mittels Differenzengleichungen verweisen wir auf Pollak (1979).

Die Differentialgleichung wurde von Bomze et al (1983) und für 2 Allele von Hadeler und Glas (1983) analysiert. Statt der Approximationsmethode aus Abschnitt 7.3 könnte man besser direkt aus einem Fertilitätsmodell für überlappende Generationen eine Differentialgleichung herleiten, siehe etwa Nagylaki und Crow (1974) oder Ewens (1979). Diese ist sogar noch etwas allgemeiner, da sie verschiedene Sterblichkeitsraten der Genotypen berücksichtigt.

II Populationsökologie

8 Ökologie

8.1 Die Aufgaben der Ökologie

Die *Ökologie* ist, der Wortbedeutung nach, die Lehre vom Haushalt der Natur. Sie befaßt sich mit den Beziehungen zwischen Organismen und Außenwelt, also auch mit den Wechselwirkungen der Pflanzen und Tiere untereinander.

Man kann drei Teilgebiete der Ökologie unterscheiden. Die *Physiologische Ökologie* untersucht das Verhältnis von Einzelwesen zu ihrer Umwelt, also etwa den Einfluß von Faktoren wie Temperatur, Nahrungsvorkommen oder Parasitenbefall auf die Lebensvorgänge der Individuen. Die *Populationsökologie* befaßt sich mit den Wechselwirkungen ganzer Bevölkerungen in einem Lebensraum, also etwa den räumlichen und zeitlichen Änderungen der Bevölkerungsdichten von Insekten- oder Vogelarten. Die *Ökosystemforschung* schließlich untersucht vollständige Lebensgemeinschaften, also Ökosysteme wie etwa Wüsten, Seen, Korallenriffe oder tropische Regenwälder. Das beinhaltet – auf der höchsten Integrationsebene – das Studium der Biosphäre in ihrer Gesamtheit.

8.2 Ökologische Wechselwirkungen

Zum Hauptteil wohl wegen der Umweltschäden, die menschliche Eingriffe hervorgerufen haben, wächst derzeit das allgemeine Bewußtsein von der komplexen Vernetzung der Wechselwirkungen innerhalb der Ökosysteme. Präzise Aussagen über Grad und Reichweite dieser Wirkungen sind aber selten. Schon die Aufstellung der Stoffwechselbilanz von einem Hektar Nadelwald ist eine außerordentlich schwierige Aufgabe. Die umfassende Erforschung der biogeochemischen Kreisläufe auf der Erde steckt noch in den Kinderschuhen.

Ähnlich wie bei Organismen führen offenbar auch bei Ökosystemen Selbstregulationsvorgänge zu einem *Fließgleichgewicht.* Einer weitverbreiteten Ansicht zufolge wächst dabei die Stabilität mit der Komplexität – man denke etwa an den tropischen Regenwald – doch liefern die bisherigen systemanalytischen Modelle dafür kaum eine Erklärung. Die Wirkungsweise der Koppelung zwischen den Systemkomponenten ist weitgehend unbekannt, so daß man sich oft mit „black-box"-Diagrammen, die nur Eingangs- und Ausgangsgrößen angeben, behelfen muß. Da aber auch die funktionelle Gestalt der Regulationsvorgänge nur äußerst schwer meßbar ist, kann ein großer Teil des Arsenals der Kontrolltheorie nicht angewandt werden. Häufig hat man sich mit dem Vorzeichen des Kopplungsterms zu begnügen – positiv, negativ oder null.

Eine einfache hierarchische Gliederung innerhalb des Ökosystems wird durch die *trophischen Ebenen* gegeben. – Ausgangspunkt jeder Nahrungskette sind die Primärproduzenten, die zum überwiegenden Teil durch Photosynthese die Energie des Sonnenlichts umsetzen. Das nächste Glied der „Weidenahrungskette" wird von den Pflanzenfressern gebildet, von denen wieder die Raubtiere leben. Bei jedem Schritt – etwa von der Kiefernadel zur Milbe, zum Marienkäfer, zur Spinne und schließlich zur Schlupfwespe – geht dabei ein Großteil der umgewandelten Energie verloren: dementsprechend ist die Dichte von Tierbevölkerungen meist umso geringer, je höher sie in der Hierarchie stehen. – Noch wichtiger als die „Weidenahrungskette“ ist die „Abbaunahrungskette“, da ohne Zersetzer die Ökosysteme an ihren eigenen toten organischen Rückständen ersticken müßten: die abgefallenen Blätter des Laubwaldes etwa werden durch Springschwänze geöffnet und von Regenwürmern durchlöchert, von deren Exkrementen wiederum Pilze und Mikroorganismen leben, bis schließlich der Humus gebildet wird, der seinerseits den Bäumen Nährstoffe liefert.

8.3 Anpassung und Evolution

Keine Bevölkerung vermag in einem fort exponentiell zu wachsen. Diese erstmals von Malthus ausgesprochene Erkenntnis bildete einen der Ausgangspunkte für die Überlegungen Darwins. – Eine Überschußproduktion kann nur wenige Generationen lang aufrecht erhalten werden, dann stößt das unkontrollierte Wachstum auf die natürlichen Grenzen des Lebensraums. Dem dadurch entstehenden *Selektionsdruck* sind gewisse Individuen besser angepaßt als andere: ihr Anteil an der Nachkommenschaft steigt. Triebfeder der Selektion ist also die Konkurrenz, und zwar sowohl die *intraspezifische* (unter Artgenossen) als auch die *interspezifische* (unter Angehörigen verschiedener Arten).

Die Vielfalt der pflanzlichen und tierischen Arten – weit über eine Million – zeigt, welch unterschiedliche Strategien sich im „Kampf ums Dasein“ behaupten können. In jungen Lebensräumen (etwa nach der Entstehung von Festland) sind Bevölkerungen mit verschwenderischer, möglichst weit gestreuter Nachkommenschaft begünstigt. In altbesiedelten Standorten, an der Grenze des Fassungsvermögens, verspricht dagegen eine zahlenmäßig geringere, aber den stabilen Umweltverhältnissen besser angepaßte Nachkommenschaft mehr Erfolg. Je feiner die Arten auf ihre *ökologischen Nischen* abgestimmt sind, desto geringer ist die Überlappung ihrer Ressourcen. Der Wettbewerb führt so zu allmählichen *Merkmalsverschiebungen.* Bei räumlicher Trennung von Bevölkerungen kann dieser Vorgang zur *allopatrischen Artenbildung* führen: ein klassisches Beispiel dafür wird durch die Galapagosfinken geliefert, die von einem gemeinsamen Vorfahren abstammen, sich aber auf den verschiedenen Inseln getrennt entwickelten zu einer Vielfalt von Insekten-, Körner-, Baum- oder Bodenfressern, mit jeweils charakteristischen Schnabelformen. Im Gegensatz dazu steht die *sympatrische Artenbildung,* wo bei gemeinsamen Vorkommen die Divergenz der Merkmale betont wird, so daß die Nachbarschaft der Standorte durch eine stärkere Trennung der ökologischen Nischen wettgemacht wird. – Die gegenseitige Wechselwirkung von Arten, die zueinander in enger Beziehung stehen, führt zu ihrer *Koevolution:* auf Merkmalsverschiebungen der einen Art reagiert die andere, so daß es – etwa zwischen Raubtieren und ihrer Beute – zu richtigen „Rüstungswettläufen“ über Jahrmillionen hinweg kommen kann. Das führt zur autogenen Entwicklung von Ökosystemen durch Sukzession der Arten von Pionierstadien bis zu einem Klimax, der freilich wieder von allogenen Kräften, wie etwa geologischen oder klimatischen Veränderungen, zerstört werden kann. So dürfte zum Beispiel die Entwicklung der Sauerstoffatmosphäre fast ausschließlich autogen erfolgt sein, nämlich durch Atmung von autotrophen Algen; das plötzliche Aussterben der Dinosaurier vor etwa sechzig Millionen Jahren war dagegen vielleicht allogen bewirkt, durch die Bildung einer riesigen Staubwolke nach einer Kollision der Erde mit einem Asteroiden.

8.4 Konkurrenten, Symbionten und Parasiten

Das Wirkungsgefüge eines Ökosystems mit seinen Tausenden von Komponenten kann man bewundern, aber nur schwer modellieren. Zunächst wird man sich auf die Analyse der Wechselbeziehungen zwischen zwei Arten beschränken. Schon die können sehr kompliziert sein, zum Teil, weil sie oft über mehrere zwischengeschaltene Arten wirken. In erster Annäherung unterscheidet man jedoch (neben dem uninteressanten Fall der Indifferenz) drei Situationen:

(a) *Konkurrenten.* Hier stehen zwei Arten im Wettbewerb um eine gemeinsame Ressource, etwa ein Revier oder eine Nahrungsquelle. Je mehr von der anderen Art da ist, desto schlechter für die eigene Art. Wegen der Bedeutung der Konkurrenz als limitierenden Faktor der Evolution sind solche Wettbewerbssituationen besonders ausführlich untersucht worden.

(b) *Symbionten.* Hier ist es gerade umgekehrt: je mehr von der anderen Art vorhanden ist, desto besser ist es für die eigene Bevölkerung. Als Beispiel erwähnen wir etwa die Flechten, Lebensgemeinschaften zwischen Algen und Pilzen, oder die seltsamen Ehen zwischen Einsiedlerkrebsen und Seeanemonen. Symbiosen haben in der theoretischen Ökologie noch recht wenig Beachtung gefunden. Doch ihre Bedeutung ist groß, und es gibt sogar Anhaltspunkte dafür, daß die höherentwickelten Zellen selbst durch Symbiose primitiverer Organismen entstanden sind.

(c) *Wirt-Parasiten-Systeme.* Hier ist die Wirkung asymmetrisch. Je mehr Parasiten es gibt, desto schlechter für die Wirtsart. Je reichlicher die Wirtsbevölkerung ist, desto besser für die Parasiten. Der Kuckuck ist eine Parasit seines Wirtsvogels, der Bandwurm ist ein Parasit des Menschen, und dieser ein Parasit der Heringe. Allgemein lassen sich Raubtiere als Parasiten der Beutetiere auffassen, und in gewissen Fällen auch Weidetiere als Parasiten des Grases.

8.5 Anmerkungen

Bekannte Lehrbücher der Ökologie sind die von Osche (1973) und Schwerdtfeger (1978). Schöne Einführungen in die mathematische Ökologie bieten Maynard Smith (1974a) und May (1973). Einen Überblick über mathematische Modelle zur Koevolution liefern Slatkin und Maynard Smith (1979).

9 Die logistische Gleichung

9.1 Exponentielles Wachstum

Wenn die Zuwachsrate in einer Bevölkerung von Generation zu Generation konstant ist, für die Bevölkerungszahl x_n in der n-ten Generation somit

$$x_{n+1} = r\, x_n \tag{9.1}$$

gilt, so folgt $x_n = r^n x_0$. Die Bevölkerung wird also, falls $r > 1$ gilt, exponentiell ins Unendliche wachsen.

Betrachten wir nun Bevölkerungen, deren Generationen nicht getrennt sind, sondern stetig ineinander übergehen. Bezeichnet $x(t)$ die Bevölkerungszahl zur Zeit t, so ist $x(t + \Delta t) - x(t)$ der Zuwachs in der Zeit Δt und der Grenzwert

$$\dot{x}(t) = \lim_{\Delta t \to 0} \frac{x(t+\Delta t) - x(t)}{\Delta t} \tag{9.2}$$

die Wachstumsgeschwindigkeit. Die Größe $\frac{\dot{x}}{x}$ bezeichnen wir als *Wachstumsrate.* Sie ist der mittlere Anteil eines Individuums am Bevölkerungszuwachs. Es gilt übrigens

$$\frac{\dot{x}}{x} = \frac{1}{x}\frac{dx}{dt} = \frac{d}{dt}[\log x] = [\log x]^{\bullet} \tag{9.3}$$

Wenn die Zuwachsrate konstant ist, also

$$\dot{x} = rx \tag{9.4}$$

gilt, so folgt daraus $\quad [\log x(t)]^{\bullet} = r$

und durch Integration $\quad \log x(t) = rt + \log x(0)$

oder $\quad x(t) = x(0)e^{rt} \qquad (9.5)$

also liegt auch beim stetigen Modell exponentielles Wachstum vor.

9.2 Die logistische Differentialgleichung

Natürlich ist exponentielles Wachstum auf die Dauer nicht möglich – der Lebensraum ist ja begrenzt. Die Ressourcen sind nicht konstant, sondern nehmen mit wachsender Bevölkerungszahl x ab: Ist diese Abnahme linear, so erhält man, analog zu (9.4), die sogenannte *logistische Differentialgleichung*

$$\dot{x} = rx\left(1 - \frac{x}{K}\right) \tag{9.6}$$

wobei $r, K > 0$ sind. Der Faktor rx, der einer konstanten Wachstumsrate entspricht, wird um $\frac{r}{K}x^2$ vermindert: dieser Term entspricht der Konkurrenz innerhalb der Bevölkerung; er kann als „soziale Reibung" angesehen werden, proportional zur Zahl der „Zusammenstöße".

Die Gleichung (9.6) ist schnell analysiert. Die zwei Fixpunkte sind $x = 0$ und $x = K$. Zwischen 0 und K ist die Bevölkerung wachsend, oberhalb von K ist sie fallend. Asymptotisch stellt sich K als Gleichgewicht ein.

9.3 Die Lösung der logistischen Differentialgleichung

Es gibt sogar eine explizite Lösung von (9.6). Man kann sie durch Trennung der Variablen erhalten. Aus (9.6) folgt

$$\frac{dt}{dx} = \frac{1}{rx(1 - \frac{x}{K})} = \frac{1}{r}\left(\frac{1}{x} + \frac{1}{K-x}\right)$$

und daher

$$t(x) = \int \frac{1}{r}\left(\frac{1}{x} + \frac{1}{K-x}\right)dx = \frac{1}{r} \log \left| \frac{x}{K-x} \right| + \text{const}$$

Daraus folgt als Lösung von (9.6)

$$x(t) = \frac{Kx(0)e^{rt}}{K+x(0)\,(e^{rt}-1)} \tag{9.7}$$

wie man auch durch Einsetzen leicht nachprüfen kann. Die Form der Lösungskurven ist in Abb. 9.1 skizziert. Das Verhalten zwischen 0 und K bezeichnet man als logistisches Wachstum: für sehr kleine Werte ist er fast exponentiell, verliert dann an Geschwindigkeit und geht asymptotisch in den Sättigungswert über.

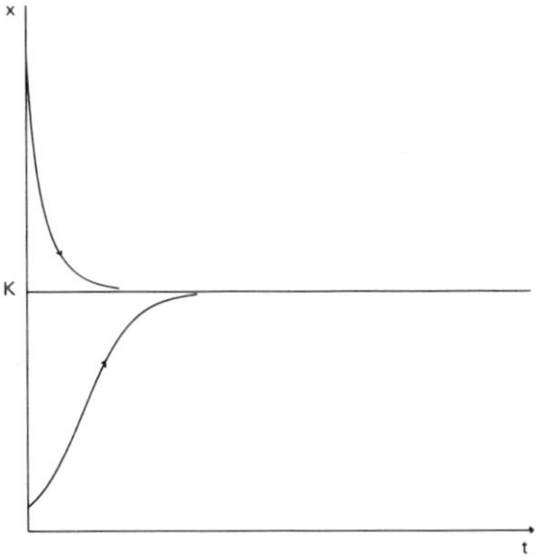

Abb. 9.1 Die Lösungen der logistischen Gleichung $\dot{x} = rx(1 - \frac{x}{K})$ als Funktionen der Zeit. Es gilt $x(t) \to K$ für $t \to \infty$

K ist die Kapazität des Lebensraumes, r die angenäherte (exponentielle) Wachstumsrate bei sehr kleiner Bevölkerungszahl. Deswegen bezeichnet man Selektion in einem noch fast unbesiedelten Lebensraum als *r-Selektion:* hier spielt in erster Linie die Wachstumsgeschwindigkeit eine Rolle. Selektion in einem gesättigten Lebensraum wird dagegen als *K-Selektion* bezeichnet: hier kommt es auf feinste Abstimmung mit der Umgebung an.

9.4 Die Differenzengleichung $x' = rx(1-x)$

Betrachten wir wieder Bevölkerungen mit nicht überlappenden Generationen, und bezeichnen wir mit x_n die Kopfzahl in der n-ten Generation, so werden wir

$$\frac{x_{n+1}-x_n}{x_n}$$

als *Zuwachsrate* von der n-ten Generation zur nächsten auffassen. Nimmt man wie beim logistischen Wachstum an, daß diese Zuwachsrate linear in x_n fällt, so erhält man die Differenzengleichung

$$x_{n+1} = rx_n \left(1 - \frac{x_n}{K}\right) \tag{9.8}$$

Ebenso wie bei der logistischen Gleichung gibt es zwei Fixpunkte, 0 und K. Doch die Differenzengleichung kann sehr viel reichhaltiger als die analoge Differentialgleichung sein. Um das einfacher zu beschreiben, setzen wir $x = \frac{x_n}{K}$, $x' = \frac{x_{n+1}}{K}$ und erhalten so aus (9.8) die Differenzengleichung $x' = F(x)$ mit

$$F(x) = rx(1 - x) \tag{9.9}$$

Das ist die vielleicht einfachste Gestalt einer nichtlinearen Differenzengleichung: und doch kann ihre Dynamik äußerst verwirrend sein.

9.5 Stabilität des Gleichgewichtspunkts von $x' = rx(1-x)$

Für $r \leqslant 1$ folgt aus $0 < x < 1$ offenbar $x' < x$. Im Lauf der Generationen strebt x_n dann gegen Null, die Bevölkerung stirbt also aus. Für $r > 4$ wiederum gilt (falls x nahe bei $\frac{1}{2}$ ist) $x' > 1$ und daher $F(x') < 0$. Dieser Fall ist offenbar biologisch sinnlos.

Beschränken wir uns jetzt also auf Werte von r zwischen 1 und 4. Dann ist

$$x \to F(x) = rx(1-x)$$

eine Abbildung des Intervalls $[0,1]$ in sich, der Graph ist eine Parabel mit Maximum $\frac{r}{4}$ bei $\frac{1}{2}$. Sie schneidet die Diagonale $y = x$ in einen Punkt P im Inneren des Quadrats. Dort ist also $x' = x$, was einem Fixpunkt $\bar{x} = \frac{r-1}{r}$ entspricht (s. Abb. 9.2).

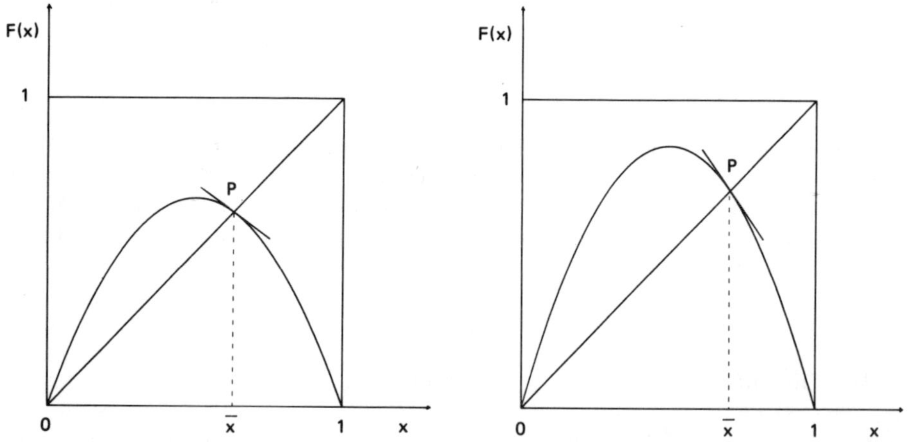

Abb. 9.2a-b Die Differenzengleichung $x' = F(x)$ mit $F(x) = rx(1-x)$, (a) für $r = 2{,}7$ (b) für $r = 3{,}4$

Wann ist dieser Fixpunkt stabil? Wir brauchen bloß zu bedenken, daß F eine stetige Ableitung besitzt. Es gilt nach dem Mittelwertsatz

$$F(x) - \bar{x} = F(x) - F(\bar{x}) = (x-\bar{x})\frac{d}{dx}F(c)$$

für ein passendes c zwischen x und $\bar{x}$. Ist nun $\left|\frac{d}{dx}F(\bar{x})\right| < 1$, so folgt $\left|\frac{d}{dx}F(c)\right| < 1$, falls nur x (und damit c) hinreichend nahe bei $\bar{x}$ liegt. Daher gilt

$$| F(x)-\bar{x} | < | x-\bar{x} |$$

d.h. x' ist näher als x beim Fixpunkt $\bar{x}$. Die Bahn von x strebt also gegen $\bar{x}$, wenn x nahe genug bei $\bar{x}$ liegt. $\bar{x}$ ist in diesem Sinn *stabil.* Im Fall $\left| \frac{d}{dx} F(\bar{x}) \right| > 1$ folgt analog

$$| F(x)-\bar{x} | > | x-\bar{x} |$$

d.h. die Bahn von x wandert vom Gleichgewichtspunkt $\bar{x}$ weg, $\bar{x}$ ist in diesem Fall *unstabil.*

Wegen $F(x) = rx(1-x)$ ist $\frac{d}{dx} F(\bar{x}) = 2-r$, $\bar{x}$ ist also stabil für $1 < r < 3$, aber nicht stabil für $3 < r \leqslant 4$. Was geschieht dann?

9.6 Periodische Punkte für $x' = rx(1-x)$

In zwei Generationen entsteht x'' aus x. Es gilt

$$x'' = F(x') = F(F(x)) = F^{(2)}(x)$$

Die Funktion $x \rightarrow F^{(2)}(x)$ ist in unserem Fall durch ein Polynom vierten Grades gegeben, mit lokalem Minimum bei $\frac{1}{2}$ und je einem lokalen Maximum links und rechts davon (s. Abb. 9.3). Wieder ist P Schnittpunkt der Diagonalen mit dem Graphen: es gilt ja $\bar{x} = F(\bar{x}) = F^{(2)}(\bar{x})$. Die Ableitung von $F^{(2)}$ an der Stelle $\bar{x}$ ist durch die Kettenregel geliefert:

$$\frac{d}{dx} F^{(2)}(\bar{x}) = \frac{dF}{dx}(\bar{x}) \cdot \frac{dF}{dx}(\bar{x}) = (2-r)^2$$

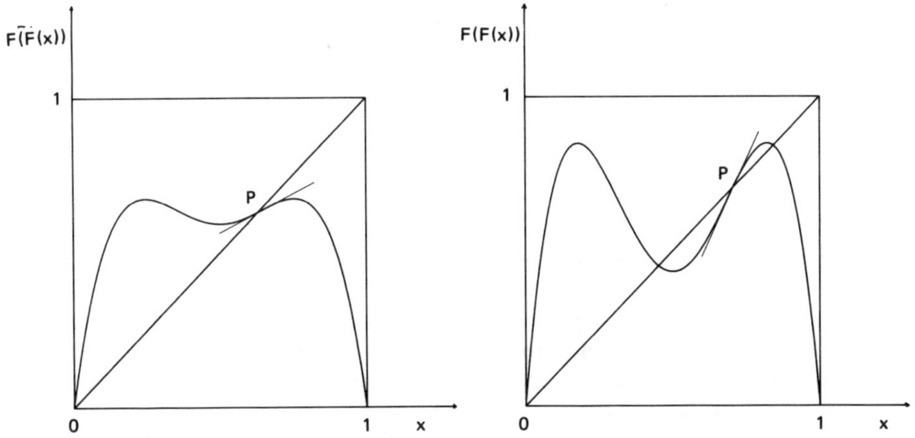

Abb. 9.3 a-b Die iterierte Differenzengleichung $x'' = F(F(x)) = F^{(2)}(x)$ mit $F(x) = rx(1-x)$, (a) für $r = 2{,}7$ (b) für $r = 3{,}4$

Wenn $1 < r < 3$, also $\bar{x}$ stabil ist, so ist P der einzige Schnittpunkt der Diagonalen mit dem Graphen von $F^{(2)}$; aber für $3 < r < 4$ kommen noch links und rechts je ein Schnittpunkt dazu – die Neigung der Tangente in P ist ja größer als 1. Diese zwei Schnittpunkte entsprechen Punkten x_1 und x_2 mit Periode 2: denn da $F^{(2)}(x_1) = x_1$ und $F^{(2)}(x_2) = x_2$ gilt, muß $F(x_1) = x_2$ und $F(x_2) = x_1$ sein.

Es läßt sich nun zeigen: wenn r nur um ein geringes größer als 3 ist, sind x_1 und x_2 stabil als Fixpunkte von $x \to F^{(2)}(x)$. Bei größeren Werten von r sind sie aber nicht mehr stabil. Durch eine Wiederholung dieser Überlegung folgt, daß bei wachsendem r immer mehr periodische Punkte auftauchen. Zunächst sind diese Periodenlängen alle von der Gestalt 2^n; für $r > 3{,}5700$ gibt es schon unendlich viele periodische Punkte. Ab $r = 3{,}6786$ treten die ersten ungeraden Perioden auf; ab $r = 3{,}82...$ sind sogar alle Perioden vorhanden: das System wird also recht kompliziert – sozusagen „chaotisch".

Das Auftauchen periodischer Schwingungen sollte uns nicht allzu sehr überraschen. Das System regelt die Bevölkerungsgröße erst „eine Generation zu spät" – so schießt es immer über das Ziel hinaus. Ähnliche Schwankungen durch Verzögerungseffekte treten häufig bei Steuerungen auf.

Die Differenzengleichung $x' = rx(1-x)$ ist jedenfalls viel kniffliger als die entsprechende logistische Differentialgleichung $\dot{x} = rx(1-x)$. Das soll uns ein Grund sein, im weiteren das Augenmerk mehr auf Differential- als auf Differenzengleichungen zu lenken: wir gehen dadurch vielen Schwierigkeiten aus dem Weg.

9.7 Anmerkungen

Die logistische Differentialgleichung wurde erstmals von Verhulst (1845) untersucht. Sie spielt in der Populationsdynamik, aber auch in der chemischen Kinetik, eine grundlegende Rolle. Eine ausführliche Darstellung von r- und K-Selektion findet man bei Mac Arthur und Wilson (1967). Die Differenzengleichung (9.9) ist ein Lieblingsobjekt für Mathematiker geworden. Wir verweisen auf Sharkovski (1964), Smale und Williams (1976), Guckenheimer (1977) und Block, Guckenheimer, Misiurewicz und Young (1980), sowie für mehr biologisch orientierte Darstellungen auf May (1976) und May und Oster (1976).

10 Das Räuber-Beute-Modell

10.1 Die Räuber-Beute-Gleichung

In den Jahren nach dem ersten Weltkrieg war der Anteil der Raubfische in der Adria deutlich höher als in den Jahren vorher. Der Krieg zwischen Österreich und Italien hatte den Fischfang weitgehend unterbrochen – aber weshalb wirkte sich das auf Raubfische günstiger als auf Beutefische aus? – Als diese Frage dem italienischen Mathematiker Volterra gestellt wurde, tat dieser das Standesgemäße: er bezeichnete die Zahl der Beutefische mit x, die der Raubfische mit y, und stellte eine Differentialgleichung auf.

Volterra nahm an, daß die Wachstumsrate der Beutefische, wenn es keine Raubfische gibt, konstant ist, etwa gleich a: doch je mehr Raubfische, desto geringer die Wachstumsrate. Das führt zum Ansatz

$$\frac{\dot{x}}{x} = a - by \qquad (a,b > o)$$

In Abwesenheit der Beute müßten die Raubfische verhungern, die Wachstumsrate wäre negativ; doch je mehr Beute, desto größer die Wachstumsrate der Raubfische, also

$$\frac{\dot{y}}{y} = -c + dx \qquad (c,d > o).$$

So erhält man die Gleichung

$$\begin{aligned} \dot{x} &= x(a - by) \\ \dot{y} &= y(-c + dx) \end{aligned} \tag{10.1}$$

Diese Gleichung ist nichtlinear. Die „Koppelungsglieder" $-bxy$ und dxy sind proportional zu xy, also auch zur Zahl der zufälligen Begegnungen, oder zur „Reibung" zwischen den Fischarten.

10.2 Einfache Eigenschaften

Natürlich interessiert uns (10.1) nur im Bereich

$$\mathbb{R}^2_+ = \{(x,y) : x \geqslant 0, y \geqslant 0\}$$

Dieser Bereich ist invariant, so wie auch sein Rand. Wenn nämlich $x(0) = 0$, dann $x(t) = 0$ für alle $t \in R$ und $y(t) = y(0)e^{-ct}$; wenn $y(0) = 0$ gilt, dann ist $y(t) = 0$ und $x(t) = x(0)e^{at}$. Daß weder Raub- noch Beutetiere aus dem Nichts entstehen können, ist klar; daß die Raubtiere aussterben, wenn es keine Beute gibt, auch; aber daß sich die Zahl der Beutetiere in Abwesenheit der Raubtiere ins Unendliche vermehren kann, ist ein unschöner Zug des Modells. Er wird in Abschnitt 10.5 behoben.

Am Rand von $\mathbb{R}^2_+$ gibt es nur einen Fixpunkt von (10.1), nämlich den Ursprung (0,0). Im Inneren von $\mathbb{R}^2_+$, wo $x > 0$ und $y > 0$ gilt, gibt es ebenfalls nur einen Fixpunkt, nämlich $\mathbf{F} = (\bar{x},\bar{y})$, mit

$$\bar{x} = \frac{c}{d} \qquad \bar{y} = \frac{a}{b} \tag{10.2}$$

Je nachdem, ob x größer oder kleiner als $\bar{x}$, y größer oder kleiner als $\bar{y}$ ist, ändern sich die Vorzeichen von $\dot{y}$ und $\dot{x}$. Dadurch wird das Innere von $\mathbb{R}^2_+$ in Regionen I, II, III, IV eingeteilt (siehe Abb. 10.1). Die Bahnen laufen von I nach II, von II nach III usw. . . . gegen den Uhrzeigersinn um **F** herum. Wir werden gleich sehen, daß die Bahnen sogar geschlossene Kurven um **F** sind.

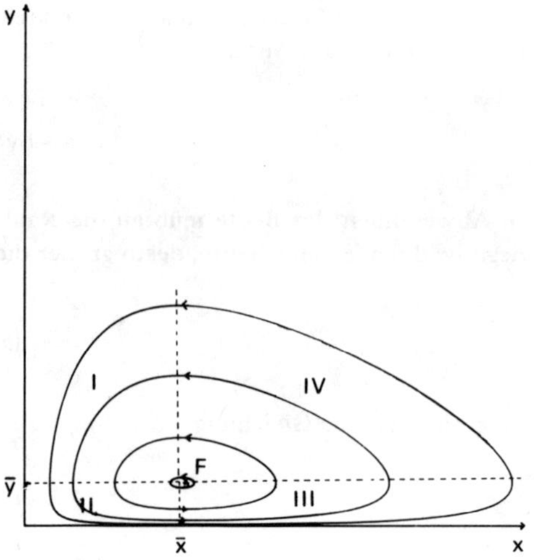

Abb. 10.1
Die Räuber-Beute-Gleichung $\dot{x} = x(2-12y)$
$\dot{y} = y(-5+8x)$

10.3 Eine Bewegungsinvariante

Multipliziert man die Gleichung

$$\frac{\dot{x}}{x} = a - by$$

mit c - dx, die Gleichung

$$\frac{\dot{y}}{y} = -c + dx$$

mit a - by, und addiert, so erhält man

$$\left(\frac{c}{x} - d\right)\dot{x} + \left(\frac{a}{y} - b\right)\dot{y} = 0$$

oder

$$\frac{d}{dt}\left[c \log x - dx + a \log y - by\right] = 0 \tag{10.3}$$

Wir wollen das etwas umschreiben. Mit

$$H(x) = \bar{x} \log x - x \qquad G(y) = \bar{y} \log y - y \tag{10.4}$$

und $$V(x,y) = dH(x) + bG(y) \tag{10.5}$$

wird (10.3) unter Ausnutzung von (10.2) zu

$$\frac{d}{dt} V(x(t),y(t)) = 0 \tag{10.6}$$

oder

$$V(x(t),y(t)) = \text{const.} \tag{10.7}$$

Die Funktion V ist eine *Bewegungsinvariante* des Systems (10.1). Sie ändert ihren Wert längs der Bahnen von (10.1) nicht. Nun nimmt H(x) wegen

$$\frac{dH}{dx} = \frac{\bar{x}}{x} - 1 \qquad \frac{d^2H}{dx^2} = -\frac{\bar{x}}{x^2} < 0$$

das Maximum genau an der Stelle $x = \bar{x}$ an; G(y) nimmt das Maximum bei $y = \bar{y}$ an; und die im Inneren von $\mathbb{R}^2_+$ erklärte Funktion V(x,y) nimmt daher ihr Maximum an der Stelle $\mathbf{F} = (\bar{x},\bar{y})$ an. Längs jedes Halbstrahls, der von **F** ausgeht, nimmt V ab. Die Mengen der Gestalt $\{(x,y) \in \mathbb{R}^2_+, V(x,y) = \text{const.}\}$ sind also geschlossene Kurven um den Punkt **F**. (Wenn V(x,y) die „Höhe" über dem Punkt (x,y) ist, so entsprechen diese Mengen den „Höhenschichtlinien". **F** ist der „Gipfel"). Da die Bahnen auf diesen geschlossenen Kurvenzügen bleiben, müssen sie periodisch sein: die Bewegungsrichtung ist von Abschnitt 10.2 her bekannt, nämlich gegenläufig zum Uhrzeigersinn. Der Fixpunkt **F** ist *stabil: wenn U eine beliebige Umgebung von* **F** *ist, so existiert eine Umgebung* $W \subset U$ *derart, daß keine Bahn, die von W ausgeht, U verlassen kann* (man braucht für W nur das Innere einer geschlossenen Bahn wählen, die ganz in U liegt). Wenn das System also nahe beim Gleichgewicht **F** ist, so wird es sich auch in Zukunft nicht weit von **F** entfernen.

10.4 Zeitmittel

Die Bevölkerungszahlen der Raub- und der Beutetiere schwingen periodisch: sowohl Frequenz als auch Amplitude dieser Schwingungen hängen von den Anfangsbedingungen ab, die *Zeitmittel* aber sind konstant. Sie erfüllen die Beziehungen

$$\frac{1}{T}\int_0^T x(t)dt = \bar{x} \qquad \frac{1}{T}\int_0^T y(t)dt = \bar{y} \tag{10.8}$$

wobei T die Periode der Schwingungen ist. Aus

$$\frac{d}{dt}(\log x) = \frac{\dot{x}}{x} = a - by$$

folgt nämlich durch Integrieren

$$\int_0^T \frac{d}{dt} \log x(t)dt = \int_0^T (a - by(t))dt$$

Es folgt daraus

$$\log x(T) - \log x(0) = aT - b\int_0^T y(t)dt$$

also, da x(T) = x(0) gilt,

$$\frac{1}{T}\int_0^T y(t)\,dt = \frac{a}{b} = \bar{y}$$

und analog für die x-Werte.

Das zeigt, daß der Gleichgewichtswert, selbst wenn er nicht angenommen wird, als Zeitmittel von Bedeutung ist. Die Unabhängigkeit dieser Mittel vom Anfangswert hat übrigens für die Schädlingsbekämpfung ungünstige Folgen. (Die Schädlinge spielen ja eine zu den Raubtieren ganz analoge Rolle). Ein einmaliger Vernichtungsfeldzug wird zwar die Schädlinge stark vermindern, aber doch nicht restlos ausrotten können. Das Resultat: es kommt zu extremen Schwankungen im Schädlingsbefall, doch das Zeitmittel bleibt so groß wie zuvor.

Nun läßt sich auch Volterras Erklärung angeben, weshalb der Raubfischanteil während des Weltkrieges gewachsen war. Wird gefischt, so verringert sich die natürliche Wachstumsrate der Beutefische – aus a wird a–k – und die Sterberate der Raubfische wird größer – statt c kommt jetzt c+m. Die Wechselwirkungskonstanten b und c aber ändern sich nicht. Im Zeitmittel ist daher die Zahl der Raubfische $\frac{a-k}{b}$ kleiner, die der Beutefische $\frac{c+m}{d}$ aber größer als im ungestörten Zustand. Wird der Fischfang eingestellt, nehmen die Raubfische zu, die Beutefische aber ab.

Dieses „*Volterrasche Prinzip*" zeigt auch das Bedenkliche einer stetigen Schädlingsbekämpfung mittels Insektiziden. Die meisten dieser chemischen Mittel wirken sowohl auf die Schädlinge als auch auf ihre natürlichen Gegner, wie Marienkäfer, Schlupfwespen oder Neuntöter. Das Resultat ist, ähnlich wie vorhin, eine Vermehrung der Schädlinge und Verminderung ihrer Freßfeinde.

10.5 Das Räuber-Beute-Modell mit innerspezifischer Konkurrenz

Es ist offenbar unsinnig, anzunehmen, daß die Zahl der Beutetiere gegen Unendlich wächst, wenn es keine Raubtiere gibt. Realistischer ist es, hier ein logistisches Wachstum anzusetzen. Das führt zur Gleichung

$$\dot{x} = x(a - ex - by) \qquad (10.9)$$
$$\dot{y} = y(-c + dx - fy)$$

wobei $e > 0$ und $f \geqslant 0$ sind (der Fall $f = 0$ ist nicht so schlimm, da sich selbst dann die Raubtiere nie ins Unendliche vermehren können).

Sei $\bar{S}$ die durch

$$ex + by = a \qquad (10.10)$$

gegebene Gerade. Dort ist überall $\dot{x} = 0$, das Vektorfeld also senkrecht. Analog sei $\bar{W}$ die Gerade

$$dx - fy = c \qquad (10.11)$$

Dort ist $\dot{y} = 0$. ($\bar{S}$ und $\bar{W}$ stehen für „senkrecht" und „waagrecht"). Am Rand von $\mathbb{R}^2_+$ hat (10.9) zwei Fixpunkte:

$$(0,0) \text{ und } \mathbf{P} = \left(\frac{a}{e},0\right)$$

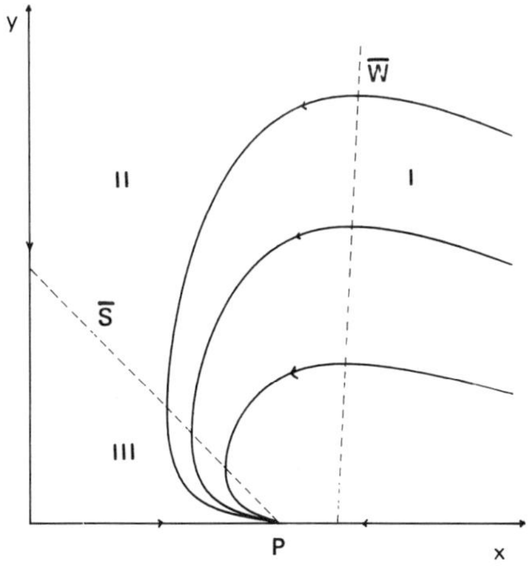

Abb. 10.2 Die Räuber-Beute-Gleichung mit innerspezifischer Konkurrenz

$$\dot{x} = x(2-x-y)$$
$$\dot{y} = y(-5+2x-\frac{y}{10})$$

Es gibt keinen inneren Fixpunkt.

Im Inneren von $\mathbb{R}^2_+$ gibt es genau dann einen Fixpunkt, wenn $\bar{S}$ und $\bar{W}$ einander dort schneiden. Nur dann kann es Koexistenz zwischen Raub- und Beutetieren geben.

10.6 Keine Koexistenz

Betrachten wir zunächst den Fall, daß $\bar{S}$ und $\bar{W}$ keinen Schnittpunkt im Inneren von $\mathbb{R}^2_+$ besitzen; also daß

$$\frac{a}{e} < \frac{c}{d} \tag{10.12}$$

gilt. $\bar{S}$ und $\bar{W}$ teilen dann $\mathbb{R}^2_+$ in 3 Stücke I, II, III (s. Abb. 10.2). Offenbar fließt jede Bahn aus I in das Gebiet II: es gilt ja $\dot{x} < 0$. Auch in II ist $\dot{x} < 0$, aber jetzt sind zwei Fälle möglich: entweder die Bahn konvergiert gegen **P**, oder sie tritt in Teil III ein. Dort gilt $\dot{x} > 0$ und $\dot{y} < 0$: der Bahn bleibt nichts übrig, als gegen **P** zu streben.

Die Raubtiere sterben also aus: die Beute reicht zum Überleben nicht. Die Bevölkerungszahl der Beutetiere strebt gegen einen Grenzwert $\frac{a}{e}$, der durch die logistische Gleichung ((10.9) mit y = 0) geliefert wird.

10.7 Koexistenz

Nehmen wir nun an, daß es einen Fixpunkt $\mathbf{F} = (\bar{x},\bar{y})$ von (10.9) im Inneren von $\mathbb{R}^2_+$ gibt (s. Abb. 10.3). Es gibt dann ein Gleichgewicht. Aber ist es stabil? Betrachten wir wieder, wie in Abschnitt 3, die Funktion

$$V(x,y) = dH(x) + bG(y)$$

mit

$$H(x) = \bar{x} \log x - x \qquad G(y) = \bar{y} \log y - y$$

Die Ableitung der Funktion $t \to V(x(t),y(t))$ ist

$$\dot{V}(x,y) = \frac{\partial V}{\partial x}\dot{x} + \frac{\partial V}{\partial y}\dot{y} = d(\frac{\bar{x}}{x}-1)x(a-by-ex) + b(\frac{\bar{y}}{y}-1)y(-c+dx-fy)$$

Da $\bar{x}$ und $\bar{y}$ die Gleichungen (10.10) und (10.11) erfüllen, können wir für a und c einsetzen und erhalten

$$\dot{V}(x,y) = d(\bar{x}-x)(b\bar{y}+e\bar{x}-by-ex) + b(\bar{y}-y)(-(d\bar{x}-f\bar{y}) + dx-fy) =$$

$$= de(\bar{x}-x)^2 + bf(\bar{y}-y)^2 \geqslant 0 \qquad (10.13)$$

Nach dem Satz von Ljapunov strebt jede Bahn gegen die größte invariante Teilmenge von $\{(x,y) : \dot{V}(x,y) = 0\}$, also gegen **F**.

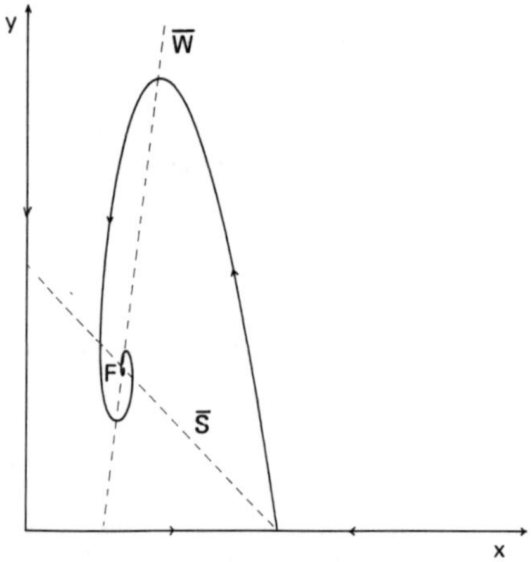

Abb. 10.3 Die Räuber-Beute-Gleichung mit innerspezifischer Konkurrenz

$\dot{x} = x(2-x-y)$

$\dot{y} = y(-5+8x-y)$

Es gibt einen inneren Fixpunkt.

Der Fixpunkt **F** ist „stabiler" als im Fall der Gleichung (10.1): er ist *asymptotisch stabil, d.h. zu jeder Umgebung U von* **F** *existiert eine Umgebung W, so daß jede Bahn, die von W ausgeht, in $\bar{U}$ verharrt und gegen* **F** *strebt.* Eine kleine Störung des Gleichgewichts durch einen Eingriff von außen wird also wettgemacht. **F** ist sogar *global stabil in dem Sinn, daß jede im Inneren von $\mathbb{R}^2_+$ liegende Bahn gegen* **F** *strebt.*

Halten wir schließlich fest, daß für noch so kleine e, f $>$ 0 die Gleichung (10.9) ein ganz anderes Verhalten zeigt als (10.1). Die Räuber-Beute-Gleichung (10.1) ist also nicht sehr robust, schon die kleinste Abänderung kann zu einem völlig anderen Verlauf der Bahnen führen.

10.8 Anmerkungen

Volterra wurde 1924 von dem Biologen D'Ancona auf populationsökologische Fragen aufmerksam gemacht. Die Gleichung (10.1) hatte vor ihm schon der Amerikaner Lotka (1920) im Rahmen der chemischen Kinetik aufgestellt. Doch Volterras Untersuchungen gingen erheblich darüber hinaus. Wir verweisen auf Volterra (1931), sowie auf Scudo und Ziegler (1978) für einen Nachdruck klassischer populationsdynamischer Arbeiten aus der Zwischenkriegszeit, dem „goldenen Zeitalter" der theoretischen Ökologie.

11 Lineare Modelle für zwei Bevölkerungen

11.1 Das Konkurrenzmodell von Volterra

Neben der Räuber-Beute-Gleichung gibt es natürlich noch zahlreiche andere Modelle für die Wechselwirkung zwischen zwei Bevölkerungen. Wir betrachten hier nur solche mit linearen Ausdrücken.

Nehmen wir zunächst an, daß die beiden Bevölkerungen – deren Kopfzahlen wieder durch x und y gegeben seien – um *eine gemeinsame Ressource* konkurrieren. Der Wert R der Ressource hängt natürlich von x und y ab: wir wollen annehmen, daß er linear in x und y abnimmt, also setzen wir

$$R = \bar{R} - (c_1 x + c_2 y) \tag{11.1}$$

wobei die Konstante $\bar{R}$ angibt, wieviel vorhanden ist, wenn nichts weggefressen wird, und c_1 und c_2 positive Konstanten sind. Wir setzen weiter

$$\frac{\dot{x}}{x} = b_1 R - \alpha_1 \quad \text{und} \quad \frac{\dot{y}}{y} = b_2 R - \alpha_2 \tag{11.2}$$

mit $b_1, b_2, \alpha_1, \alpha_2 > 0$. Die erste Gleichung bedeutet, daß die Bevölkerungszahl x bei völligem Fehlen der Ressource mit dem Faktor $\alpha_1 > 0$ exponentiell abfällt: je mehr von R aber da ist, desto größer ist die Wachstumsrate. Schreibt man jetzt (11.2) um und setzt dabei (11.1) ein, so erhält man:

$$\begin{aligned} \dot{x} &= x(a_1 - b_1(c_1 x + c_2 y)) \\ \dot{y} &= y(a_2 - b_2(c_1 x + c_2 y)). \end{aligned} \tag{11.3}$$

mit passenden Konstanten a_1 und a_2. Die Gleichung ist leicht zu untersuchen. Wegen

$$b_2 \frac{\dot{x}}{x} - b_1 \frac{\dot{y}}{y} = b_2 a_1 - b_1 a_2 = \alpha$$

folgt

$$b_2 \log x - b_1 \log y = \alpha t + \beta$$

und daher

$$x^{b_2} y^{-b_1} = c e^{\alpha t} \tag{11.4}$$

wobei $\beta \in \mathbb{R}$ und $c > 0$ Konstanten sind. Es gilt nun zwei Fälle zu unterscheiden:

A) Wenn $\alpha = 0$ gilt, so folgt aus (11.4), daß $x^{b_2} y^{-b_1}$ eine Bewegungsinvariante ist. Es gilt

$$c y^{b_1} = x^{b_2} \tag{11.5}$$

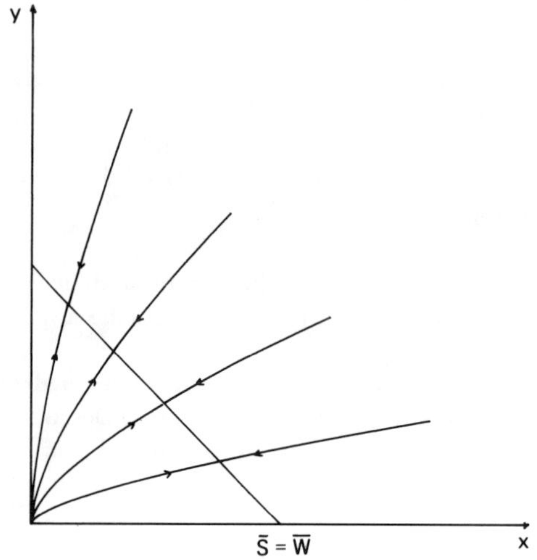

Abb. 11.1 Die Konkurrenzgleichung
$\dot{x} = x(6-3x-3y)$
$\dot{y} = y(4-2x-2y)$

Die Bahnen von (11.3) liegen in diesem Fall auf den Kurven, die (11.5) erfüllen (siehe Abb. 11.1). Die Bedingung $\alpha = 0$ bedeutet aber, daß $a_1 b_2 - a_2 b_1 = 0$ gilt. Es folgt, daß die Menge $\bar{S}$, wo $\dot{x} = 0$ gilt (die ja auf der Geraden mit

$$c_1 x + c_2 y = \frac{a_1}{b_1} \tag{11.6}$$

liegt) mit der Menge $\bar{W}$ übereinstimmt, wo $\dot{y} = 0$ ist. Diese Menge, also jener Teil der Geraden (11.6), der in $\mathbb{R}^2_+$ liegt, besteht nur aus Fixpunkten. Sonst gibt es keine Fixpunkte im Inneren von $\mathbb{R}^2_+$, und wie ein Blick auf die Vorzeichen von $\dot{x}$ und $\dot{y}$ zeigt, strömen die Bahnen von (11.3) längs der Kurven, die durch (11.5) gegeben sind, zu dieser Strecke von Fixpunkten hin.

B) Nun zum Fall $\alpha \neq 0$, oder (ohne Einschränkung der Allgemeinheit) $\alpha < 0$. Da $e^{\alpha t} \to 0$ bei $t \to +\infty$ gilt, folgt aus (11.4)

$$x^{b_2} y^{-b_1} \to 0$$

Da aber weder x noch y unbeschränkt wachsen können, folgt daraus $x \to 0$. Eine Spezies stirbt also aus. Da wegen $\alpha < 0$ gilt, daß

$$\frac{a_1}{b_1} < \frac{a_2}{b_2},$$

liegt die Strecke $\bar{S}$ unter der Strecke $\bar{W}$. Die Bahnen sind aus der Abb. 11.2 ersichtlich.

Diese Resultate kann man als ein „*Ausschließungsprinzip*" auffassen. Wenn zwei Spezies in der angegebenen Form von einer gemeinsamen Ressource abhängen, so stirbt eine aus: jedenfalls wenn $\alpha \neq 0$ gilt. Der Fall $\alpha = 0$ entspricht einer sehr unwahrscheinlichen Beziehung zwischen a_1, a_2, b_1 und b_2. Sollte der Fall aber dennoch eintreten, so kann man auch hier von Ausschließung sprechen. Denn wenn das System einmal nahe genug bei der Fixpunktstrecke ist, so wird es sich zwar gemäß der Differentialgleichung nicht mehr viel ändern: aber darübergelagerte kleine, zufällige Schwankungen können den Zustand längs dieser Strecke von Fixpunkten hin- und herwandern lassen, und es

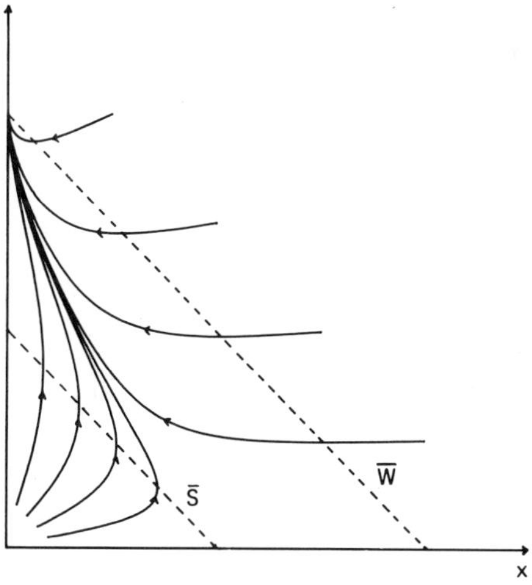

Abb. 11.2 Die Konkurrenzgleichung
$\dot{x} = x(6-3x-3y)$
$\dot{y} = y(4-x-y)$

steht zu erwarten, daß sich diese Schwankungen mit der Zeit einmal so summieren, daß der Rand von $\mathbb{R}^2_+$ erreicht wird, also eine der Bevölkerungen verschwindet.

11.2 Linearisierung um Gleichgewichtspunkte

Bevor wir weitere Modelle untersuchen, wenden wir uns kurz der Frage zu, wie das „lokale“ Verhalten einer gegebenen n-dimensionalen Differentialgleichung

$$\dot{\mathbf{x}} = \mathbf{f}(\mathbf{x}) \tag{11.7}$$

in der Nähe eines Punktes **z** beschrieben werden kann.

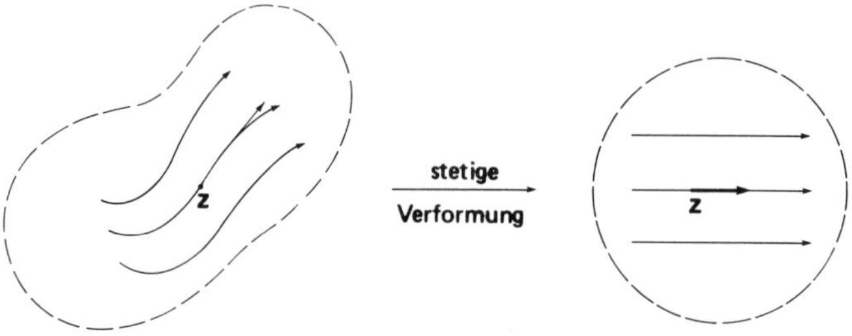

Abb. 11.3 Die Parallelisierung der Bahnen in der Umgebung eines Nichtgleichgewichtspunktes

Wenn **z** kein Fixpunkt ist, also $\mathbf{f}(\mathbf{z}) \neq \mathbf{0}$ gilt, so gibt es eine Umgebung U, wo sich (durch stetige Verformung) alle Bahnen ausbügeln lassen, bis sie parallel zur Bahn, die durch **z** hindurchführt, strömen: skizziert wird das in Abb. 11.3. Das ist leicht einzusehen: man braucht bloß **f** um den Punkt **z** in eine Taylorreihe entwickeln und nach dem konstanten Term $\mathbf{f}(\mathbf{z})$ abbrechen.

Ist $\mathbf{z}$ aber ein Fixpunkt, so läßt sich das lokale Verhalten nicht so einfach beschreiben. Entwickelt man wieder $\mathbf{f}$ um den Punkt $\mathbf{z}$ in eine Taylorreihe, so verschwindet jetzt der konstante Term. Bricht man mit dem nächsten – also dem linearen – Term ab, so erhält man die sogenannte *Jacobische Matrix* $Df(\mathbf{z}) = J$ der partiellen Ableitungen erster Ordnung:

$$J = \begin{bmatrix} \frac{\partial f_1}{\partial x_1}(\mathbf{z}) \ldots \frac{\partial f_1}{\partial x_n}(\mathbf{z}) \\ \vdots \qquad\qquad \vdots \\ \frac{\partial f_n}{\partial x_1}(\mathbf{z}) \ldots \frac{\partial f_n}{\partial x_n}(\mathbf{z}) \end{bmatrix}$$

Statt der partiellen Ableitung $\frac{\partial f_i}{\partial x_j}$ schreibt man auch manchmal $\frac{\partial \dot{x}_i}{\partial x_j}$.

Die lineare Gleichung

$$\dot{\mathbf{y}} = J\mathbf{y} \tag{11.8}$$

kann explizit gelöst werden. Die Frage ist nur, wie gut (11.8) das Verhalten von (11.7) in der Nähe von $\mathbf{z}$ wiedergibt. Eine Antwort darauf liefert der folgende Satz von Hartman und Grobman (s. Abb. 11.4):

Wenn alle Eigenwerte von J nichtverschwindenden Realteil besitzen, dann gibt es eine Umgebung U von $\mathbf{z}$*, eine Umgebung V des Ursprungs* $\mathbf{0} \in \mathbb{R}^n$ *und eine umkehrbare Abbildung h von U auf V, die mitsamt ihrer Umkehrung stetig ist, so daß aus* $\mathbf{y} = h(\mathbf{x})$ *folgt, daß* $\mathbf{y}(t) = h(\mathbf{x}(t))$ *für alle* $t \in \mathbb{R}$ *mit* $\mathbf{x}(t) \in U$ *und* $\mathbf{y}(t) \in V$ *gilt.* (Dabei ist $\mathbf{x}(t)$ Lösung von (11.7) mit $\mathbf{x}(0) = \mathbf{x}$ und $\mathbf{y}(t)$ Lösung der linearen Gleichung (11.8) mit $\mathbf{y}(0) = \mathbf{y}$).

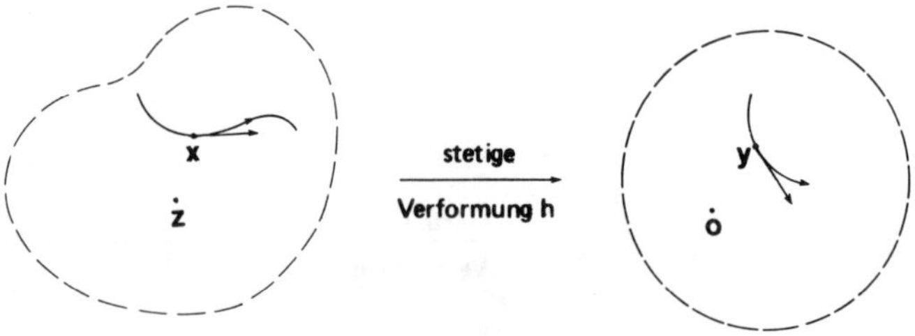

Abb. 11.4 Linearisierung um einen Gleichgewichtspunkt (zum Satz von Hartman und Grobman)

Der Satz besagt, daß sich eine Umgebung U des Gleichgewichtspunktes $\mathbf{z}$ von (11.7) stetig verformen läßt, so daß die Lösungen von (11.7) gerade den Lösungen der „linearisierten" Gleichung (11.8) in der Nähe des Gleichgewichtspunktes $\mathbf{0}$ entsprechen.

Eine erste Folgerung ist: *wenn alle Eigenwerte von J strikt negativen Realteil haben – also in der linken Halbebene der komplexen Zahlenebene* $\mathbb{C}$ *liegen – so ist* $\mathbf{z}$ *asymptotisch stabil. Wenn aber auch nur ein Eigenwert von J strikt positiven Realteil hat, ist* $\mathbf{z}$ *unstabil.*

Betrachten wir den Fall n = 2 etwas näher. Seien λ_1 und λ_2 die Eigenwerte von

$$J = \begin{bmatrix} j_{11} & j_{12} \\ j_{21} & j_{22} \end{bmatrix}$$

Dann gilt

$$\lambda_1 \lambda_2 = j_{11} j_{22} - j_{12} j_{21} = \det J$$

$$\lambda_1 + \lambda_2 = j_{11} + j_{22} = \text{Spur } J.$$

Wenn det J < 0 gilt, ist ein Eigenwert positiv, der andere negativ. **z** ist dann unstabil, genauer ein Sattelpunkt. In einer Umgebung von **z** sieht – nach einer stetigen Verformung – die Schar der Lösungen so aus, wie in Abb. 11.5 skizziert: von der Bahn, die nur aus dem Fixpunkt **z** besteht, abgesehen, gibt es genau ein Paar von Bahnen, die **z** als ω-Limes besitzen (diese bilden den „in-set") und ein Paar von Bahnen, für die **z** α-Limes ist (die bilden den „out-set").

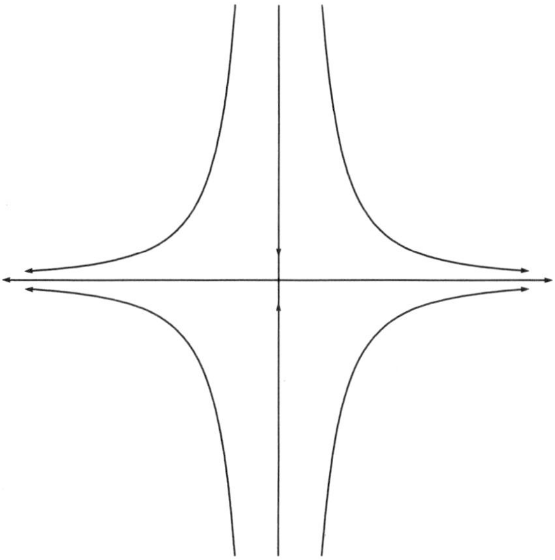

Abb. 11.5 Ein Sattelpunkt

Im Fall det J > 0 haben die Realteile der Eigenwerte gleiches Vorzeichen. Sie sind genau dann negativ, wenn Spur J < 0 gilt: dann ist **z** eine Senke, und alle Bahnen in einer Umgebung strömen gegen **z**. Wenn aber Spur J > 0, also die Realteile der Eigenwerte positiv sind, so strebt alles fort von **z**, und der Fixpunkt ist eine Quelle (s. Abb. 11.6). Bleibt noch der Fall Spur J = 0. Dann sind die Realteile von λ_1 und λ_2 aber 0, die Eigenwerte liegen auf der imaginären Achse, und der Satz von Hartman und Grobman erlaubt

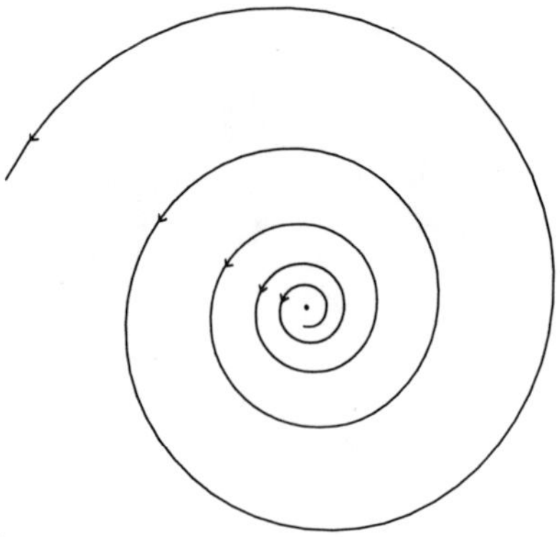

Abb. 11.6 Eine Quelle und eine Senke (die Bahnen laufen spiralförmig, wenn die Eigenwerte komplex sind).

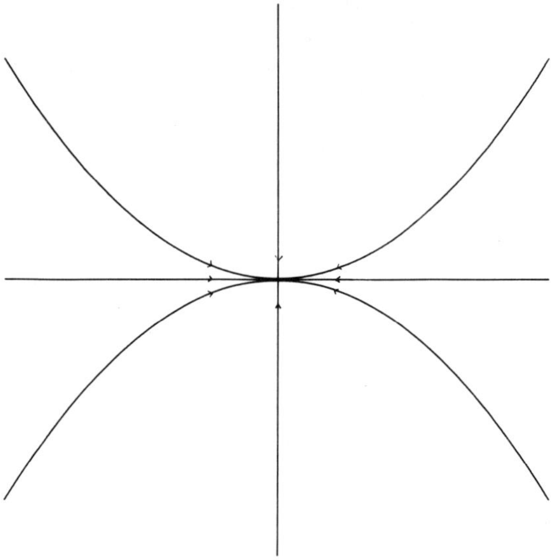

uns keine Aussage. Bemerken wir noch, daß dieser letzte Fall gerade bei der Räuber-Beute-Gleichung (10.1) eintritt. In diesem Beispiel ist der innere Gleichgewichtspunkt von einer Schar periodischer Bahnen umgeben, so wie bei der linearisierten Gleichung. Das ist aber keineswegs immer der Fall, wenn Spur J verschwindet.

11.3 Ein allgemeineres Konkurrenzmodell

Ein Modell für zwei konkurrierende Spezies, das etwas allgemeiner ist als das in Abschnitt 11.1 behandelte, wird durch

$$\dot{x} = x(a-bx-cy) \tag{11.9}$$

$$\dot{y} = y(d-ex-fy)$$

auf $\mathbb{R}^2_+$ geliefert. Dabei sind a bis f positive Konstanten. Die Wachstumsraten sind hier für beide Bevölkerungen umso kleiner, je mehr von der eigenen und von der anderen Bevölkerung vorhanden ist. Zur Gleichung (11.9) gelangt man etwa durch ein Modell für *zwei Bevölkerungen, die um eine gemeinsame Ressource R konkurrieren, daneben aber jeweils noch eine eigene Ressource R_1 bzw. R_2 besitzen.* Setzt man nämlich

$$R = \bar{R} - s_1 x - s_2 y$$
$$R_1 = \overline{R_1} - r_1 x$$
$$R_2 = \overline{R_2} - r_2 y,$$

dann erhält man aus den naheliegenden Wachstumsgleichungen

$$\frac{\dot{x}}{x} = R + R_1 - \alpha_1$$
$$\frac{\dot{y}}{y} = R + R_2 - \alpha_2$$

durch Einsetzen (11.9). Beachten wir, daß in diesem Fall noch $e < b$ und $c < f$ gelten muß.

Die Geraden

$$a - bx - cy = 0$$

und

$$d - ex - fy = 0$$

haben negative Neigung. Die Mengen $\bar{W} = \{(x,y) \in \mathbb{R}^2_+ : \dot{y} = 0\}$ und $\bar{S} = \{(x,y) \in \mathbb{R}^2_+ : \dot{x} = 0\}$ sind Strecken auf diesen Geraden.

Wenn diese Strecken keinen gemeinsamen Punkt besitzen – wenn es also kein inneres Gleichgewicht für (11.9) gibt – liegt wieder die Situation von Abb. 11.2 vor, und eine Bevölkerung stirbt aus. Auch den Fall, wo $\bar{S}$ und $\bar{W}$ übereinstimmen, haben wir schon in Abschnitt 11.1 behandelt. Wenn es aber genau einen Schnittpunkt $\mathbf{F} = (\bar{x},\bar{y})$ im Inneren von $\mathbb{R}^2_+$ gibt, so ist

$$\bar{x} = \frac{af-cd}{bf-ce} \qquad \bar{y} = \frac{bd-ae}{bf-ce}.$$

Wenn $e < b$ und $c < f$ erfüllt sind, so folgt, daß der Nenner positiv ist. Also gilt auch $af-cd > 0$, $bd-ae > 0$, und somit

$$\frac{b}{e} > \frac{a}{d} > \frac{c}{f}.$$

Die Anordnung von $\bar{S}$ und $\bar{W}$ wird in Abb. 11.7 skizziert: das Gleichgewicht **F** ist offenbar ω-Limes jeder Bahn im Inneren von $\mathbb{R}^2_+$, es stellt sich also stabile Koexistenz beider Spezies ein.

Doch im Fall

$$\frac{c}{f} > \frac{a}{d} > \frac{b}{e}$$

ist die Lage, wie man in Abb. 11.8 sieht, ganz anders. Das Gleichgewicht hier ist unstabil. Jeder Punkt im Inneren der (positiv invarianten) Zone II strebt gegen die y-Achse,

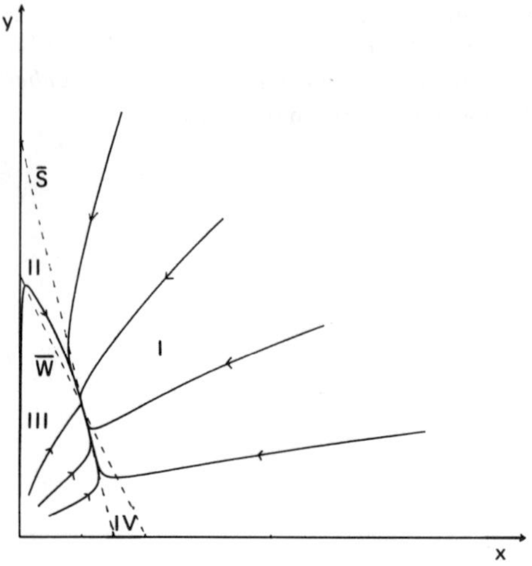

Abb. 11.7 Die Gleichung $\dot{x} = x(6-2x-\frac{1}{2}y)$

$\dot{y} = y(4-x-\frac{1}{2}y)$

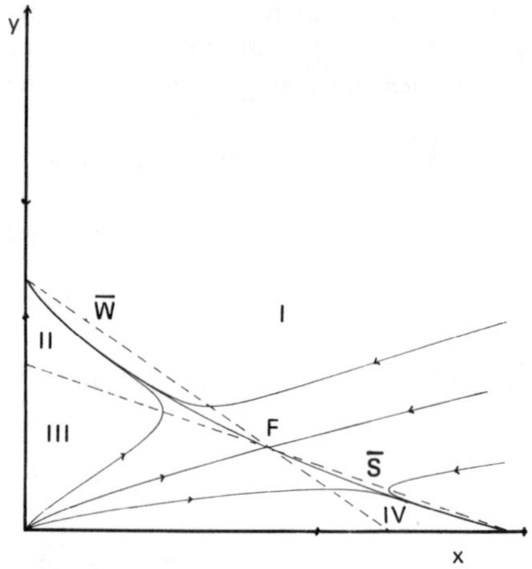

Abb. 11.8 Die Gleichung $\dot{x} = x(6-\frac{x}{3}-\frac{y}{2})$

$\dot{y} = y(4-\frac{x}{3}-y)$

jeder im Inneren von Zone IV gegen die x-Achse. Die Jacobische am Punkt $\mathbf{F} = (\bar{x},\bar{y})$ wird durch

$$J = \begin{bmatrix} -b\bar{x} & -c\bar{x} \\ -e\bar{y} & -f\bar{y} \end{bmatrix}$$

gegeben. Aus $\det J = \bar{x}\bar{y}(bf-ce) <$ folgt, daß **F** ein Sattelpunkt ist. Es gibt daher nur zwei Bahnen, die **F** als ω-Limes haben: eine der Bahnen liegt in Zone III, die andere in Zone I. Jede andere Bahn muß gegen $(0, \frac{a}{b})$ oder $(\frac{f}{e}, 0)$ konvergieren. Es folgt, daß für fast alle Anfangsbedingungen die Lösung gegen die eine oder andere Koordinatenachse strebt. Es stirbt mithin eine Bevölkerung aus. Welche es ist, hängt von den Anfangsbedingungen ab. Der „in-set" von **F** teilt $\mathbb{R}^2_+$ in zwei Gebiete: im einen setzt sich die x-, im anderen die y-Bevölkerung durch.

11.4 Allgemeines über periodische Bahnen

Die Lösung $\mathbf{x}(t)$ einer zeitunabhängigen Differentialgleichung $\dot{\mathbf{x}} = \mathbf{f}(\mathbf{x})$ heißt *periodisch*, wenn es ein $T > 0$ gibt, so daß $\mathbf{x}(T) = \mathbf{x}(0)$ gilt, aber $\mathbf{x}(t) \neq \mathbf{x}(0)$ für alle $t \in (0,T)$. T heißt die Periode der Lösung. Die Bahn einer solchen Lösung ist geschlossen – zur Zeit T hat sie ihren Ausgangspunkt wieder erreicht. Die Lösungskurve sieht – bis auf stetige Verformung – aus wie ein Kreis. Eine periodische Bahn entspricht einer Schwingung des Systems.

Von besonderer Bedeutung sind *periodische Attraktoren:* eine geschlossene Bahn γ heißt Attraktor, wenn es eine Umgebung von γ gibt, so daß alle Lösungen, die in dieser Umgebung starten, gegen γ streben (d.h. γ als ω-Limes besitzen) (s. Abb. 11.9).

Die geschlossenen Bahnen des Räuber-Beute-Modells (10.1) sind keine Attraktoren. Eine kleine Schwankung bringt das System von einer periodischen Bahn auf eine andere und wird daher nicht wieder wettgemacht.

Eine Folge von Schwankungen kann den Zustand sogar bis an den Rand von $\mathbb{R}_+^2$ treiben, wo eine der Spezies ausstirbt. Die Volterra-Lotka-Gleichung (10.1) ist also gegen zufällige Schwankungen extrem empfindlich und insofern ein unbefriedigendes Modell.

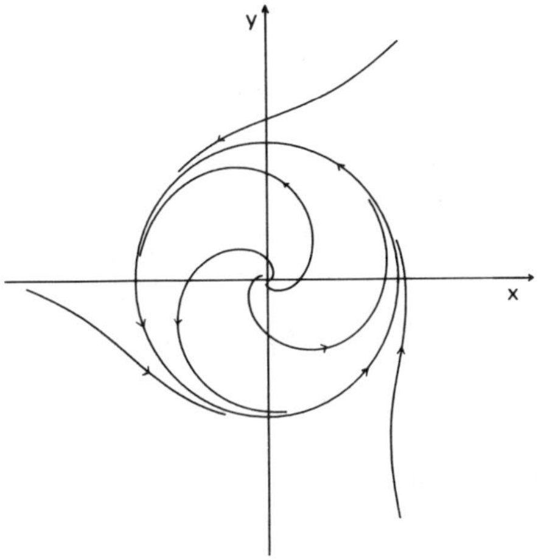

Abb. 11.9 Ein periodischer Attraktor

Ein einfaches Beispiel für einen periodischen Attraktor wird durch die folgende Gleichung geliefert (s. Abb. 11.9). Sei

$$\begin{aligned} \dot{x} &= x - y - x(x^2+y^2) \\ \dot{y} &= x + y - y(x^2+y^2) \end{aligned} \tag{11.10}$$

Dann gilt

$$(x^2+y^2)^{\cdot} = 2x\dot{x}+2y\dot{y} = 2(x^2+y^2)(1 - (x^2+y^2))$$

oder, mit

$$V = V(t) = x(t)^2 + y(t)^2$$

$$\dot{V} = 2V(1-V)$$

was gerade die logistische Gleichung (9.6) ist. Wenn $V(0) > 0$, dann gilt $V(t) \to 1$ für $t \to +\infty$, alle vom Ursprung verschiedenen Bahnen von (11.10) streben also gegen den Einheitskreis $x^2 + y^2 = 1$. Dort wird (11.10) zu $\dot{x} = -y$, $\dot{y} = x$, d.h. eine periodische Bahn γ läuft, entgegengesetzt zum Uhrzeigersinn, um den Einheitskreis herum. Alle Bahnen von (11.10), mit Ausnahme des Fixpunkts (0,0), streben gegen diesen Kreis. γ ist daher ein Attraktor.

11.5 Periodische Bahnen für die allgemeine Volterra-Lotka-Gleichung in zwei Variablen

Die *allgemeine Volterra-Lotka-Gleichung* ist von der Gestalt

$$\begin{aligned} \dot{x} &= x(a + bx + cy) \\ \dot{y} &= y(d + ex + fy) \end{aligned} \tag{11.11}$$

auf der (invarianten) Menge $\mathbb{R}^2_+$. Wir wollen nun keine Voraussetzungen über die Vorzeichen der Konstanten a bis f machen. Die Modelle, die wir bisher betrachtet haben, sind Spezialfälle von (11.11).

Je nach der Wahl der Konstanten erhält man hier also sehr verschiedene Systeme. Sie lassen sich, wenn auch mit einiger Mühe, vollständig klassifizieren. In diesem Abschnitt wollen wir allerdings nur periodische Bahnen untersuchen und zeigen: *es gibt keine isolierte periodische Bahn für (11.11).* Eine periodische Bahn γ heißt dabei *isoliert*, wenn sie in einer Umgebung von γ die einzige periodische Bahn ist. Insbesondere kann es also *keine periodischen Attraktoren für die Volterra-Lotka-Gleichung im Zweidimensionalen* geben.

11.6 Die Methode von Dulac

Zum Beweis verwenden wir die *Methode von Dulac.*

Sei

$$\begin{aligned} \dot{x} &= P(x,y) \\ \dot{y} &= Q(x,y) \end{aligned} \tag{11.12}$$

eine Differentialgleichung auf einer Teilmenge G von $\mathbb{R}^2$, die einfach zusammenhängend ist (also keine „Löcher" hat). Wenn es nun eine Funktion B(x,y) auf dieser Teilmenge gibt, so daß stets

$$\frac{\partial}{\partial x}(BP) + \frac{\partial}{\partial y}(BQ) > 0 \tag{11.13}$$

(oder stets < 0) gilt, dann kann es in G keine periodischen Lösungen von (11.12) geben. Denn sei etwa γ so eine geschlossene Bahn, mit Periode T, und Γ das durch γ umschlossene Gebiet. Es gilt

$$0 = \int_0^T B(\dot{y}\dot{x} - \dot{x}\dot{y})\, dt = \int_0^T (BQ\,\dot{x} - BP\,\dot{y})\, dt \tag{11.14}$$

Wenden wir nun den Integralsatz von Gauß auf das zweidimensionale Vektorfeld

$$\mathbf{F}(x,y) = \begin{pmatrix} BQ(x,y) \\ -BP(x,y) \end{pmatrix} \tag{11.15}$$

an: das Wegintegral von F längs γ ist (bis aufs Vorzeichen) das zweidimensionale Integral der Rotation von F über Γ, also

$$\int_0^T [BQ(x(t),y(t))\,\dot{x}(t) - BP(x(t),y(t))\,\dot{y}(t)]\,dt =$$

$$= \pm \iint_\Gamma [\frac{\partial}{\partial x}(BP) + \frac{\partial}{\partial y}(BQ)]\,d(x,y) \tag{11.16}$$

Laut (11.14) verschwindet die linke Seite, laut (11.13) die rechte aber nicht.

11.7 Beweis für die Nichtexistenz periodischer Attraktoren

Sei γ eine periodische Lösung von (11.11). Dann muß es einen Fixpunkt im Inneren von γ geben (also auch im Inneren von $\mathbb{R}_+^2$). Das läßt sich mühelos mit Zeitmitteln nachweisen, wie in Abschnitt 10.4. Es folgt aber auch aus einem viel allgemeineren topologischen Grund, den wir in Abschnitt 12.3 kennenlernen werden.

Deshalb müssen die beiden Mengen $\bar{S}$ und $\bar{W}$, und daher auch die Geraden

$$a + bx + cy = 0$$

$$d + ex + fy = 0$$

genau einen Schnittpunkt im Inneren von $\mathbb{R}_+^2$ besitzen. Insbesondere gilt

$$\Delta = bf - ce \neq 0 \tag{11.17}$$

Betrachten wir nun auf $\mathbb{R}_+^2$ die Funktion

$$B(x,y) = x^{\alpha-1}y^{\beta-1} \tag{11.18}$$

wobei die Konstanten α und β erst später bestimmt werden sollen. Es gilt, wenn wir die rechten Seiten von (11.11) mit P und Q bezeichnen

$$\frac{\partial}{\partial x}(BP) + \frac{\partial}{\partial y}(BQ) =$$

$$= \frac{\partial}{\partial x}[x^{\alpha}y^{\beta-1}(a + bx + cy)] + \frac{\partial}{\partial y}[x^{\alpha-1}y^{\beta}(d + ex + fy)]$$

$$= \alpha x^{\alpha-1}y^{\beta-1}(a + bx + cy) + x^{\alpha}y^{\beta-1}b + \beta x^{\alpha-1}y^{\beta-1}(d + ex + fy) + x^{\alpha-1}y^{\beta}f$$

$$= B[\alpha(a + bx + cy) + bx + \beta(d + ex + fy) + fy]$$

Jetzt wählen wir α und β so, daß

$$\begin{aligned} \alpha b + \beta e &= - b \\ \alpha c + \beta f &= - f \end{aligned} \tag{11.19}$$

erfüllt ist. Wegen (11.17) ist das möglich. Dann folgt:

$$\frac{\partial}{\partial x}(BP) + \frac{\partial}{\partial y}(BQ) = \delta B \tag{11.20}$$

mit

$$\delta = a\alpha + d\beta = \frac{1}{\Delta}(af(e - b) + bd(c - f)) \tag{11.21}$$

Es können nun zwei Fälle eintreten:
(a) wenn $\delta \neq 0$ ist, sind die Voraussetzungen erfüllt, um die Dulacsche Methode anzuwenden: es gibt dann keine periodische Lösung;
(b) wenn $\delta = 0$ ist, folgt aus (11.20)

$$\frac{\partial}{\partial x}BP = - \frac{\partial}{\partial y}BQ \tag{11.22}$$

auf $\mathbb{R}^2_+$. Das ist aber gerade die Integrabilitätsbedingung für das zweidimensionale Vektorfeld **F**, das durch (11.15) gegeben ist. Daher existiert eine Funktion $V = V(x,y)$ auf $\mathbb{R}^2_+$, so daß

$$\frac{\partial V}{\partial x} = BQ \qquad \frac{\partial V}{\partial y} = -BP \tag{11.23}$$

gilt. Für die Ableitung von $t \to V(x(t), y(t))$ gilt dann

$$\dot{V} = \frac{\partial V}{\partial x}\dot{x} + \frac{\partial V}{\partial y}\dot{y} = PQ(B - B) = 0 \tag{11.24}$$

also ist V eine Bewegungsinvariante, ganz wie in Abschnitt 10.3. Es kann dann geschlossene Bahnen geben, diese sind aber nicht isoliert und somit bestimmt keine Attraktoren.

11.8 Anmerkungen

Einen Nachdruck (mit Übersetzung) der grundlegenden Arbeiten Volterras über Konkurrenzmodelle findet man in Scudo und Ziegler (1978). – Das Ausschließungsprinzip ist in der ökologischen Literatur viel diskutiert worden (vgl. auch 14.1): wir verweisen hier nur auf Levin (1970), Rescigno und Richardson (1965), Mc Gehee und Armstrong (1977) sowie auf Nitecki (1978), der mathematische Modelle aufstellte, welche die Koexistenz von beliebig vielen Arten in einer „Nische" erlauben. – Beweise der Nichtexistenz periodischer Attraktoren für (11.11) findet man in Andronov et al. (1973) sowie Coppel (1966). Die Linearisierung von Fixpunkten wird in Hirsch und Smale (1974) behandelt. Die klassischen Sätze der Analysis, die wir in 11.6 und 11.7 verwendeten (Integralsatz von Gauß, Satz über die Integrabilitätsbedingung) findet man etwa im bekannten Lehrbuch von Courant (1955).

12 Nichtlineare Konkurrenz zweier Bevölkerungen

12.1 Das allgemeine Konkurrenzmodell

Für zwei Arten, deren Bevölkerungszahlen durch x und y gegeben sind, kann man allgemein ansetzen

$$\dot{x} = x\, S(x,y)$$
$$\dot{y} = y\, W(x,y) \tag{12.1}$$

wobei die Wachstumsraten S und W von den Wechselwirkungen zwischen den Bevölkerungen abhängen. Bei den Gleichungen von Volterra-Lotka sind S und W lineare Funktionen: in anderen Modellen können sie von komplizierterer Gestalt sein. In jedem Fall aber ist ein expliziter Ausdruck für S und W recht fragwürdig. Viel sinnvoller ist es, sich gar nicht erst auf eine spezielle Differentialgleichung einzulassen, sondern gleich Schlußfolgerungen aus der allgemeinen Form der Wechselwirkung zu ziehen.

Zunächst wollen wir annehmen, daß beide Arten miteinander konkurrieren. Dann dürfen wir voraussetzen:

(a) Wenn die eine Art zunimmt, so nimmt die Wachstumsrate der anderen ab:

$$\frac{\partial S}{\partial y} < 0 \text{ und } \frac{\partial W}{\partial x} < 0 \tag{12.2}$$

(b) Wenn eine Art allzu häufig ist und daher die Ressourcen erschöpft, so nehmen beide Arten ab: d.h. es gibt ein $K > 0$ so daß $S(x,y) < 0$ und $W(x,y) < 0$ gilt, soferne nur x oder y größer als K ist.

(c) Fehlt eine der beiden Arten ganz, so ist die Wachstumsrate der anderen Art bis zu einer gewissen Bevölkerungszahl positiv, darüber aber negativ:

(c_1) es gibt ein $a > 0$ s.d. $S(x,0) > 0$ für $x < a$, $S(x,0) < 0$ für $x > a$ (und somit $S(a,0) = 0$) gilt; und

(c_2) es gibt ein $b > 0$ s.d. $W(0,y) > 0$ für $y < b$, $W(0,y) < 0$ für $y > b$ (und somit $W(0,b) = 0$) gilt.

12.2 Die Eigenschaften des Konkurrenzmodells

Sei

$$\bar{S} = \{ (x,y) \in \mathbb{R}^2_+ : S(x,y) = 0 \}.$$

Auf $\bar{S}$ ist $\dot{x} = 0$, das Vektorfeld daher senkrecht. Aus (12.2) folgt: für festes x nimmt S als Funktion von y monoton ab. Für $0 < x < a$ trifft eine Senkrechte durch (x,y) die Menge $\bar{S}$ genau einmal, für $x > a$ aber nie. Wir sagen, daß ein Punkt (x,y) von $\mathbb{R}^2_+$ *unterhalb von* $\bar{S}$ liegt, wenn der senkrechte Halbstrahl, der von diesem Punkt aus nach oben weist, $\bar{S}$ trifft; sonst liegt der Punkt oberhalb von $\bar{S}$ oder auf $\bar{S}$. Oberhalb von $\bar{S}$ ist $\dot{x} < 0$, die Strömung weist also nach links; unterhalb von $\bar{S}$ ist $\dot{x} > 0$, die Strömung führt nach rechts.

Analoges gilt für

$$\bar{W} = \{(x,y) \in \mathbb{R}^2_+ : W(x,y) = 0\}.$$

Ein Punkt $(x,y) \in \mathbb{R}^2_+$ liegt *links von* $\bar{W}$, wenn der nach rechts weisende waagrechte Halbstrahl, der von diesem Punkt ausgeht, $\bar{W}$ trifft – das kann höchstens einmal geschehen, und zwar nur dann, wenn $y < b$ gilt. Sonst ist der Punkt rechts von $\bar{W}$, oder auf $\bar{W}$. Rechts von $\bar{W}$ ist $\dot{y} < 0$, die Strömung geht also nach unten; links von $\bar{W}$ ist $\dot{y} > 0$, die Strömung führt dort nach oben.

Sowohl $\bar{S}$ als auch $\bar{W}$ liegen im Quadrat

$$\{(x,y) : 0 \leqslant x \leqslant K, 0 \leqslant y \leqslant K\}.$$

Jede Bahn im Inneren von $\mathbb{R}^2_+$ fließt in dieses Quadrat hinein. Wenn $\bar{S}$ und $\bar{W}$ einander nicht schneiden, ist alles klar; eine Bevölkerung stirbt aus, die andere kommt ins Gleichgewicht (siehe Abb. 12.1). Wenn $\bar{S}$ und $\bar{W}$ einander schneiden, wird es interessanter. Wir wollen annehmen, daß es nur endlich viele gemeinsame Punkte gibt. (Das ist der „allgemeine Fall", in einem Sinn, der biologisch vernünftig und mathematisch präzisierbar ist: S und W müßten andernfalls von sehr sonderbarer Gestalt sein). Die Schnittpunkte aber sind gerade die Gleichgewichtspunkte von (12.1).

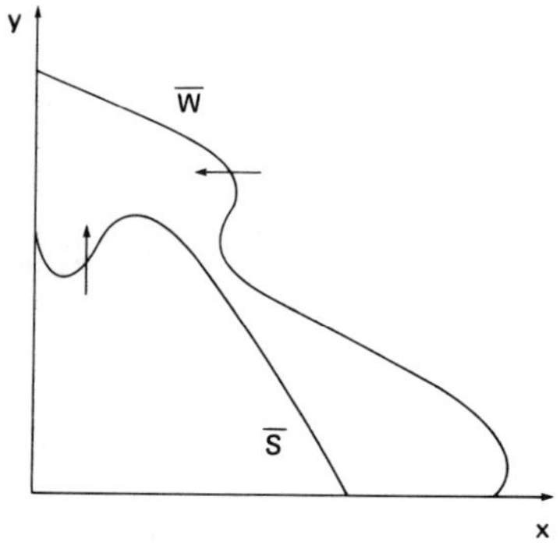

Abb. 12.1 $\bar{S}$ und $\bar{W}$ besitzen keinen gemeinsamen Schnittpunkt

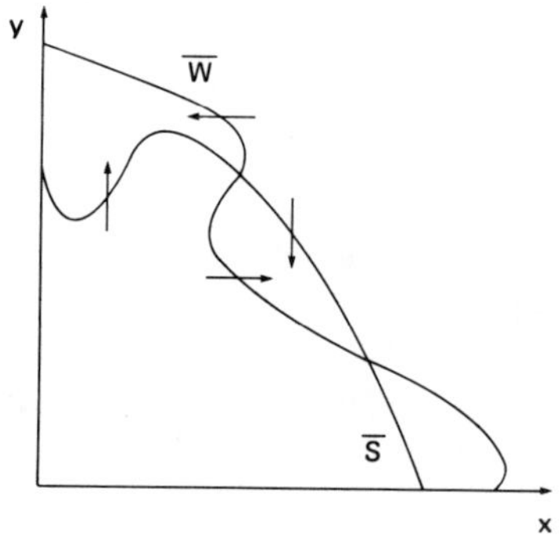

Abb. 12.2 $\bar{S}$ und $\bar{W}$ besitzen gemeinsame Schnittpunkte

$\bar{S}$ und $\bar{W}$ teilen $\mathbb{R}^2_+$ in zusammenhängende Regionen, wo $\dot{x}$ und $\dot{y}$ ihr Vorzeichen nicht ändern (siehe Abb. 12.2). Der Rand dieser Regionen besteht aus Schnittpunkten von $\bar{S}$ und $\bar{W}$ (also Gleichgewichtspunkten), aus Stücken der Koordinatenachsen, und schließlich aus Punkten, die zu $\bar{S}$ oder zu $\bar{W}$, aber nicht zu beiden Mengen gehören. Diese Punkte wollen wir die „gewöhnlichen Randpunkte" nennen. Nun gilt:

Durch die gewöhnlichen Randpunkte einer Region B streben entweder alle Bahnen hinein, oder alle hinaus.

Zum Beweis haben wir vier Fälle zu unterscheiden, je nach Vorzeichen von $\dot{x}$ und $\dot{y}$ in B. Nehmen wir etwa an, daß $\dot{x} < 0$ und $\dot{y} > 0$ gilt. B liegt also oberhalb von $\bar{S}$ und zur Linken von $\bar{W}$. Sei P ein gewöhnlicher Randpunkt von B. Liegt P auf $\bar{S}$, so liegt P links

Abb. 12.3 Zum Jordanschen Kurvensatz

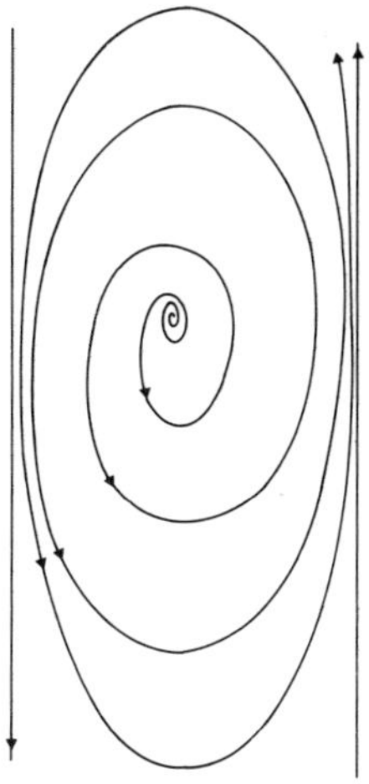

Abb. 12.4 Ein unbeschränkter ω-Limes

von $\bar{W}$, die Strömung geht also senkrecht hinauf, d.h. in B hinein. Liegt P dagegen auf $\bar{W}$, so ist P oberhalb von $\bar{S}$, die Strömung geht daher waagrecht nach links, also wieder in B hinein. Analoges gilt für die übrigen Fälle. – Daraus folgt, daß jede Region entweder positiv oder negativ invariant ist.

Es kann keine periodischen Bahnen geben. Diese müßten ja ganz in einer Region verharren, wegen der Invarianz, andererseits aber auch einen Fixpunkt umschließen, wie anschaulich klar ist: das ist aber unvereinbar. In den positiv invarianten Regionen schließlich strebt jede Bahn gegen einen Fixpunkt.

Im allgemeinen Konkurrenzmodell stellt sich also stets ein Gleichgewicht ein.

12.3 Der Satz von Poincaré-Bendixson

Im vorigen Abschnitt beriefen wir uns auf die Anschauung, um zu begründen, daß eine periodische Bahn in der Ebene einen Gleichgewichtspunkt umschließt. Um das exakt zu beweisen, muß man allerdings die *Theorie von Poincaré und Bendixson* heranziehen. Für die Untersuchung des allgemeinen Konkurrenzmodells mag sich der Aufwand vielleicht gar nicht lohnen. Bei späteren Gelegenheiten wird er aber noch öfter von Nutzen sein.

In der qualitativen Theorie der Differentialgleichungen zählt man: „eins, zwei und viele", ganz wie bei den Steinzeitvölkern. Eindimensionale Systeme sind fast trivial, es kann nur Gleichgewichtspunkte geben und Bahnen, die sie monoton wachsend oder fallend verbinden. Zweidimensionale Systeme sind noch halbwegs durchsichtig, wie wir sehen werden; und in höheren Dimensionen wird es dann schlimm.

Der Grund, weshalb zweidimensionale Systeme einer mathematischen Analyse noch gut zugänglich sind, liegt im Jordanschen Kurvensatz:

Ein geschlossener, doppelpunktfreier Kurvenzug – und jede periodische Bahn liefert einen solchen – *zerlegt die Ebene in zwei Teile, ein Inneres und ein Äußeres, derart, daß man zwei Punkte im Inneren (oder zwei Punkte im Äußeren) immer durch einen stetigen Weg, der den Kurvenzug nirgends trifft, miteinander verbinden kann, einen Punkt im Inneren und einen Punkt im Äußeren aber nicht* (siehe Abb. 12.3).

Dieser Satz ist anschaulich wohl völlig einleuchtend: sein exakter Beweis ist aber anspruchsvoll und äußerst langwierig.

Sei nun $\dot{\mathbf{x}} = \mathbf{f}(\mathbf{x})$ eine zeitunabhängige Differentialgleichung auf einer offenen Menge G in $\mathbb{R}^2$. Der Satz von Poncaré-Bendixson, eine tiefe Folgerung aus dem Kurvensatz, lautet folgendermaßen:

Sei $\omega(\mathbf{x})$ ein nichtleerer, beschränkter und abgeschlossener ω-Limes. Wenn $\omega(\mathbf{x})$ keinen Fixpunkt enthält, so ist $\omega(\mathbf{x})$ eine geschlossene Bahn.

Beachten wir, daß es durchaus möglich ist, daß $\omega(\mathbf{x})$ leer ist, oder unbeschränkt (siehe Abb. 12.4). Es kann auch geschehen, daß $\omega(\mathbf{x})$ weder ein Gleichgewichtspunkt noch eine geschlossene Bahn ist (siehe Abb. 6.1c).

Eine unmittelbare Folgerung aus dem Satz von Poincaré-Bendixson besagt: wenn $K \subset G$ nichtleer, beschränkt, abgeschlossen und positiv invariant ist, so enthält K einen Fixpunkt oder eine periodische Bahn.

12.4 Grenzzyklen

Jede periodische Bahn γ ist offenbar ω-Limes von jedem Punkt $\mathbf{x} \in \gamma$. Die periodische Bahn γ heißt *Grenzzyklus*, wenn es einen nicht auf γ liegenden Punkt $\mathbf{x}$ gibt, so daß $\omega(\mathbf{x}) = \gamma$ gilt.

Sei nun wieder $\dot{\mathbf{x}} = \mathbf{f}(\mathbf{x})$ eine Differentialgleichung auf $G \subset \mathbb{R}^2$. Mit ähnlichen Methoden wie beim Beweis des Satzes von Poincaré-Bendixson läßt sich zeigen: *wenn γ ein Grenzzyklus ist, so ist die Menge*

$$\{\mathbf{y} \in G: \mathbf{y} \notin \gamma, \omega(\mathbf{y}) = \gamma\}$$

offen.

Natürlich ist jeder periodische Attraktor ein Grenzzyklus, aber nicht umgekehrt: ein Grenzzyklus braucht nur ein „einseitiger Attraktor" zu sein.

Weiters folgt aus dem Satz von Poincaré-Bendixson:

Sei γ eine periodische Bahn, die mitsamt ihrem Inneren Γ ganz in G liegt. Dann enthält Γ mindestens einen Fixpunkt. Wenn es im Inneren von γ nur einen Fixpunkt gibt, so kann der kein Sattelpunkt sein.

12.5 Anmerkungen

Das allgemeine Konkurrenzmodell stammt von Rescigno und Richardson (1967) sowie Hirsch und Smale (1974). Ein anderer Zugang ist in Hadeler und Glas (1983) vorgeschlagen. Das Lehrbuch von Hirsch und Smale bietet auch eine gute Darstellung der Theorie von Poincaré und Bendixson.

13 Allgemeine Räuber-Beute-Modelle

13.1 Grenzzyklen für Räuber-Beute-Systeme

In Kapitel 10 haben wir lineare Modelle für die Wechselwirkung von Bevölkerungen von Raub- und Beutetieren untersucht. Bei Gleichung (10.9) stellte sich stets ein Gleichgewicht ein; bei der (unrealistischen) Gleichung (10.1) kam es zwar zu periodischen Schwankungen, aber nicht zu einem Grenzzyklus; und wie wir von Abschnitt 11.5 her wissen, haben Grenzzyklen im Rahmen der Volterra-Lotka-Gleichungen gar keinen Platz.

Es gibt aber eine lange Reihe empirischer Daten, die für die Ausbildung von Grenzzyklen in wirklichen Räuber-Beute-Systemen sprechen. Am eindrucksvollsten bestätigen das die jahrhundertelangen Aufzeichnungen der Hudson Bay Company über die Bevölkerungsdichten von Hasen und Luchsen in Kanada. Aber auch die regelmäßigen Ausbrüche von Schädlingen in großen Forstlandschaften deuten auf Grenzzyklen bei Wirt-Schmarotzer-Systemen hin. Das legt die Untersuchung von Räuber-Beute-Modellen nahe, die über den allzu engen Fall linearer Wechselwirkungen hinausführen.

13.2 Ein nichtlineares Modell

Sei x die Anzahl der Beute- und y die der Raubtiere. In der Abwesenheit von Raubtieren sollte, ähnlich wie bei der logistischen Gleichung, die Bevölkerung der Beutetiere einem den Ressourcen entsprechenden Grenzwert $a > 0$ zustreben. Das führt zum Ansatz $\dot{x} = xg(x)$ mit

(a) $$g(x) > 0 \text{ für } x < a;\ g(x) < 0 \text{ für } x > a \text{ und } g(x) = 0 \text{ für } x = a.$$

In Anwesenheit von y Raubtieren wird die Wachstumsgeschwindigkeit $\dot{x}$ reduziert, und zwar um $yp(x)$, wobei $p(x)$ angibt, wieviel ein einzelnes Raubtier im Durchschnitt reißt. Also

(b) $$p(0) = 0 \text{ und } p(x) > 0 \text{ für } x > 0.$$

Die Wachstumsrate $\dot{y}/y$ der Raubtiere schließlich sei von der Gestalt $-c + q(x)$, wobei die Konstante $c > 0$ angibt, wie rasch die Raubtiere aussterben, wenn es gar keine Beute gibt, während $q(x)$ positiv ist und wächst. Also:

(c) $$q(0) = 0 \text{ und } \frac{dq}{dx}(x) > 0 \text{ für } x > 0.$$

Somit erhalten wir die Gleichung

$$\begin{aligned} \dot{x} &= xg(x) - yp(x) \\ \dot{y} &= y(-c + q(x)) \end{aligned} \tag{13.1}$$

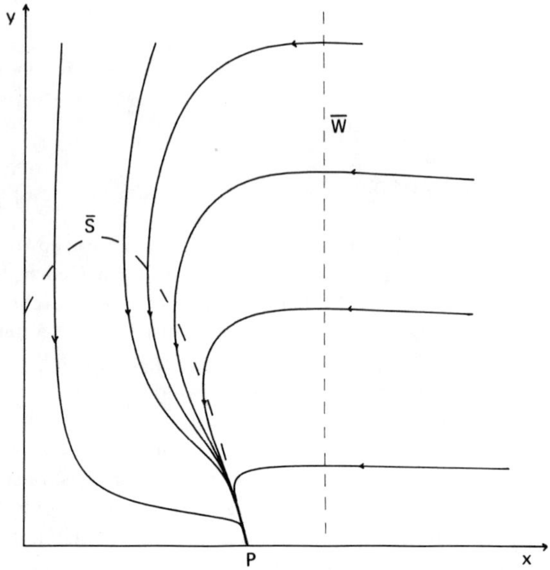

Abb. 13.1 Die Gleichung
$\dot{x} = x((1+x)(3-x) - y)$
$\dot{y} = y(x-4)$

Beachten wir, daß $x \equiv 0$ und $y \equiv 0$ wieder Lösungen sind und daher $\mathbb{R}^2_+$ invariant ist. Setzen wir wieder

$$\bar{S} = \{(x,y) \in \mathbb{R}^2_+ : \dot{x} = 0\}$$
$$\bar{W} = \{(x,y) \in \mathbb{R}^2_+ : \dot{y} = 0\} \tag{13.2}$$

Da q monoton wächst, gibt es höchstens ein $\bar{x} > 0$ mit $q(\bar{x}) = c$. Existiert $\bar{x}$ nicht, so stirbt die Raubtierbevölkerung aus. Wir befassen uns daher nur noch mit dem Fall, daß $\bar{x}$ existiert. $\bar{W}$ ist dann die senkrechte Gerade $x = \bar{x}$.

$\bar{S}$ wird durch die Gleichung

$$y = \frac{xg(x)}{p(x)} \tag{13.3}$$

geliefert, ist also der Graph einer Funktion von x auf dem Intervall (0,a). Offenbar schneidet $\bar{W}$ den Graphen $\bar{S}$ höchstens einmal. Gibt es keinen Schnittpunkt (gilt also $\bar{x} \geqslant a$), dann stirbt die Raubtierbevölkerung aus, wie aus den Vorzeichen von $\dot{x}$ und $\dot{y}$ hervorgeht (s. Abb. 13.1). Existiert aber ein Schnittpunkt $\mathbf{F} = (\bar{x},\bar{y})$, (gilt also $\bar{x} < a$), so ist **F** der einzige innere Gleichgewichtspunkt. Diesem Fall wenden wir uns nun zu.

13.3 Die Stabilität des Gleichgewichtspunktes

Die Jacobische von (13.1) am Punkt $\mathbf{F} = (\bar{x},\bar{y})$ errechnet man als

$$J = \begin{bmatrix} H(\bar{x}) & -p(\bar{x}) \\ \bar{y}\,\frac{dq}{dx}(\bar{x}) & 0 \end{bmatrix} \tag{13.4}$$

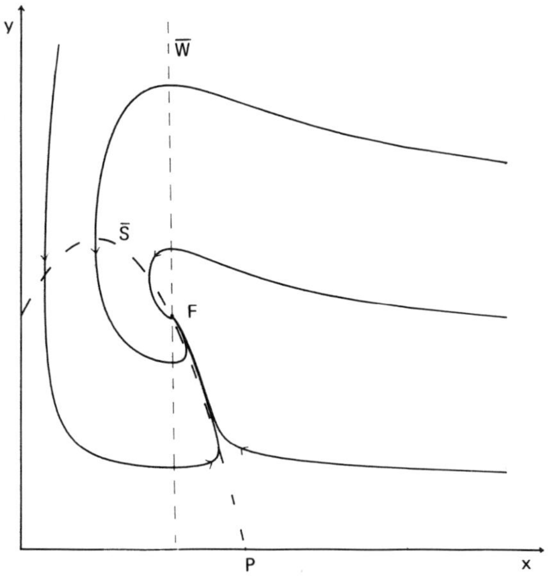

Abb. 13.2 Die Gleichung
$\dot{x} = x((1+x)(3-x) - y)$
$\dot{y} = y(x-2)$

wobei

$$H(x) = g(x) + x\frac{dg}{dx}(x) - \frac{xg(x)}{p(x)}\frac{dp}{dx}(x) \tag{13.5}$$

gilt. Da det J > 0, sind die Vorzeichen der Realteile der Eigenwerte, die von der Spur J, also von $H(\bar{x})$. **F** ist somit genau dann eine Senke, wenn

$$H(\bar{x}) < 0 \tag{13.6}$$

gilt. Das ist aber genau dann der Fall, wenn

$$\frac{d}{dx}\left(\frac{x\,g(x)}{p(x)}\right) \tag{13.7}$$

bei $x = \bar{x}$ negativ ist, also die durch (13.3) gegebene Funktion an der Stelle $\bar{x}$ fällt. Das liefert eine einfache graphische Methode zur Bestimmung der lokalen Stabilitätseigenschaft von **F**. *Wenn die Neigung von $\bar{S}$ bei* **F** *negativ ist, so ist* **F** *eine Senke, also asymptotisch stabil; ist die Neigung aber positiv, so ist* **F** *unstabil* (s. Abb. 13.2 und 13.3).

13.4 Das globale Verhalten des nichtlinearen Modells

Am Rand von $\mathbb{R}^2_+$ besitzt (13.1) noch zwei Fixpunkte, nämlich (0,0) und **P** = (a,0) (Abb. 13.1–3). Man sieht sofort, daß beide Sättel sind. Der „in-set" von **P** = (a,0) wird durch die positive Halbachse gebildet; der „out-set" besteht aus zwei Bahnen, von denen eine in $\mathbb{R}^2_+$ liegt. Es ist offenkundig, daß diese Bahn ein beschränktes Gebiet nicht verlassen kann. Sei nun **x** ein Punkt auf besagter Bahn. Offenbar ist $\omega(\mathbf{x})$ nichtleer und beschränkt. Wir können also den Satz von Poincaré-Bendixson heranholen und bekommen:

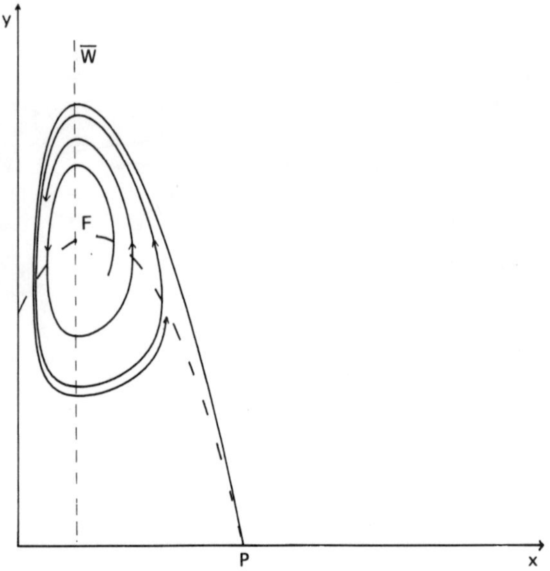

Abb. 13.3 Die Gleichung

$$\dot{x} = x((1+x)(3-x) - y)$$
$$\dot{y} = y(x-\tfrac{4}{5})$$

(a) wenn $\omega(\mathbf{x})$ keinen Fixpunkt enthält, so muß $\omega(\mathbf{x})$ eine periodische Bahn γ sein (s. Abb. 13.3). Diese Bahn muß einen Fixpunkt umkreisen, dafür kommt nur **F** in Frage. Offenbar ist γ ein Grenzzyklus: man sieht leicht, daß sogar jede Bahn im Äußeren gegen γ strebt.

(b) Wenn $\omega(\mathbf{x})$ einen Fixpunkt enthält, so kann das nur **F** sein, denn (0,0) und (a,0) kommen nicht in Betracht. Wie man aber leicht an Hand der Vorzeichen von $\dot{x}$ und $\dot{y}$ erkennt, muß dann jede Bahn im Inneren von $\mathbb{R}^2_+$ gegen **F** konvergieren: sie kann nicht am „out-set" vorbei (siehe Abb. 13.2). In diesem Fall ist **F** also global stabil.

13.5 Das allgemeine Räuber-Beute-Modell

In einem noch allgemeineren Räuber-Beute-Modell wird die Gleichung in der Form

$$\dot{x} = x\,S(x,y)$$
$$\dot{y} = y\,W(x,y)$$

angesetzt und gefordert:

(a) Wenn die Zahl y der Raubtiere wächst, so nehmen die Wachstumsraten von Raub- und Beutetieren ab:

$$\frac{\partial S}{\partial y} < 0 \text{ und } \frac{\partial W}{\partial y} < 0 \tag{13.8}$$

(b_1) Fehlen die Raubtiere ganz, so haben die Beutetiere bis zu einer gewissen Bevölkerungszahl eine positive, darüber hinaus eine negative Wachstumsrate. Also:

Es gibt ein $a > 0$ s.d.

$$S(x,0) > 0 \text{ für } x < a, \; S(x,0) < 0 \text{ für } x > a$$

(und somit $S(a,0) = 0$) gilt.

(b_2) Dagegen muß es eine gewisse Mindestzahl b an Beutetieren geben, unterhalb welcher jede – noch so geringe – Bevölkerung von Raubtieren abnimmt. Also:
Es gibt ein $b > 0$ s.d.

$$W(x,0) < 0 \text{ für } x < b, \; W(x,0) > 0 \text{ für } x > b$$

(und somit $W(b,0) = 0$) gilt.

(c) Weiters könnte man

$$\frac{\partial S}{\partial x} < 0 \quad \text{und} \quad \frac{\partial W}{\partial x} > 0$$

verlangen. Diese Forderung ist aber teils zu stark, teils zu schwach für eine interessante Analyse. Sie ist auch biologisch nicht ganz stichhaltig. Wenn die Zahl x der Beutetiere klein ist, so erhöht sich bei einem Zuwachs die Überlebenschance für das einzelne Beutetier, während die innerspezifische Konkurrenz noch nicht zur Auswirkung kommt. Der Beute geht es dann besser als vorher.

Interessanter ist es, zu verlangen, daß falls bei konstantem Verhältnis $\frac{y}{x} = \alpha$ die Gesamtbevölkerung vermehrt wird, sich die Wachstumsrate der Beutetiere verringert (sie fressen einander mehr weg), aber die der Raubtiere vergrößert (sie finden mehr Futter). Das liefert für jedes $\alpha > 0$

$$\frac{\partial S}{\partial x}(x,\alpha x) + \alpha \frac{\partial S}{\partial y}(x,\alpha x) < 0 \quad \text{und} \quad \frac{\partial W}{\partial x}(x,\alpha x) + \alpha \frac{\partial W}{\partial y}(x,\alpha x) > 0$$

oder

$$x\frac{\partial S}{\partial x} + y\frac{\partial S}{\partial y} < 0 \quad \text{und} \quad x\frac{\partial W}{\partial x} + y\frac{\partial W}{\partial y} > 0. \tag{13.9}$$

13.6 Die Eigenschaften des Räuber-Beute-Modells

Wegen (13.8) schneidet jede senkrechte Gerade durch (x,y) die Kurve $\bar{S}$ höchstens einmal, wenn $0 < x < a$ gilt, sonst aber überhaupt nicht. Sie trifft $\bar{W}$ nicht, wenn $x < b$, und sonst genau einmal. Man sieht sofort, daß im Fall $a \leqslant b$ die Raubtiere aussterben und die Zahl der Beutetiere gegen a strebt. (Abb. 13.1). Nehmen wir also jetzt $b < a$ an.

$\bar{S}$ und $\bar{W}$ besitzen dann einen Schnittpunkt, und zwar genau einen: denn laut (13.9) nimmt S längs jedes von Ursprung ausgehenden Halbstrahls ab: so ein Halbstrahl schneidet $\bar{S}$ also höchstens einmal, und er schneidet – analog – auch $\bar{W}$ höchstens einmal. Im Inneren von $\mathbb{R}^2_+$ gibt es also nur einen einzigen Gleichgewichtspunkt, und den nennen wir **F** (siehe Abb. 13.2 und 13.3). Die weiteren Überlegungen laufen denen von Abschnitt 4 parallel:

Am Rand von $\mathbb{R}^2_+$ gibt es noch zwei Fixpunkte, nämlich den Ursprung und den Punkt **P** = (a,0). Aus dem Verhalten des Vektorfeldes in der Umgebung von **P** folgt, daß **P** ein

Sattelpunkt ist. Es gibt also eine Bahn im Inneren von $\mathbb{R}^2_+$, welche **P** als α-Limes besitzt. Diese Bahn kann, wie man an Hand der Vorzeichen von $\dot{x}$ und $\dot{y}$ leicht sieht, ein beschränktes Gebiet nicht verlassen. Sie besitzt also einen nichtleeren ω-Limes, und zwar im Inneren von $\mathbb{R}^2_+$. Wenn der ω-Limes **F** enthält, so strebt diese Bahn – und auch jede andere im Inneren von $\mathbb{R}^2_+$ – gegen **F**, das Gleichgewicht ist also global stabil. Ansonsten ist, nach Poincaré-Bendixson, dieser ω-Limes eine periodische Bahn γ, natürlich um den Punkt **F** herum. Jede Bahn außerhalb von γ strebt gegen γ.

Halten wir fest: *wenn nicht alle Bahnen gegen den Gleichgewichtspunkt* **F** *streben, so tritt ein Grenzzyklus auf,* es kommt also zu periodischen Schwingungen von – asymptotisch – konstanter Amplitude und Frequenz. Was im Inneren des Grenzzyklus passiert – ob der Fixpunkt stabil ist, ob es weitere periodische Bahnen gibt usw. – bleibt bei dem Modell offen.

13.7 Ein numerisches Beispiel

Betrachten wir jetzt ein numerisches Beispiel einer Gleichung der Form (13.1). Wählen wir $g(x) = (1+x)(3-x)$, $p(x) = q(x) = x$ und $c = 1 - \mu$ (mit $\mu < 1$). Die Gleichung lautet demnach:

$$\begin{aligned} \dot{x} &= x[(1+x)(3-x)-y] \\ \dot{y} &= y[x - (1-\mu)] \end{aligned} \qquad (13.10)$$

$\bar{S}$ ist ein Parabelstück mit Maximum an der Stelle $x = 1$ (vgl. Abb. 13.1–3). Für $\mu \in (0,1)$ gilt $\bar{x} < 1$, die Neigung von $\bar{S}$ bei **F** ist positiv und **F** ist daher Quelle. Es gibt somit einen Grenzzyklus um den Punkt **F** herum (s. Abb. 13.3). Für $\mu \in (-2,0)$ dagegen gibt es keine periodische Bahn. Das sieht man wieder mit Hilfe des Satzes von Dulac aus Abschnitt 11.6. Definieren wir nämlich

$$B(x,y) = x^{\alpha-1}y^{\beta-1} \qquad (13.11)$$

im Inneren von $\mathbb{R}^2_+$, und bezeichnen wir die rechten Seiten von (13.10) mit P und Q, so ergibt eine kurze Rechnung

$$\frac{\partial}{\partial x}(BP) + \frac{\partial}{\partial y}(BQ) = B\,\{\alpha[(1+x)(3-x)-y] + 2x(1-x) + \beta[x-(1-\mu)]\}$$

Setzen wir jetzt $\alpha = 0$ und $\beta = 2$. Für alle x gilt

$$2x(1-x) \leqslant -2(x - (1-\mu)) \qquad (13.12)$$

wie aus Abb. 13.4 deutlich wird: denn die linke Seite der Ungleichung entspricht einer Parabel, die rechte aber der Geraden durch den Punkt $(1-\mu,0)$ mit der Neigung -2. Es folgt

$$\frac{\partial}{\partial x}(BP) + \frac{\partial}{\partial y}(BQ) < 0, \qquad (13.13)$$

der Satz von Dulac schließt daher periodische Bahnen aus.

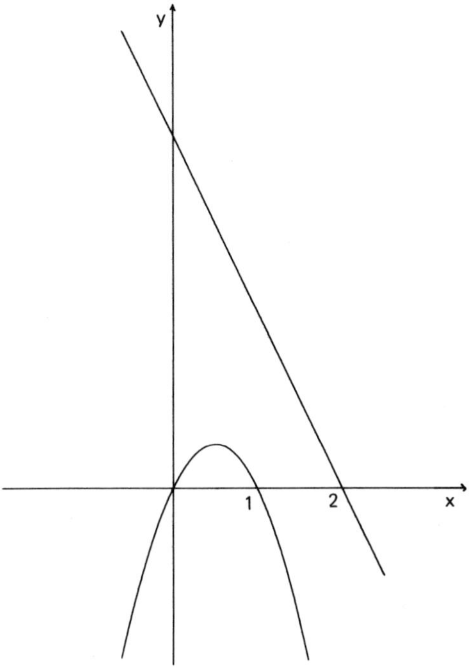

Abb. 13.4 Die Parabel $y = 2x(1-x)$ und die Gerade $y = -2(x-2)$

Wenn es aber keine periodischen Bahnen gibt, und daher keine Grenzzyklen, muß nach Abschnitt 13.4 das Gleichgewicht **F** global stabil sein.

Überblicken wir das noch einmal: lassen wir den Parameter μ von -2 bis 1 wachsen. Für $\mu \leq 0$ spiralen alle Bahnen im Inneren von $\mathbb{R}_+^2$ gegen **F**. Bei $\mu = 0$ hört **F** aber auf, eine Senke zu sein. Für $\mu > 0$ ist **F** Quelle, und in einer Umgebung von **F** strömt dann alles weg. Es ist aber so, als hätte die Differentialgleichung in Punkten, die weiter entfernt sind, davon noch nicht Kenntnis: dort bewegen sich die Bahnen noch immer auf **F** zu. Es ist wohl anschaulich klar, daß es in der Zwischenregion zu (mindestens) einer periodischen Bahn um **F** kommen muß.

Hinter diesem Beispiel liegt ein allgemeines Prinzip.

13.8 Hopf-Bifurkationen

Sei G ein offenes Gebiet in $\mathbb{R}^n$. Für alle Werte des Parameters μ in einem Intervall $(-\epsilon,\epsilon)$ sei

$$\dot{\mathbf{x}} = \mathbf{f}_\mu(\mathbf{x}) \tag{13.14}$$

eine zeitunabhängige Differentialgleichung auf G, von deren rechter Seite wir annehmen wollen, daß sie durch analytische (also in Potenzreihen entwickelbare) Funktionen gegeben ist. $\mathbf{P}_\mu$ sei ein Fixpunkt von (13.14). Alle Eigenwerte der Jacobischen J_μ an diesem Fixpunkt mögen strikt negative Realteile haben, bis auf ein Paar von komplex konjugierten Eigenwerten, die wir als

$$\alpha(\mu) \pm i\beta(\mu)$$

(mit $\alpha(\mu), \beta(\mu) \in \mathbb{R}$) darstellen. Wir wollen nun annehmen, daß $\beta(0) \neq 0$ gilt und daß das

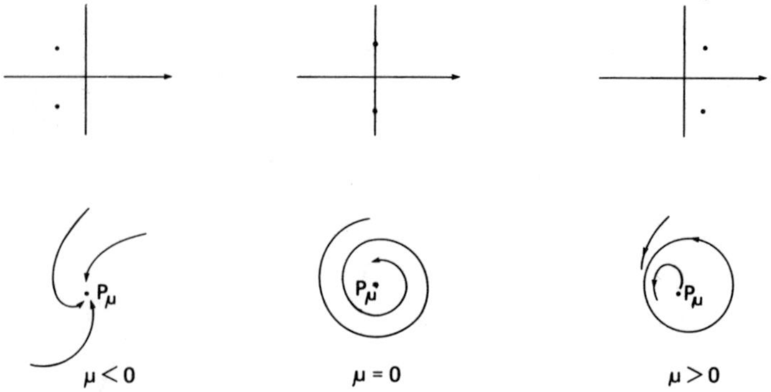

Abb. 13.5 Hopf-Bifurkation: die Eigenwerte von P_μ und die Bahnen in einer Umgebung von P_μ, für $\mu < 0$, $\mu = 0$ und $\mu > 0$

Vorzeichen des Realteiles $\alpha(\mu)$ gerade das Vorzeichen von μ ist. Insbesondere folgt daraus, daß $\mathbf{P}_\mu$ für $\mu < 0$ eine Senke und daher asymptotisch stabil, für $\mu > 0$ aber unstabil ist.

Fügen wir dem noch zwei „technische" Voraussetzungen hinzu:

(a) $$\frac{d\alpha}{d\mu}(0) > 0$$

(b) für $\mu = 0$ ist $\mathbf{P}_\mu$ asymptotisch stabil.

Dann folgt – das ist die Aussage des Satzes von Hopf – daß es für alle hinreichend kleinen Werte von $\mu > 0$ periodische Attraktoren um den (nunmehr unstabilen) Gleichgewichtspunkt $\mathbf{P}_\mu$ gibt. Ihr „Radius" ist übrigens von der Größenordnung $\sqrt{\mu}$, ihre Periode ungefähr $\frac{2\pi}{\beta(0)}$.

Was besagt dieser Satz? Unter den – eher umständlichen, aber häufig erfüllten – Voraussetzungen spaltet sich, wenn μ von negativen zu positiven Werten kommt, vom Fixpunkt genau eine periodische Bahn ab. Der Fixpunkt, vordem asymptotisch stabil, wird unstabil; dafür ist die periodische Bahn jetzt der Attraktor. Aus einem stabilen Gleichgewicht wird eine stabile Schwingung (siehe Abb. 13.5). Das Beispiel vom vorigen Abschnitt war dafür charakteristisch.

13.9 Anmerkungen

Das nichtlineare Modell (13.1) stammt von Gause (1934) (siehe auch Freedman (1980)). Die graphische Methode zur Stabilitätsbestimmung geht auf Rosenzweig und Mac Arthur (1963) zurück. Das allgemeine Räuber-Beute-Modell wurde von Kolmogoroff (1936) untersucht. Wir verweisen auch auf Rescigno und Richardson (1967) sowie auf Freedman (1980). Das Beispiel in Abschnitt 7 stammt aus Hsu et al. (1978). Ausführliche Darstellungen der Theorie der Hopf-Bifurkation, mit zahlreichen Anwendungen, findet man in den Büchern von Marsden und Mc Cracken (1976) sowie in Hassard et al. (1981).

14 Höherdimensionale lineare Modelle

14.1 Das Ausschließungsprinzip

Unter gewissen Voraussetzungen gilt das *Ausschließungsprinzip*, das wir in Abschnitt 11.1 kennengelernt haben, auch für mehr als zwei Bevölkerungen. *Wenn nämlich n Bevölkerungen linear von m Ressourcen abhängen und m < n gilt, dann stirbt mindestens eine der Bevölkerungen aus.* Es können also höchstens so viele Bevölkerungen überleben, als es Ressourcen (oder, in einer anderen Deutung, „ökologische Nischen") gibt. Wesentlich ist hier die Voraussetzung der linearen Abhängigkeit von den Ressourcen. Der Ansatz für die Wachstumsrate der i-ten Bevölkerung ist somit:

$$\frac{\dot{x}_i}{x_i} = b_{i1}R_1 + \ldots + b_{im}R_m - \alpha_i \qquad i = 1, \ldots, n \tag{14.1}$$

Hierbei gibt die Konstante $\alpha_i > 0$ an, wie rasch die Bevölkerung bei völligem Mangel an Ressourcen zugrunde geht. Die Konstanten b_{ik} entsprechen dem „Verwertungsgrad" der k-ten Ressource R_k durch die i-te Bevölkerung. Über die Ressourcen $R_k = R_k(x_1, \ldots, x_n)$ schließlich wird bloß die naheliegende Annahme gemacht, daß uneingeschränktes Wachstum nicht möglich ist, also eine Konstante K existiert, so daß aus $x_i > K$ stets $\dot{x}_i \leqslant 0$ folgt.

Der Rang der n × m-Matrix (b_{ij}) ist höchstens m, während der Rang der um die Spalte $(\alpha_1, \ldots, \alpha_n)$ erweiterten Matrix um eins größer ist (außer im linear entarteten Fall, den wir hier vernachlässigen).

Es gibt also Konstanten $c_1, \ldots, c_n$, so daß

$$\sum_{i=1}^{n} c_i b_{ij} = 0 \qquad j = 1, \ldots, m$$

gilt, aber

$$\alpha = \sum_{i=1}^{n} c_i \alpha_i \neq 0.$$

Aus (14.1) folgt dann

$$\Sigma c_i \frac{\dot{x}_i}{x_i} = -\alpha$$

d.h.

$$\Sigma c_i (\log x_i)^{\cdot} = -\alpha$$

und daraus durch Integrieren von 0 bis t:

$$\prod_{i=1}^{n} x_i(t)^{c_i} = C\, e^{-\alpha t} \tag{14.2}$$

für eine passende Konstante C. Trennen wir in diesem Produkt positive und negative Exponenten, so erhalten wir

$$\frac{\prod_j x_j(t)^{d_j}}{\prod_k x_k(t)^{e_k}} = C\, e^{-\alpha t}$$

mit $d_j, e_k \geqslant 0$. Die rechte Seite strebt für $t \to +\infty$ gegen 0 oder $+\infty$. Wir können ohne Einschränkung der Allgemeinheit den ersten Fall annehmen (sonst gehen wir zum Reziproken über). Da nun die $x_k(t)$ nicht gegen Unendlich streben können, so folgt

$$\prod_j x_j(t)^{d_j} \to 0$$

also stirbt mindestens eine dieser Bevölkerungen aus (in dem Sinn, daß $\lim\inf x_j(t) = 0$ gilt).

14.2 Die allgemeine Volterra-Lotka-Gleichung

Die *allgemeine Volterra-Lotka-Gleichung* für n Bevölkerungen lautet

$$\dot{x}_i = x_i(a_{i0} + \sum_{j=1}^{n} a_{ij}x_j) \qquad i = 1, \ldots, n \tag{14.3}$$

wobei die a_{ij} Konstante sind: a_{i0} gibt an, wie die i-te Bevölkerung in Abwesenheit aller anderen wächst (oder fällt), und a_{ij}, für $1 \leqslant j \leqslant n$, beschreibt die Wirkung der j-ten auf die i-te Bevölkerung. Sicherlich ist die Annahme, daß diese Wechselwirkungsgrößen konstant sind, nicht sehr realistisch. Eine erste Orientierung liefert sie aber doch.

Selbstverständlich beschränkt man sich auf den positiven Orthanten

$$\mathbb{R}^n_+ = \{\mathbf{x} = (x_1, \ldots, x_n) : x_j \geqslant 0 \ \text{ für } j = 1, \ldots, n\}$$

Da $x_i \equiv 0$ Lösungen von (14.3) sind, sind die Koordinatenebenen invariant. Da der Rand von $\mathbb{R}^n_+$ auf diesen Koordinatenebenen liegt, ist auch $\mathbb{R}^n_+$ invariant.

Für n = 2 wird (14.3) zu (11.11). Wir haben bereits gesehen, daß diese zweidimensionale Gleichung keinen Grenzzyklus besitzt. Im Höherdimensionalen treten dagegen Grenzzyklen auf: es kommt zu Hopf-Bifurkationen und daher auch zu periodischen Attraktoren. Ein einfaches Beispiel dafür werden wir in Abschnitt 25.1 kennenlernen. Darüber hinaus kann es schon für n = 3 zu extrem unübersichtlichem Langzeitverhalten kommen, das auf die geringste Änderung in den Anfangsbedingungen mit drastischem Umkippen reagiert. Wir bringen dazu ein numerisches Beispiel in Abb. 14.1.

Man ist noch weit entfernt davon, dieses „Chaos", das präzise Vorhersagen unmöglich macht, zu verstehen. Obwohl die Bewegungsabläufe völlig determiniert sind, wirken sie erratisch und können nur mit wahrscheinlichkeitstheoretischen Mitteln untersucht werden. – Im Grunde ist ja auch das Herumspringen einer Kugel im Roulettekessel durch den Wurf – also die Anfangsbedingung – völlig bestimmt, und kann doch nicht gesteu-

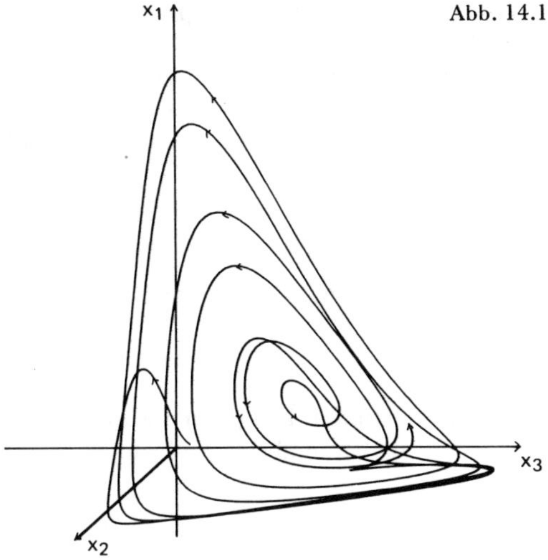

Abb. 14.1 Die „chaotische" Lotka-Volterra-Gleichung

$$\dot{x}_1 = x_1(11 - 5x_1 - 5x_2 - x_3)$$
$$\dot{x}_2 = x_2(-5 + 5x_1 + 5x_2 - x_3)$$
$$\dot{x}_3 = x_3(17 - 15x_1 - x_2 - x_3)$$

ert werden, weil schon der geringste Unterschied auf ein anderes Ergebnis führt. Man muß sich auf Aussagen über Mittelwerte zurückziehen. Die aber sind wieder präzise genug, um das Betreiben von Spielbanken einträglich zu gestalten.

Während sich die zweidimensionale Volterra-Lotka-Gleichung, wenn auch mit einigem Aufwand, vollständig klassifizieren läßt (es gibt mehr als 100 mögliche Fälle), ist das bei der höherdimensionalen Gleichung ganz aussichtslos. Es lassen sich nur wenige allgemeingültige Aussagen treffen. Wir wollen sie im nächsten Abschnitt beschreiben und anschließend einige Sonderfälle behandeln.

14.3 Innere Gleichgewichtspunkte

Die Gleichgewichtspunkte von (14.3), die im Inneren von $\mathbb{R}^n_+$ liegen, sind die Lösungen der n linearen Gleichungen

$$a_{io} + \sum_j a_{ij}x_j = 0 \qquad i = 1, \ldots, n \tag{14.4}$$

für welche $x_i > 0$ $(i = 1, \ldots, n)$ gilt.

Wir zeigen nun: *das Innere von* $\mathbb{R}^n_+$ *enthält genau dann* α*- oder* ω*-Limiten, wenn (14.3) einen inneren Gleichgewichtspunkt besitzt.*

Die eine Richtung ist trivial: ein Gleichgewichtspunkt stimmt ja mit dem eigenen ω-Limes überein. Interessant ist die Umkehrung, da leicht zu überprüfen ist, ob die lineare Gleichung (14.4) strikt positive Lösungen zuläßt. Tut sie es nicht, dann strebt jede Bahn hin zum Rand, oder ins Unendliche. Insbesondere kann es im Inneren von $\mathbb{R}^n_+$ nur dann eine periodische Bahn geben, wenn es dort auch einen Fixpunkt gibt (eine ähnliche Aussage gilt für ganz allgemeine Systeme im Zweidimensionalen als Folgerung des Satzes von Poincaré-Bendixson, vgl. Abschnitt 12.3).

Der Beweis beruht auf der Tatsache, daß (14.3) genau dann keinen inneren Gleichgewichtspunkt besitzt, wenn die Menge

$$K = \{ y \in \mathbb{R}^n : y_i = a_{io} + \sum_j a_{ij}x_j \text{ mit } x_1, \ldots, x_n > 0 \} \tag{14.5}$$

den Ursprung 0 nicht enthält. Nun ist K konvex, wie man leicht überprüft: mit je zwei Punkten liegt auch die Verbindungsstrecke in K.

Es gibt nach einem bekannten Satz daher eine Hyperebene im $\mathbb{R}^n$ durch den Punkt **0**, die K nicht enthält. Wenn wir mit $\mathbf{c} = (c_1, \ldots, c_n) \neq \mathbf{0}$ einen Vektor bezeichnen, der senkrecht auf diese Hyperebene steht – so daß die Hyperebene die Menge aller $\mathbf{x} \in \mathbb{R}^n$ mit $\mathbf{c.x} = 0$ ist – so folgt

$$\mathbf{c.y} > \mathbf{c.0} = 0 \tag{14.6}$$

für alle $\mathbf{y} \in K$. Setzen wir nunmehr

$$V(\mathbf{x}) = \sum_{i=1}^{n} c_i \log x_i \tag{14.7}$$

V ist im Inneren von $\mathbb{R}^n_+$ (wo alle $x_i > 0$ sind) wohldefiniert. Ist $\mathbf{x}(t)$ eine Bahn im Inneren von $\mathbb{R}^n_+$, so ist die Funktion $t \to V(\mathbf{x}(t))$ differenzierbar, und es gilt wegen (14.6)

$$\dot{V} = \Sigma\, c_i \frac{\dot{x}_i}{x_i} = \Sigma\, c_i y_i = \mathbf{c.y} > 0 \tag{14.8}$$

Daraus folgt, daß V längs jeder solchen Bahn stetig zunimmt. Dann kann aber kein Punkt **z** im Inneren von $\mathbb{R}^n_+$ zum ω-Limes einer solchen Bahn gehören: denn es müßte ja dort, nach dem Satz von Ljapunov aus Abschnitt 6.5, die Ableitung $\dot{V}$ verschwinden.

Im allgemeinen wird (14.4) entweder eine oder gar keine Lösung im Inneren von $\mathbb{R}^n_+$ besitzen. Nur im entarteten Fall, wenn es lineare Beziehungen zwischen den Zeilen der Matrix der Koeffizienten (a_{ij}) gibt, kann (14.4) auch mehrere Lösungen besitzen: diese bilden dann eine – mindestens eindimensionale – lineare Mannigfaltigkeit von Gleichgewichtspunkten.

Wenn es aber nur einen inneren Gleichgewichtspunkt gibt – etwa **p** *– und wenn eine Bahn* **x***(t) im Inneren von* $\mathbb{R}^n_+$ *weder ins Unendliche noch zum Rand hinstrebt, dann konvergiert das Zeitmittel längs dieser Bahn zum Punkt* **p** *hin.* Genauer: Wenn es positive Konstanten a und A gibt, so daß $a < x_i(t) < A$ für alle i und alle $t > 0$ gilt, dann folgt

$$\lim_{T\to+\infty} \frac{1}{T} \int_0^T x_i(t)dt = p_i \qquad i = 1, \ldots, n \tag{14.9}$$

Wenn man nämlich die Volterra-Lotka-Gleichung (14.3) in der Gestalt

$$(\log x_i)^{\cdot} = a_{io} + \sum_j a_{ij} x_j \tag{14.10}$$

schreibt und von 0 bis T integriert, so erhält man nach Division durch T:

$$\frac{\log x_i(T) - \log x_i(0)}{T} = a_{io} + \sum_j a_{ij} z_j(T) \tag{14.11}$$

wobei

$$z_j(T) = \frac{1}{T} \int_0^T x_j(t)dt \tag{14.12}$$

ist. Offenbar gilt $a < z_j(T) < A$ für alle j und alle $T > 0$. Sei nun T_n eine Folge, die gegen $+\infty$ strebt. Die beschränkte Folge $z_j(T_n)$ besitzt konvergente Teilfolgen. Durch „Verdünnen" der Folge T_n erhält man eine Teilfolge – wir wollen sie wieder mit T_n bezeichnen – so daß $z_j(T_n)$ für jedes j einen Grenzwert besitzt, den wir $\bar{z}_j$ nennen. Die Folgen $\log x_i(T_n) - \log x_i(0)$ sind ebenfalls beschränkt. Aus (14.11) erhält man so durch Grenzübergang

$$0 = a_{io} + \Sigma a_{ij}\bar{z}_j$$

Wegen $\bar{z}_j \geqslant a > 0$ muß $\bar{\mathbf{z}} = (\bar{z}_1, \ldots, \bar{z}_n)$ ein innerer Gleichgewichtspunkt sein, also mit $\mathbf{p}$ übereinstimmen. Daraus folgt (14.9).

14.4 Das Volterra-Lotka-Modell für Nahrungsketten

Untersuchen wir jetzt eine *Nahrungskette mit n Gliedern* (Ketten mit bis zu sechs Gliedern sind in der Natur nachgewiesen). Die erste Bevölkerung ist Beute der zweiten, diese Beute der dritten usw. bis zur n-ten, die an der Spitze der Nahrungspyramide steht. Zieht man innerspezifische Konkurrenz in Betracht, und läßt man nur konstante Wechselwirkungsterme zu, so erhält man:

$$\begin{aligned} \dot{x}_1 &= x_1(a_{10} - a_{11}x_1 - a_{12}x_2) \\ \dot{x}_j &= x_j(-a_{jo} + a_{j,j-1}x_{j-1} - a_{jj}x_j - a_{j,j+1}x_{j+1}) \qquad j = 2, \ldots, n-1 \\ \dot{x}_n &= x_n(-a_{no} + a_{n,n-1}x_{n-1} - a_{nn}x_n) \end{aligned} \tag{14.13}$$

wobei alle $a_{ij} > 0$ sind. Der Fall $n = 2$ ist schon in Abschnitt 10.5 behandelt worden, und wir werden jetzt sehen, daß der allgemeine Fall nichts Neues bringt.

Wenn es ein inneres Gleichgewicht $\mathbf{p}$ *gibt, so ist dieses global stabil: alle Bahnen im Inneren von* $\mathbb{R}^n_+$ *streben gegen* $\mathbf{p}$. Falls also alle Arten der Nahrungskette anfangs vorhanden sind, so stellt sich ein Gleichgewicht ein.

Zum Beweis schreiben wir (14.13) in der Form $\dot{x}_i = x_i w_i$ und setzen als Ljapunov-Funktion im Inneren von $\mathbb{R}^+_n$ an:

$$V(\mathbf{x}) = \Sigma c_i(x_i - p_i \log x_i) \tag{14.14}$$

wobei die c_i noch passend bestimmt werden müssen. Es gilt

$$\dot{V} = \Sigma c_i(\dot{x}_i - p_i \frac{\dot{x}_i}{x_i}) = \Sigma c_i(x_i w_i - p_i w_i) = \Sigma c_i(x_i - p_i)w_i \tag{14.15}$$

Da $\mathbf{p}$ innerer Fixpunkt ist, gilt für $j = 2, \ldots, n-1$

$$a_{jo} = a_{j,j-1}p_{j-1} - a_{j,j+1}p_{j+1} - a_{jj}p_j$$

(für j = 1 oder n gilt eine entsprechende Gleichung).

Daraus folgt

$$w_j = a_{j,j-1}(x_{j-1}-p_{j-1}) - a_{jj}(x_j-p_j) - a_{j,j+1}(x_{j+1}-p_{j+1})$$

Mit $y_j = x_j-p_j$ wird (14.15) so zu

$$\dot{V} = -\sum_{j=1}^{n} c_j a_{jj} y_j^2 + \sum_{j=1}^{n-1} y_j y_{j+1}(-c_j a_{j,j+1} + c_{j+1} a_{j+1,j})$$

Wir können $c_j > 0$ wählen, so daß

$$\frac{c_{j+1}}{c_j} = \frac{a_{j,j+1}}{a_{j+1,j}}$$

für $j = 1, \ldots, n-1$ gilt. Damit folgt

$$\dot{V} = -\sum c_j a_{jj}(x_j-p_j)^2 \leqslant 0 \tag{14.16}$$

Nach dem Satz von Ljapunov aus Abschnitt 6.5 streben daher alle Bahnen zur größten invarianten Menge hin, wo $\dot{V} = 0$ ist. Diese besteht aber offenbar nur aus dem Punkt **p**. (Das gilt übrigens auch, wenn bis auf a_{11} alle a_{jj} verschwinden, innerspezifische Konkurrenz der Raubtiere also vernachlässigt wird).

14.5 Ein zyklisches Konkurrenzmodell

Im Rahmen der Volterra-Lotka-Gleichung muß bei den Konkurrenzmodellen (im Gegensatz zu den Räuber-Beute-Modellen) aus der Existenz eines inneren Gleichgewichtspunkts keineswegs dessen Stabilität folgen. Wir haben ja schon in Abschnitt 11.3 gesehen, daß es beim Wettbewerb zwischen zwei Arten trotz innerem Gleichgewicht dazu kommen kann, daß eine Art die andere völlig verdrängt.

Beim Wettbewerb von drei (oder mehr) Arten kann eine zusätzliche, eigentümliche Erscheinung auftreten. Zuerst mag es so aussehen, als würde sich etwa die Art 1 durchsetzen; dann sackt ihre Bevölkerungszahl plötzlich ab, während Art 2 ihren Platz einnimmt und lange Zeit dominiert; doch dann tritt die Art 3 an ihre Stelle, und scheint sich endgültig durchzusetzen, bis sie plötzlich wieder von der Art 1 verdrängt wird. Die Arten wechseln einander also in zyklischer Reihenfolge ab: die Zeitdauer, während welcher die Bevölkerung fast ausschließlich aus einer Art zu bestehen scheint, wird immer länger und länger. Einem Beobachter wird es scheinen, als seien die beiden anderen Arten hoffnungslos aus dem Feld geschlagen, bis es wieder, ohne äußeren Anlaß, zu einem Umsturz kommt.

Wir wollen dieses Verhalten anhand der Gleichung

$$\begin{aligned}\dot{x}_1 &= x_1(1 - x_1 - \alpha x_2 - \beta x_3)\\ \dot{x}_2 &= x_2(1 - \beta x_1 - x_2 - \alpha x_3)\\ \dot{x}_3 &= x_3(1 - \alpha x_1 - \beta x_2 - x_3)\end{aligned} \tag{14.17}$$

mit $0 < \beta < 1 < \alpha$ und $\alpha + \beta > 2$ nachprüfen. Selbstverständlich sind die Annahmen, die hinter dieser Wettbewerbsgleichung stecken, so künstlich, daß sie „in freier Natur" niemals zutreffen werden. Dafür erleichtern sie aber die Rechnung, und helfen, ein Verhalten zu analysieren, auf welches man auch in allgemeinen Situationen gefaßt sein muß.

Die besondere Symmetrieannahme von (14.17) ist die einer zyklischen Wechselwirkung zwischen den Arten: wenn man 1 durch 2, 2 durch 3 und 3 wieder durch 1 ersetzt, geht die Gleichung in sich über. Diese zyklische Symmetrie führt zu einer radikalen Vereinfachung mancher Berechnungen, die wir auch später noch mehrmals ausnutzen werden und daher gesondert abhandeln, bevor wir (14.17) untersuchen.

14.6 Zirkulante Matrizen

Im Höherdimensionalen ist es im allgemeinen recht schwierig, die Eigenwerte einer Jacobischen zu berechnen und mit Hilfe des Satzes von Hartman und Grobman lokale Stabilitätsaussagen für einen Gleichgewichtspunkt zu erhalten. Für *zirkulante Matrizen* ist es jedoch äußerst einfach.

Eine $n \times n$-Matrix heißt zirkulant, wenn sie von der Gestalt

$$\begin{bmatrix} c_0 & c_1 & \cdots & c_{n-1} \\ c_{n-1} & c_0 & \cdots & c_{n-2} \\ \vdots & \vdots & & \vdots \\ c_1 & c_2 & \cdots & c_0 \end{bmatrix} \tag{14.18}$$

ist, also eine Zeile aus der anderen durch zyklisches Vertauschen hervorgeht.

In diesem Fall sind die Eigenwerte gegeben durch

$$\gamma_k = \sum_{j=0}^{n-1} \lambda^{jk} c_j \qquad k = 0, \ldots, n-1 \tag{14.19}$$

mit

$$\lambda = e^{2\pi i/n}$$

Die dazugehörigen Eigenvektoren sind

$$y_k = \begin{bmatrix} 1 \\ \lambda^k \\ \cdot \\ \cdot \\ \cdot \\ \lambda^{(n-1)k} \end{bmatrix} \tag{14.20}$$

Das läßt sich unmittelbar überprüfen.

14.7 Die Analyse der zyklischen Konkurrenz

Kehren wir nun zur Gleichung (14.17) zurück und halten wir zunächst fest, daß sie einen einzigen Fixpunkt **m** im Inneren von $\mathbb{R}^3_+$ besitzt, mit

$$m_1 = m_2 = m_3 = \frac{1}{1+\alpha+\beta} \tag{14.21}$$

Die Jacobische am Punkt **m** ist

$$\frac{1}{1+\alpha+\beta}\begin{bmatrix} -1 & -\alpha & -\beta \\ -\beta & -1 & -\alpha \\ -\alpha & -\beta & -1 \end{bmatrix} \tag{14.22}$$

Diese Matrix ist eine Zirkulante und besitzt nach (14.19) die Eigenwerte

$$\gamma_0 = -1$$

(mit Eigenvektor (1,1,1)) sowie γ_1 **und** γ_2, mit

$$\gamma_1\ (= \overline{\gamma_2}) = \frac{1}{1+\alpha+\beta}\left(-1 - \alpha e^{2\pi i/3} - \beta e^{4\pi i/3}\right)$$

Der Realteil von γ_1 (und γ_2) ist somit

$$\frac{1}{1+\alpha+\beta}\left(-1 + \frac{\alpha+\beta}{2}\right) > 0$$

Der Punkt **m** ist also ein Sattel.

Am Rand von $\mathbb{R}^3_+$ gibt es noch drei Gleichgewichtspunkte, nämlich den Ursprung **0**, der eine Quelle ist, sowie die Sättel

$$\mathbf{e}_1 = (1,0,0),\ \mathbf{e}_2 = (0,1,0) \text{ und } \mathbf{e}_3 = (0,0,1)$$

Die Einschränkung von (14.17) auf die Randfläche $x_3 = 0$ liefert eine Wettbewerbsgleichung für x_1 und x_2, die wir schon in Abschnitt 11.3 untersucht haben. In Abwesenheit von der Bevölkerung 3 setzt sich die Bevölkerung 2 gegen 1 vollständig durch (s. Abb. 14.2). Daraus folgt, daß der „in-set" von $\mathbf{e}_2$ die zweidimensionale Menge $\{(x_1,x_2,x_3)\colon x_1 > 0,\ x_2 > 0,\ x_3 = 0\}$ ist, der „out-set" von $\mathbf{e}_1$ dagegen aus einer Bahn $\mathbf{o}_2$ besteht, die gegen $\mathbf{e}_2$ konvergiert.

Auf den anderen Randflächen ist das Verhalten genau so: auf der Fläche $x_1 = 0$ gibt es eine Bahn $\mathbf{o}_3$ von $\mathbf{e}_2$ nach $\mathbf{e}_3$, und auf $x_2 = 0$ eine Bahn $\mathbf{o}_1$ von $\mathbf{e}_3$ nach $\mathbf{e}_1$. Wir bezeichnen mit F die Menge, die aus den drei Sätteln $\mathbf{e}_1$, $\mathbf{e}_2$ und $\mathbf{e}_3$ und den drei Verbindungsbahnen $\mathbf{o}_1$, $\mathbf{o}_2$ und $\mathbf{o}_3$ besteht (vgl. Abb. 14.3) und zeigen, daß (bis auf unwesentliche Ausnahmen) jede Bahn aus dem Inneren von $\mathbb{R}^3_+$ gegen F konvergiert. Das System

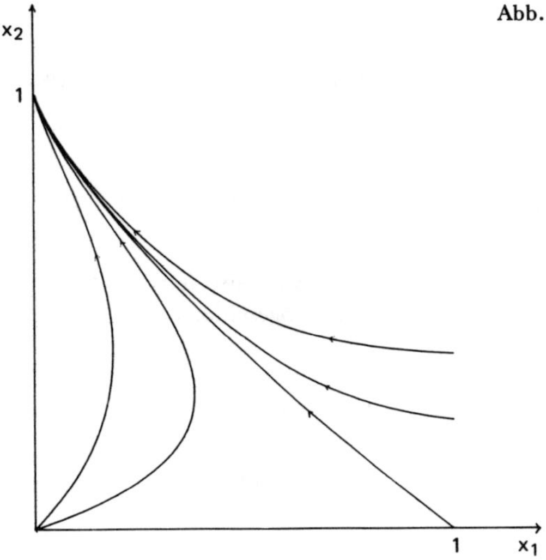

Abb. 14.2 Die Gleichung $\dot{x}_1 = x_1(1 - x_1 - 2x_2)$
$\dot{x}_2 = x_2(1 - \frac{x_1}{2} - x_2)$

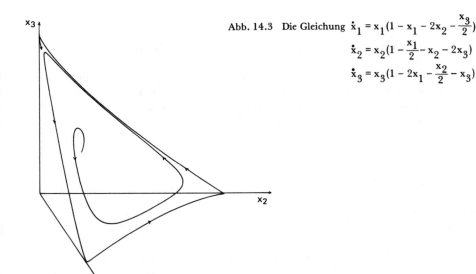

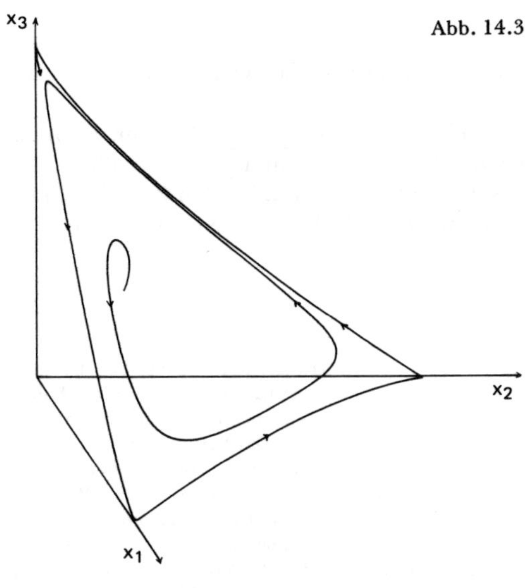

Abb. 14.3 Die Gleichung $\dot{x}_1 = x_1(1 - x_1 - 2x_2 - \frac{x_3}{2})$
$\dot{x}_2 = x_2(1 - \frac{x_1}{2} - x_2 - 2x_3)$
$\dot{x}_3 = x_3(1 - 2x_1 - \frac{x_2}{2} - x_3)$

verharrt also lange in der Nähe des Fixpunkts e_1, schwingt dann längs o_2 zum Fixpunkt e_2, verharrt dort noch viel länger, schnellt dann hinüber zum Fixpunkt e_3 und so fort, in zyklischer Abwechslung.

Um das nachzuweisen, betrachten wir die Funktionen

$$S = x_1 + x_2 + x_3 \tag{14.23}$$

und

$$P = x_1 x_2 x_3 \tag{14.24}$$

Es gilt

$$\dot{S} = x_1+x_2+x_3-[x_1{}^2+x_2{}^2+x_3{}^2 + (\alpha+\beta)(x_1x_2+x_2x_3+x_3x_1)] \qquad (14.25)$$

und

$$\dot{P} = \dot{x}_1x_2x_3 + x_1\dot{x}_2x_3 + x_1x_2\dot{x}_3 = P(3-(1+\alpha+\beta)S) \qquad (14.26)$$

Aus (14.25) folgt $\dot{S} \leqslant S(1-S)$, nach hinreichend langer Zeit wird also (etwa) $S \leqslant 10$ gelten. Alle Bahnen im Inneren von $\mathbb{R}^3_+$ streben also in die abgeschlossene beschränkte Menge

$$Q = \{(x_1,x_2,x_3) \in \mathbb{R}^3_+ : x_1+x_2+x_3 \leqslant 10\}$$

hinein. Um zu sehen, was dann geschieht, betrachten wir $\frac{P}{S^3}$. Es gilt

$$\left(\frac{P}{S^3}\right)^{\bullet} = \frac{S^3\dot{P}-3S^2\dot{S}P}{S^6} = \frac{P}{S^4}\left(1-\frac{\alpha+\beta}{2}\right)[(x_1-x_2)^2 + (x_2-x_3)^2 + (x_3-x_1)^2] \leqslant 0$$

wie man nach kurzer Rechnung sieht. Daraus und aus dem Satz von Ljapunov schließen wir folgendes:

Entweder die Bahn liegt auf der Halbgeraden, wo $x_1 = x_2 = x_3$ gilt. Dann gehört sie zum „in-set" des Sattelpunktes **m**. Oder die Bahn liegt nicht auf dieser Halbgeraden, dann strebt sie gegen den Rand zu, wo das Produkt P verschwindet. Am Rand haben wir das Verhalten aber schon analysiert: als ω-Limes kommt bloß die Menge F in Frage.

14.8 Anmerkungen

Das Ausschließungsprinzip stammt von Volterra (1931). In Armstrong und Mc Gehee (1976) findet man einen anderen Beweis, sowie ein Beispiel, welches zeigt, daß das Prinzip bei nichtlinearer Abhängigkeit der Ressourcen nicht gelten muß. Die Existenz von Grenzzyklen bei der Lotka-Volterra Gleichung wird in Coste et al. (1979) und Hofbauer (1981a) nachgewiesen. Das Beispiel für „chaotisches Verhalten" in Abb. 14.1 stammt von Arneodo et al. (1980). Der Zusammenhang zwischen ω-Limiten und inneren Gleichgewichtspunkten wird auch in Coste et al. (1978) diskutiert. Die Resultate über Nahrungsketten stammen von Harrison (1978), So (1979) sowie Gard und Hallam (1979). Das zyklische Konkurrenzmodell wurde von May und Leonard (1975) eingeführt und von Coste et al. (1979), Schuster et al. (1979b) und Chenciner (1977) weiter verfolgt. Weitere Arbeiten über höherdimensionale ökologische Gleichungen sind von Rescigno (1968) sowie Smale (1976).

III Präbiotische Evolution

15 Präbiotische Evolution

15.1 Polynukleotide

Die Fortschritte der Biochemie in den letzten Jahrzehnten haben es ermöglicht, viele der molekularen Vorgänge in der Zelle besser zu verstehen. Jede solche Zelle kann ja als außerordentlich komplexe chemische Betriebseinheit aufgefaßt werden, die imstande ist, zahlreiche Aufgaben zu lösen: dazu zählen neben Stoffwechsel, Energiewirtschaft und – bei Mehrzellern – den Funktionen innerhalb des Gewebes vor allem Wachstum und Teilung der Zelle.

Besonders interessant sind die Einblicke in den Vererbungsmechanismus. Der Engländer Avery wies 1944 nach, daß die Erbinformation – also auch die „Betriebsanleitung" der Zelle – in der Form von Polynukleotiden gespeichert ist, und zwar als DNA oder, bei gewissen Viren und Bakteriophagen, als RNA. Diese Nukleinsäuren sind lange kettenförmige Moleküle: sie bestehen aus einem Zucker-Phosphat-Gerüst, längs welchem Nukleotide aufgereiht sind; bei der DNA kommen vier Nukleotide vor, die sich in ihren Basen unterscheiden, nämlich Guanin (G), Cytosin (C), Adenin (A) und Thymin (T); bei der RNA ist Thymin durch Uracil (U) ersetzt. Die Reihenfolge der Nukleotide bestimmt nun die Information (so wie die in einem Buch enthaltene Information durch die Reihenfolge der Buchstaben bestimmt wird). Diese „molekularen" Botschaften sind ungeheuer lang: die DNA-Moleküle sind die längsten in der Natur vorkommenden Polymere (beim Menschen etwa besteht die Kette aus 3.10^9 Nukleotiden).

Damit die „Betriebsanleitung" weiter vererbt werden kann, muß sie kopiert werden können. Das beruht auf der Komplementarität der Nukleotide; auf Grund ihrer chemischen Struktur können A mit T (bzw. U) und C mit G eine Paarbindung eingehen. Längs eines Stranges von Nukleotiden – etwa A C C G A T A T C G – lagert sich, als „Negativ" sozusagen, ein Komplementärstrang an – hier also T G G C T A T A G C –; trennen sich nun die zwei Stränge, so wird sich längs des Komplementärstranges wieder eine Kopie der ursprünglichen Botschaft bilden. DNA-Moleküle bestehen aus zwei Komplementärsträngen, die sich in Form einer Doppelhelix umeinander schrauben. Diese Struktur wurde 1953 von Watson und Crick aufgedeckt. Der wesentliche Schritt bei der Zellteilung besteht darin, daß die beiden Stränge sich voneinander lösen und, jeder für sich, einen „Negativ"-Strang anlegen: so verdoppelt sich also das ursprüngliche DNA-Molekül (siehe Abb. 15.1). Der genaue chemische Mechanismus ist allerdings noch nicht in allen Einzelheiten geklärt.

15.2 Polypeptide

Neben den Polynukleotiden gibt es natürlich noch viele andere Moleküle in der Zelle. Eine besonders wichtige Klasse ist die der Enzyme, oder Biokatalysatoren, – das sind Proteine, die als Werkzeuge und zum Teil auch als Bausteine des chemischen Zellbetrie-

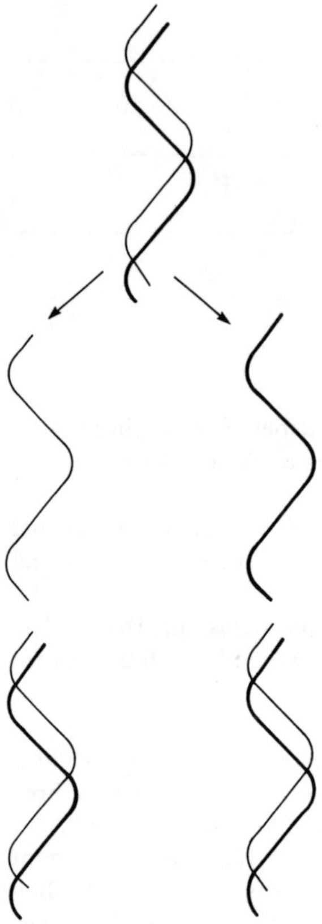

Abb. 15.1 Die Replikation der Doppelhelix

bes dienen. Auch die Enzyme sind Polymere, und zwar Ketten aus Aminosäuren. Hierbei kommen 20 Aminosäuren vor. Die Kettenlängen dieser Enzyme, oder Polypeptide, sind von der Größenordnung 10^2–10^4. Die primäre Struktur eines Polypeptids wird durch die Reihenfolge der Aminosäuren gegeben. Die sekundäre Struktur, die sogenannte α-Helix, stabilisiert das Molekül. Die tertiäre Struktur besteht aus einer oder mehreren sehr komplizierten räumlichen Zusammenballungen, die durch Wasserstoffbrücken und andere Bindungen innerhalb des Moleküls bewirkt werden: diese für das Enzym charakteristischen stereo-chemischen Gestalten sind für die äußerst gezielte und spezifische katalytische Wirkung des Enzyms verantwortlich. Eine quartäre Struktur kann schließlich noch durch das Aneinanderlagern mehrerer Polypeptidketten bewirkt werden.

Jede Zelle enthält Tausende von Enzymen.

15.3 Der genetische Code

Wie werden die Vorgänge in der Zelle gesteuert, d.h. wie wirkt die Betriebsanleitung auf die „chemischen Maschinen" in der Zelle? Offenbar bedarf es einer Übersetzung der Polynukleotide in Polypeptide, also eines Codes, der eine Schrift mit vier Buchstaben – den Nukleotiden – übersetzt in eine mit zwanzig Buchstaben – den Aminosäuren. Dieser genetische Code ist seit 1968 bekannt, Kornberg und seine Mitarbeiter haben ihn entschlüsselt: jedem der 64 möglichen Tripel von Nukleotiden wird eine Aminosäure zugeordnet:

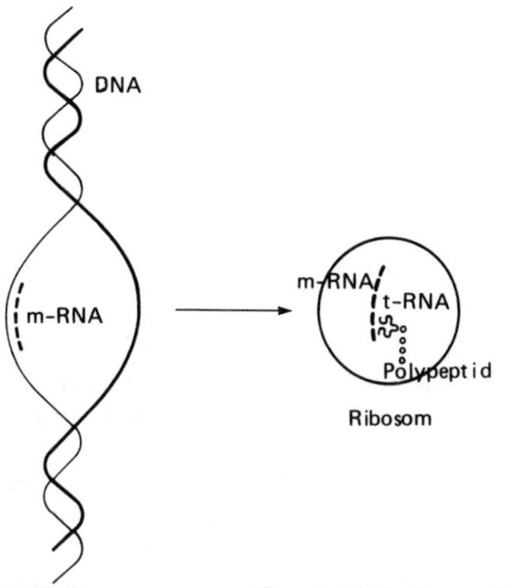

Abb. 15.2 Die Instruktion: vom Polynukleotid zum Polypeptid

Ein Teil der Erbinformation wird kopiert

Transfer-RNA „übersetzt" die Boten-RNA in ein Enzym

etwa G G C → Glyzin, G C C → Alanin, usw. Das Erstaunliche ist nun, daß dieser Code – bis auf marginale Ausnahmen – universell ist: alle Lebewesen auf Erden verwenden ihn.

Die Wirkungsweise des Übersetzungsmechanismus besteht darin, daß gewisse Teile der im Zellkern enthaltenen Erbinformation kopiert werden in eine Boten-RNA (m-RNA). Dieses Negativ eines Teils der Betriebsanleitung verläßt den Zellkern und wird an ein Ribosom geheftet. Dort werden schrittweise t-RNA Moleküle über Watson-Crick-Paarungen an die m-RNA gebunden und bauen dabei Stück für Stück das entsprechende Polypeptid auf (s. Abb. 15.2).

Die Instruktion erfolgt also vom Polynukleotid zum Polypeptid. Daß die umgekehrte Richtung nicht möglich ist, also Polypeptide nicht in Polynukleotide übersetzt werden, ist ein sogenanntes „Dogma" der Molekulargenetik.

15.4 Die Frage nach der Entstehung des Lebens

Die Frage nach der Entstehung des Lebens läßt sich – im molekularbiologischen Rahmen – in zwei Aspekte aufteilen. Einmal, wie konnte etwas so ungemein Komplexes wie der molekulare Reproduktionsapparat entstehen? Und zum anderen, wieso entwickelte sich bloß ein solcher Apparat? – Es geht also um das Problem der Existenz und der Eindeutigkeit des genetischen Codes.

Schließt man als Lösung dieses Problems den reinen Zufall einerseits, einen übernatürlichen Schöpfungsakt andrerseits aus, so stellt sich die Aufgabe, die Naturgesetze anzugeben, welche die Entwicklung soweit steuern konnten, daß aus lebloser Materie Lebewesen entstanden – also Systeme, die einen Stoffwechsel besitzen und sich selbst reproduzieren, und zwar zuweilen mit erblichen Abweichungen, so daß die Selektion darauf wirken kann. Gesucht werden also die Prinzipien einer präbiotischen Evolution, die eine Selbstorganisation von Makromolekülen bis hin zur Komplexität des zellulären Reproduktionsmechanismus ermöglichten.

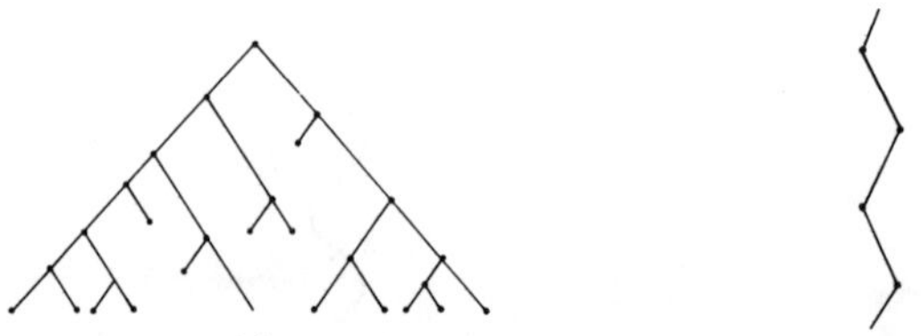

Abb. 15.3 Abstammungsbäume (a) für Darwinsche Evolution, (b) für präbiotische Evolution

Halten wir hier – stark vergröbert – einen Unterschied zwischen präbiotischer Evolution und der Darwinschen Evolution fest. Im letzteren Fall kam es zu einer Verzweigung der Abstammungslinien bis hin zur millionenfachen Vielfalt der Arten, die heute die Erde bevölkern. Die Natur traf hier offenbar zahlreiche ihrer Entscheidungen nach dem Grundsatz „sowohl – als auch": viele Entwicklungsmöglichkeiten konnten sich nebeneinander behaupten. Anders im Fall der präbiotischen Evolution: da es hier letzten Endes nur zu einem einzigen molekularen Übersetzungsapparat kam, müssen die Entscheidungen nach dem Grundsatz „ein für allemal" getroffen worden sein: es konnten sich nicht mehrere Möglichkeiten nebeneinander entwickeln. Der Stammbaum verzweigte sich nicht (siehe Abb. 15.3).

Grundsätzlich lassen sich nun zweierlei Ansprüche an eine Theorie der präbiotischen Evolution denken. Zum einen könnte man fragen, wie ist es gewesen? Dies zu beantworten, scheint kaum möglich zu sein. Es gibt keine fossilen Spuren, die bis zum Ursprung des Lebens zurückreichen, und der Vergleich von derzeit existierenden biologischen Makromolekülen erlaubt es auch nicht, ihren Stammbaum mit großer Sicherheit weit in die Vergangenheit zurück zu verfolgen.

Man kann aber auch, bescheidener, fragen: wie hätte es gewesen sein können? Welche prinzipiellen Möglichkeiten gibt es zur Lösung der Probleme einer spontanen Entwicklung des Lebens? Dies zu beantworten, scheint nicht ausgeschlossen zu sein. Immer wieder war es in der Geschichte der Naturwissenschaften möglich, tiefe Einblicke auch bei nur geringem Beobachtungsmaterial zu gewinnen.

15.5 Die ersten Schritte

Das Leben dürfte sich vor etwa 4 Milliarden Jahren auf unserem Planeten entwickelt haben: denn einerseits gab es eine feste Erdkruste und flüssiges Wasser nicht viel früher, andererseits kennt man fossile Spuren von Lebewesen, die 3.5 Milliarden Jahre alt sind.

Die ersten Schritte der Entwicklung scheinen relativ gut gesichert, ja sogar experimentell nachvollziehbar. Die irdische Uratmosphäre enthielt keinen freien Sauerstoff – der wurde erst durch Lebewesen erzeugt – aber Stickstoff, Wasserstoff, Kohlenstoff usw., allerdings in anderen Verbindungen als in der heutigen Lufthülle. Ahmt man in Laboratorien diese Bedingungen nach, und läßt eine Energiequelle einwirken – elektrische Entladungen etwa, oder ultraviolette Strahlung – dann entstehen „organische" Substanzen: Fette, Zucker, Aminosäuren und Nukleotide. Diese Experimente, erstmals 1953 von Miller und Urey durchgeführt, sind seither oft wiederholt worden. Es darf als gesichert gelten, daß sich unter natürlichen Umständen die „Bausteine des Lebens" spontan bilden konnten. Darauf weisen auch Spuren von Aminosäuren hin, die man in Meteoriten gefunden hat.

In der „Ursuppe" waren also Aminosäuren und Nukleotide vorhanden, und sie konnten bereits, wenn auch nur in bescheidenstem Rahmen, polymerisieren. Besonders unter der katalytischen Wirkung von natürlich vorkommenden Metallionen bildeten sich kurze Ketten in einer unübersehbaren Vielfalt. Daraus mußten die „biologisch richtigen" ausgewählt und weiterentwickelt werden. Wie das geschehen konnte, versucht die Theorie von Eigen und Schuster über die Selbstorganisation von Makromolekülen zu beschreiben. In den folgenden Kapiteln sollen einige mathematische Aspekte dieser Theorie näher untersucht werden.

15.6 Anmerkungen

Ausgezeichnete Lehrbücher über molekulare Genetik stammen von Watson (1977) sowie Bresch und Hausmann (1972). – Als Literatur zum Ursprung des Lebens zitieren wir Fox und Dose (1972), Miller und Orgel (1973), Schuster (1981), sowie Eigen et al. (1981). – Eine gedankenvolle Auseinandersetzung mit der Frage nach der Entstehung des Lebens liefert Monods berühmtes Buch (1970). – Erwähnt sei schließlich noch, daß die bislang vorherrschenden Ansichten über die Zusammensetzung der Uratmosphäre in jüngster Zeit stark kritisiert worden sind (vgl. Schidlovski (1981)).

16 Komplexitätsschwelle und Informationskrise

16.1 Verzweigungsprozesse und das Aussterben von Bevölkerungen

Betrachten wir eine Bevölkerung mit getrennten Generationen. Wir wollen annehmen, daß sich die Individuen unabhängig voneinander und alle nach demselben Wahrscheinlichkeitsgesetz fortpflanzen. Mit $f_0, f_1, f_2 \ldots$ bezeichnen wir die Wahrscheinlichkeiten, daß ein Individuum in der nächsten Generation 0,1,2,... Nachkommen hat. X_n sei die Bevölkerungszahl in der n-ten Generation. Weiters sei

$$P(X_n = i \mid X_m = j)$$

die Wahrscheinlichkeit, daß es in der n-ten Generation i Individuen gibt, wenn in der m-ten Generation j Individuen lebten. Insbesondere ist

$$P(X_n = 0 \mid X_0 = k)$$

die Wahrscheinlichkeit, daß eine Bevölkerung, die anfangs k Mitglieder zählte, nach n Generationen ausgestorben ist. Es gilt

$$P(X_n = 0 \mid X_0 = k) = [P(X_n = 0 \mid X_0 = 1)]^k \qquad (16.1)$$

da ja das Ereignis, daß die Nachkommen aller k Individuen aussterben, das Zusammentreffen von k unabhängigen Ereignissen ist: nämlich daß die Nachkommenschaft jedes einzelnen der k ursprünglichen Individuen ausstirbt.

Weiters ist natürlich

$$P(X_{n+1} = 0 \mid X_1 = k) = P(X_n = 0 \mid X_o = k) \tag{16.2}$$

Nehmen wir nun an, daß $X_o = 1$ gilt. Definieren wir, für $0 \leqslant s \leqslant 1$

$$F(s) = f_o + f_1 s + f_2 s^2 + \ldots$$

und

$$F_n(s) = P(X_n = 0) + P(X_n = 1)s + \ldots + P(X_n = k)s^k + \ldots$$

Aus $P(X_1 = i) = f_i$ folgt $F_1(s) = F(s)$. Die Wahrscheinlichkeit, daß die Bevölkerung in der n-ten Generation ausgestorben ist, wird durch $F_n(0) = P(X_n = 0)$ gegeben. Da aus $X_n = 0$ auch $X_{n+1} = 0$ folgt, ist die Folge $F_n(0)$ monoton wachsend und besitzt einen Grenzwert q, der gerade die gesuchte Wahrscheinlichkeit ist, daß die Bevölkerung irgendwann einmal ausstirbt.

Das Ereignis $X_{n+1} = 0$ läßt sich so aufspalten: nach der ersten Generation gibt es genau k Individuen (k kann 0,1,2 ... sein), und dann stirbt – in n Generationsschritten – diese Bevölkerung von k Individuen aus. Daß es nach einer Generation k Individuen gibt, hat die Wahrscheinlichkeit $P(X_1 = k) = f_k$; daß diese dann nach n Schritten ausgestorben sind, hat – nach (16.1) und (16.2) – die Wahrscheinlichkeit $[P(X_n = 0)]^k$. Also gilt insgesamt

$$P(X_{n+1}=0)=P(X_1=0)P(X_{n+1}=0 \mid X_1=0)+\ldots+P(X_1=k)P(X_{n+1}=0 \mid X_1=k)+\ldots$$

$$=P(X_1=0)\cdot 1+P(X_1=1)P(X_n=0)+\ldots+P(X_1=k)[P(X_n=0)]^k+\ldots$$

$$=f_o+f_1 F_n(0)+\ldots+f_n[F_n(0)]^k+\ldots$$

oder

$$F_{n+1}(0) = F(F_n(0)). \tag{16.3}$$

Da aber

$$\lim_{n\to+\infty} F_n(0) = \lim_{n\to+\infty} F_{n+1}(0) = q$$

gilt, folgt aus (16.3)

$$q = F(q). \tag{16.4}$$

Sei nun $a > 0$ so, daß $a=F(a)$ gilt. Dann folgt aus der Monotonie von F, daß $F(0) < F(a) = a$, und weiter, falls $F_n(0) \leqslant a$, daß $F_{n+1}(0) = F(F_n(0)) \leqslant F(a) = a$ gilt, also durch Induktion $F_n(0) \leqslant a$ für alle n, und daher $q \leqslant a$. Daher ist q die kleinste positive Lösung von $F(s) = s$.

Nun ist ja F auf [0,1] konvex, wegen

$$\frac{d^2F}{ds^2}(s) = 2\,f_2+6\,f_3 s+\ldots \geqslant 0.$$

Abb. 16.1 Die Gestalt von F(s) :

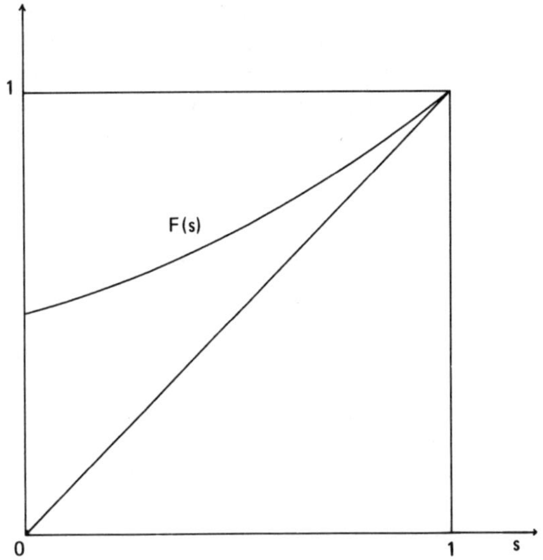

(a) falls $\frac{dF}{ds}(1) \leqslant 1$,

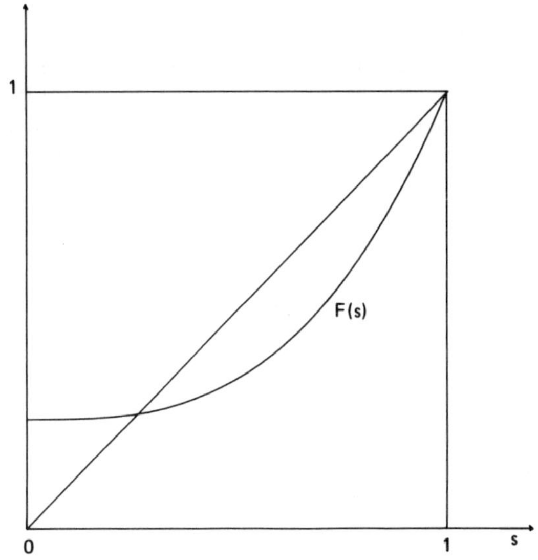

(b) falls $\frac{dF}{ds}(1) > 1$

Außerdem gilt $F(0) = f_0 \geqslant 0$ und $F(1) = 1$. Es folgt, daß $F(s) = s$ genau dann eine Lösung zwischen 0 und 1 besitzt, wenn $\frac{dF}{ds}(1) > 1$. (siehe Abb. 16.1). Falls $\frac{dF}{ds}(1) \leqslant 1$, so ist 1 die kleinste positive Lösung. Da

$$\frac{dF}{ds}(1) = f_1 \cdot 1 + f_2 \cdot 2 + \ldots = m \tag{16.5}$$

gilt, wobei m der Mittelwert der Nachkommenschaft von einem Individuum nach einer Generation ist, folgt:

a) *für $m \leqslant 1$ stirbt die Bevölkerung mit Wahrscheinlichkeit 1, also mit Sicherheit, aus;*

b) *für $m > 1$ ist die Wahrscheinlichkeit des Aussterbens q kleiner als 1.*

Dieses Resultat wurde eigentlich schon im vorigen Jahrhundert erhalten, und zwar im Zusammenhang mit der Frage nach dem Aussterben von Familiennamen. Erst viel später hat man die allgemeine Bedeutung von Verzweigungsprozessen erkannt – etwa für die Theorie der Kettenreaktionen. Wir werden jetzt sehen, daß die obige Überlegung auch grundlegende Schlüsse über selbstreproduzierende Makromoleküle zuläßt.

16.2 Die Komplexitätsschwelle

Betrachten wir ein Polynukleotid, das aus N Nukleotiden besteht und sich selbst reproduzieren kann. Wir wollen annehmen, daß es eine feste Zahl von σ Kopien als „Nachkommen" erzeugt, bevor es zerfällt. Dabei kann es beim Kopieren natürlich zu Fehlern kommen: sei etwa p die Wahrscheinlichkeit, daß ein Nukleotid richtig kopiert wird (diese Annahme ist, streng genommen, eine Idealisierung, da die Kopiergenauigkeit eine komplizierte Funktion des betreffenden Nukleotids und seiner Nachbarn ist: davon wollen wir aber hier absehen).

Die Wahrscheinlichkeit, daß eine Kopie des Polynukleotids korrekt ist, können wir somit als p^N annehmen. Setzen wir zusätzlich noch voraus, daß es zu keiner Rückmutation von Fehlerkopien kommt – was auch nicht ganz stimmt – so können wir mit der im vorigen Abschnitt entwickelten Methode untersuchen, ob das Polynukleotid aussterben muß. Wir haben es ja mit einem Verzweigungsprozeß zu tun. Da jede Kopie einem Zufallsexperiment mit Erfolgswahrscheinlichkeit p^N entspricht und es σ unabhängige Wiederholungen des Kopiervorganges gibt, bekommen wir als Wahrscheinlichkeit f_k, genau k korrekte Kopien zu erhalten, gemäß der Bernoulli-Verteilung

$$f_k = \binom{\sigma}{k} p^{kN} (1-p^N)^{\sigma-k} \tag{16.6}$$

für $k = 0,1,\ldots,\sigma$ und $f_k = 0$ sonst. Nach (3.11) ist die mittlere Anzahl korrekter Kopien

$$m = \sigma p^N \tag{16.7}$$

Das Polynukleotid stirbt also genau dann mit Sicherheit aus, wenn $m \leqslant 1$, oder $\sigma p^N \leqslant 1$, somit also

$$N \geqslant -\frac{\log \sigma}{\log p} \sim \frac{\log \sigma}{1-p} \tag{16.8}$$

gilt (wobei wir ausgenutzt haben, daß für p nahe bei 1, also große Kopiergenauigkeit, log p ungefähr gleich p - 1 ist).

Durch die Fehlerwahrscheinlichkeit 1-p wird daher eine Schwelle für die Länge N des Polynukleotids geliefert: ist N größer als diese Schwelle, so stirbt das Molekül mit Sicherheit aus. Nur wenn N kleiner ist, hat das Molekül eine Chance, auf unbegrenzte Zeit hinaus zu überleben. Die maximale Länge des Moleküls ist umgekehrt proportional zur Wahrscheinlichkeit, einen „Buchstaben" falsch zu kopieren. Durch die Beschränkung der zugelassenen „Wortlängen" wird aber auch der mögliche Informationsgehalt begrenzt: *die Fehlerwahrscheinlichkeit bedingt eine Komplexitätsschwelle.*

Trotz der starken Vereinfachungen, die diesem Gedankengang zugrunde gelegen sind, werden wir seine Folgerungen bestätigt sehen.

16.3 Die Informationskrise

Es gibt in der Natur mehrere Verfahren, Polynukleotide zu kopieren: diese Verfahren weisen verschiedene mittlere Fehlerwahrscheinlichkeiten 1–p auf, und daher sind auch die Komplexitätsschwellen für die entsprechenden Polynukleotide verschieden. Es ist nun interessant, zu verifizieren, daß die Natur tatsächlich jeweils bis zur Grenze der Komplexität – d.h. bis zur größten erlaubten Länge – vorgedrungen zu sein scheint.

Die primitivste Replikation von RNA-Molekülen arbeitet ohne die Hilfe von Enzymen: die Fehlerwahrscheinlichkeit liegt bei etwa 5%, die größtmögliche Länge etwa bei 15. Solche Ketten von Polynukleotiden entstehen bei den „Ursuppen"-Experimenten. Die erste „genetische Information", die vermutlich in Vorläufern der heutigen Transfer-RNA gespeichert war, dürfte nur eine Länge von etwa 80 Nukleotiden gehabt haben, was größenordnungsmäßig mit dieser Komplexitätsschwelle noch übereinstimmt.

Der nächstbeste Kopiermechanismus verwendet bereits ein Enzym und kommt bei der Replikation der RNA-Erbsubstanz von Phagen – das sind die Viren von Bakterien – vor. Die Fehlerwahrscheinlichkeit ist hier um zwei Zehnerpotenzen geringer, die Komplexitätsschwelle also etwa hundertmal so groß. Tatsächlich beträgt die Länge bei Q_β-Phagen ungefähr 4500 Nukleotide.

Noch besser funktioniert das Kopieren bei Bakterien: hier wird das DNA-Molekül mit Hilfe von Enzymen und eines Korrekturmechanismus so genau repliziert, daß die Wahrscheinlichkeit, einen Buchstaben falsch zu kopieren, wieder um zwei oder drei Zehnerpotenzen reduziert wird: die maximale Länge des Moleküls wird vertausendfacht. Das DNA-Molekül bei E. Coli enthält auch wirklich etwa 4.10^6 Nukleotide.

In den Zellen der höheren Lebewesen ist die Replikationsgenauigkeit wieder um vieles verbessert: genaue Zahlen sind zwar noch nicht ermittelt, aber die Länge des menschlichen Genoms beträgt etwa 3.10^9, und das ist noch nicht die obere Grenze. Die Kopiergenauigkeit dürfte also wieder um einige Zehnerpotenzen verbessert worden sein.

Wie konnte es nun zum Schritt von der enzymfreien Replikation zur Replikation mit Enzymen kommen? Die Frage ist ungemein schwierig. Um ein Enzym kodieren zu können, muß das Polynukleotid ziemlich lang sein – viel länger als ein Polynukleotid, das sich enzymfrei reproduziert! Anders gesagt: um die Reproduktionsgenauigkeit erhöhen zu können, müßte sich das RNA-Molekül bereits weitaus besser reproduzieren können, als dies der Fall ist. Ein längeres Polynukleotid kann nur bei geringerer Fehlerwahrscheinlichkeit überdauern: eine geringere Fehlerwahrscheinlichkeit erfordert aber Instruktion durch ein längeres Polynukleotid.

Diese moderne Form des Paradoxons von der Henne und vom Ei ist Ausgangspunkt bedeutsamer Überlegungen zur präbiotischen Evolution. In den nächsten Kapiteln wollen wir zumindest die mathematischen Aspekte dieser Überlegungen weiter verfolgen.

16.4 Anmerkungen

Die wichtige Formel (16.8) für die Komplexitätsschwelle geht auf Eigen (1971) zurück und bildet den Ausgangspunkt der Theorie von Eigen und Schuster (1979) über die präbiotische Selbstorganisation. Ihre Ableitung mittels Verzweigungsprozessen stammt aus Schuster und Sigmund (1980a). Die ursprüngliche, methodisch völlig verschiedene Herleitung wird in Schuster und Swetina (1982) ausgearbeitet. Experimente zur Bestimmung der Replikationsgenauigkeit von Q_β-Phagen wurden von Domingo et al. (1976) durchgeführt. In Eigen et al. (1981) sowie Eigen und Schuster (1982) wird die Informationskrise als einer der entscheidenden „Flaschenhälse" der Evolution näher beschrieben. Zur Theorie der Verzweigungsprozesse verweisen wir auf Jagers (1975).

17 Evolution im Flußreaktor

17.1 Evolutionsexperimente im Flußreaktor

Eine verlockende, wenn auch praktisch nur sehr schwer durchführbare Aufgabe ist die experimentelle Untersuchung der Evolution von selbstreproduzierenden Polynukleotiden. Solche Makromoleküle werden sich, bei Zufuhr von geeignetem energiereichen Material, immer weiter vermehren. Es ist naheliegend, den chemischen „Evolutions"-Reaktor so einzurichten, daß die Überschußproduktion laufend entfernt wird, und nur das Verhältnis zwischen den Konzentrationen der verschiedenen Polynukleotiden zu studieren. Dazu eignet sich ein *Flußreaktor.*

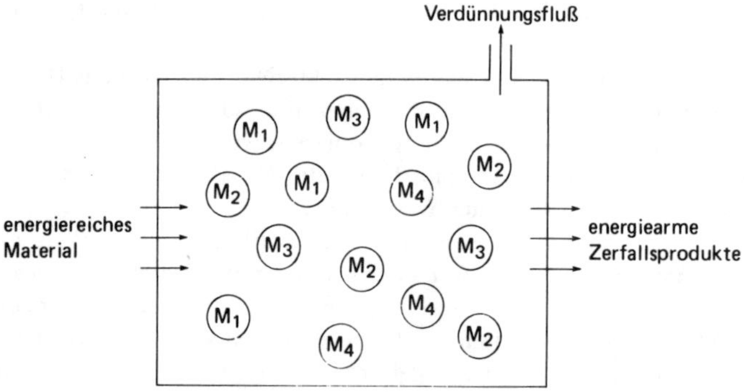

Abb. 17.1 Der chemische Flußreaktor

In dem Reaktor mögen sich n Arten von selbstreproduzierenden Molekülen $M_1, \ldots, M_n$ befinden: ihre Konzentrationen seien $x_1, \ldots, x_n$. Die Zufuhr an energiereichen „Nährstoffen" und die Abfuhr der energiearmen „Abfallprodukte" seien so gesteuert, daß ihre Mengen im Reaktor konstant bleiben. Durch einen *Verdünnungsfluß* wird die Gesamtkonzentration

$$S = x_1 + \ldots + x_n$$

der selbstreproduzierenden Moleküle konstant gehalten, etwa gleich c. Der Zustand des Reaktors ist also durch einen Punkt im „Konzentrationssimplex"

$$S_n^c = \{ \mathbf{x} \in \mathbb{R}^n : \Sigma x_i = c\, , x_i \geq 0 \}$$

beschrieben – die Konzentrationen aller anderen Stoffe im Reaktor bleiben ja, ebenso wie Temperatur und Druck, konstant. Durch ständiges Mischen wird der Zustand im Inneren des Reaktors auch räumlich homogen sein (siehe Abb. 17.1).

Die Wachstumsgeschwindigkeit $\dot{x}_i$ von M_i läßt sich in zwei Terme aufspalten. Da ist zunächst der durch chemische Wechselwirkung gelieferte *Wachstumsterm* $\Gamma_i(x_1, \ldots, x_n)$.

Sind alle Reaktionsschritte im Reaktor bekannt, so läßt sich – wenigstens im Prinzip – die Funktion $\Gamma_i(x_1, \ldots, x_n)$ nach den Gesetzen der chemischen Kinetik berechnen. Dazu kommt noch der *Verdünnungsterm*, der zur Konzentration x_i proportional und somit von der Gestalt $-\frac{x_i}{c}\,\Phi(x_1, \ldots, x_n)$ sein wird, wobei der Fluß Φ so gesteuert wird, daß S stets gleich c ist. Es gilt also

$$\dot{x}_i = \Gamma_i - \frac{x_i}{c}\,\Phi \tag{17.1}$$

Aus $S \equiv c$ folgt $\dot{S} \equiv 0$, also

$$\Sigma\,\Gamma_i - \Sigma\,\frac{x_i}{c}\,\Phi = 0$$

oder

$$\Phi(x_1, \ldots, x_n) = \sum_{i=1}^{n} \Gamma_i(x_1, \ldots, x_n) \tag{17.2}$$

Mit diesem Verdünnungsfluß Φ gilt tatsächlich

$$\dot{S} = \Phi\left(1 - \frac{S}{c}\right) \tag{17.3}$$

$S \equiv c$ ist also eine stationäre Gesamtkonzentration. Wenn die $\Gamma_i > 0$ sind, also auch $\Phi > 0$ gilt, so ist die Steuerung der Gesamtkonzentration stabil: denn sollte durch eine Schwankung S etwas größer als c werden (oder etwas kleiner), dann wird S wegen (17.3) sogleich abnehmen (bzw. zunehmen), die Schwankung wird also wettgemacht.

Oft ist es aufschlußreich, statt der Konzentrationen x_i die relativen Konzentrationen $y_i = x_i/c$ zu betrachten. Der Punkt $\mathbf{y} = (y_1, \ldots, y_n)$ liegt dann auf dem Einheitssimplex S_n^1, den wir mit S_n bezeichnen (vgl. 4.2)). Aus (17.1) wird

$$\dot{y}_i = \frac{1}{c}\left[\Gamma_i(cy_1, \ldots, cy_n) - y_i\,\Sigma\,\Gamma_j(cy_1, \ldots, cy_n)\right] \tag{17.4}$$

Wenn, was im folgenden häufig der Fall sein wird, die Funktionen Γ_i homogen vom Grad s sind, also

$$\Gamma_i(cy_1, \ldots, cy_n) = c^s\Gamma_i(y_1, \ldots, y_n)$$

gilt, so folgt

$$\dot{y}_i = c^{s-1}\left[\Gamma_i(y_1, \ldots, y_n) - y_i\,\Sigma\,\Gamma_j(y_1, \ldots, y_n)\right]$$

Da das Weglassen des positiven Faktors c^{s-1} lediglich einer Geschwindigkeitsänderung entspricht (vgl. Abschnitt 7.3), kann man ohne Schaden die Gesamtkonzentration c in (17.1) gleich 1 setzen, d.h. die Konzentrationen durch die relativen Konzentrationen ersetzen.

Überhaupt wollen wir uns im folgenden oft, um die Formeln nicht unnütz zu überlasten, auf c = 1 beschränken: wann immer das geschieht, ist damit keine Einbuße an Allgemeinheit verbunden.

17.2 Die Ratengleichung im Flußreaktor

Wir werden uns besonders oft mit Fällen befassen, wo sich $\Gamma_i(x_1, \ldots, x_n)$ vorteilhaft als $x_i G_i(x_1, \ldots, x_n)$ schreiben läßt. G_i läßt sich als jener Teil der *Wachstumsrate* $\dot{x}_i/x_i$ auffassen, der durch die chemischen Wechselwirkungen im Reaktor bedingt ist. Gleichung (17.1) wird also zu

$$\dot{x}_i = x_i(G_i - \Phi) \qquad i = 1, \ldots, n \tag{17.5}$$

mit

$$\Phi = \Sigma\, x_i G_i. \tag{17.6}$$

Wenn G_i auf S_n stetig differenzierbar ist, dann folgt, daß $x_i \equiv 0$ eine Lösung von (17.5) ist. Aus $x_i(0) = 0$ folgt dann $x_i(t) = 0$ für alle t. Wenn die Molekülart M_i gar nicht im Evolutionsreaktor vorhanden war, so wird sie – durch die in Gleichung (17.5) zugelassenen Mechanismen – auch nicht erzeugt; wo nichts ist, kann nichts werden. Geometrisch bedeutet das, daß nicht nur der Simplex S_n, sondern auch jede seiner Randflächen invariant ist (vgl. Abschnitt 6.3). Insbesondere sind die Ecken von S_n, d.h. die Punkte

$$\mathbf{e}_i = (0, \ldots, 1, \ldots, 0)$$

Fixpunkte von (17.5).

Weiter gilt für (17.5) die nützliche *Quotientenregel:*

$$\left(\frac{x_i}{x_j}\right)^{\bullet} = \frac{x_j\dot{x}_i - x_i\dot{x}_j}{x_j^2} = \left(\frac{x_i}{x_j}\right)(G_i - G_j) \tag{17.7}$$

falls $x_j > 0$.

17.3 Konstante Wachstumsraten

Ein besonders wichtiger Fall ist der, daß die Wachstumsraten G_i konstant gleich $k_i > 0$ sind. Das entspricht der enzymfreien Selbstreproduktion: jede Molekülspezies M_i vermehrt sich mit einer konstanten Geschwindigkeit, die von den übrigen Molekülen nicht abhängt. Die Gleichungen (17.5) und (17.6) werden zu

$$\dot{x}_i = x_i\left(k_i - \sum_{j=1}^{n} k_j x_j\right). \tag{17.8}$$

Aus der Quotientenregel folgt

$$\left(\frac{x_i}{x_j}\right)^{\bullet} = \left(\frac{x_i}{x_j}\right)(k_i - k_j)$$

und somit

$$\frac{x_i(t)}{x_j(t)} = \frac{x_i(0)}{x_j(0)}\, e^{(k_i - k_j)t}. \tag{17.9}$$

Abb. 17.2 Die Gleichung

(a) $\dot{x}_1 = x_1(2 - \Phi)$
$\dot{x}_2 = x_2(2 - \Phi)$
$\dot{x}_3 = x_3(1 - \Phi)$

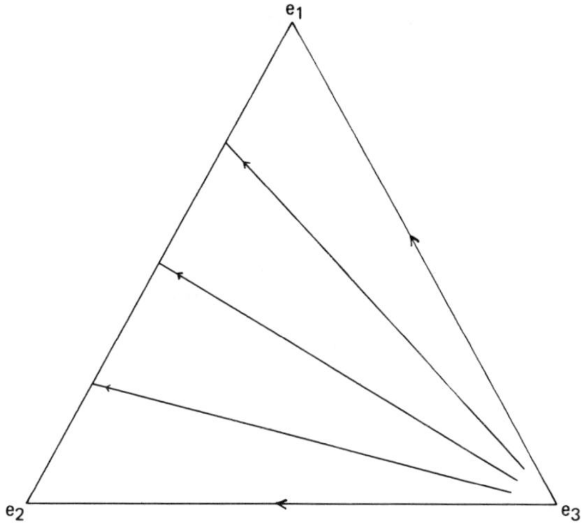

(b) $\dot{x}_1 = x_1(1 - \Phi)$
$\dot{x}_2 = x_2(3 - \Phi)$
$\dot{x}_3 = x_3(2 - \Phi)$

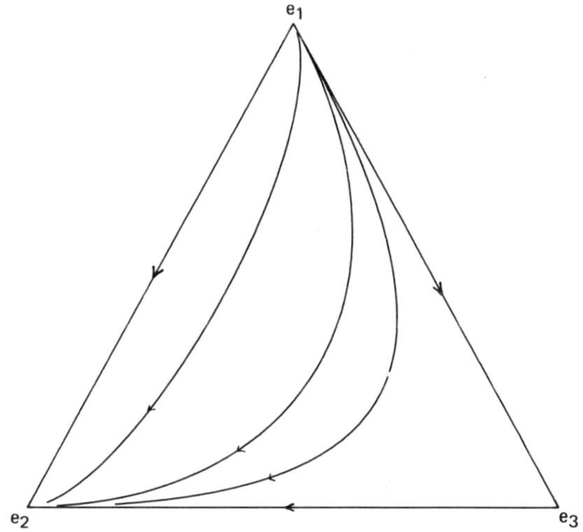

Wenn also $k_i = k_j$, so ändert sich das Verhältnis von x_i zu x_j nicht. Wenn $k_i > k_j$, dann strebt $\frac{x_i}{x_j}$ gegen $+\infty$. Da x_i aber sicher kleiner als die (konstante) Gesamtkonzentration ist, folgt daraus, daß x_j gegen Null strebt, die Spezies mit der kleineren Wachstumsrate also ausstirbt (s. Abb. 17.2).

Es folgt, daß die Molekülsorten, deren Wachstumsraten durch andere übertroffen sind, im Reaktor verdrängt werden. Falls es zufällig mehrere molekulare Spezies mit gleicher Wachstumsrate geben sollte, so bleibt deren Verhältnis konstant. Falls es aber nur eine „beste" Spezies gibt – was der allgemeine Fall sein wird – so setzt sich diese auf Kosten der anderen durch.

Für (17.8) läßt sich sogar eine explizite Lösung angeben. Wir wollen das gleich in etwas allgemeinerem Rahmen tun.

17.4 Konstante Wachstums- und Mutationsraten

Wenn wir annehmen, daß bei der Replikation auch Fehler vorkommen können, und daher als Kopie eines M_j-Moleküls mit einer gewissen Wahrscheinlichkeit ein M_i-Molekül auftreten kann, so erhalten wir

$$\Gamma_i(x_1 \ldots x_n) = k_{ii}x_i + \sum_{j \neq i} k_{ij}x_j = \sum_j k_{ij}x_j$$

mit Konstanten $k_{ij} \geqslant 0$, die der Wahrscheinlichkeit entsprechen, als Kopie von M_j ein M_i zu erhalten. Es gilt dann

$$\Phi = \sum_{ij} k_{ij}x_j$$

und (17.1) wird zu

$$\dot{x}_i = \sum_j k_{ij}x_j - x_i\,\Phi. \tag{17.10}$$

Definiert man nun

$$y_i(t) = x_i(t)e^{z(t)} \qquad \text{mit } z(t) = \int_0^t \Phi(u)du \tag{17.11}$$

so gilt $x_i(0) = y_i(0)$ und man erhält

$$\dot{y}_i = \dot{x}_i e^{z(t)} + \Phi(t)x_i e^{z(t)} = e^{z(t)}[\sum_j k_{ij}x_j - x_i\Phi + x_i\Phi]$$

oder

$$\dot{y}_i = \sum_{j=1}^{n} k_{ij}y_j \tag{17.12}$$

also eine lineare Differentialgleichung, für welche die Lösung explizit angegeben werden kann. Da aus (17.11)

$$\Sigma\, y_i(t) = e^{z(t)}$$

folgt, erhält man

$$x_i(t) = \frac{y_i(t)}{\sum_{j=1}^{n} y_j(t)}.$$

Speziell im Fall ohne Mutationen ($k_{ij} = 0$ für $i \neq j$) gilt

$$y_i(t) = y_i(0)e^{k_{ii}t}$$

und daher

$$x_i(t) = \frac{x_i(0)e^{k_{ii}t}}{\sum\limits_{j=1}^{n} x_j(0)e^{k_{jj}t}} .$$

Im allgemeinen wird eines der Diagonalglieder größer als alle anderen sein – wir wollen annehmen, daß das für k_{11} zutrifft. Dann setzt sich, wie wir ja auch schon von Abschnitt 3 her wissen, M_1 auf Kosten aller anderen Spezies durch. Lassen wir nun auch nichtverschwindende Glieder k_{ij} außerhalb der Diagonale zu, so wird, falls diese Mutationsterme hinreichend klein sind, M_1 noch immer bei weitem überwiegen: aber daneben treten im Gleichgewicht auch noch die anderen M_j auf, und zwar im Verhältnis

$$\frac{x_j}{x_1} \sim \frac{k_{j1}}{k_{11}} .$$

Das kommt einfach daher, daß ein gewisser Anteil von M_1 durch fehlerhaftes Kopieren in M_j übergeht.

17.5 Autokatalytische Selbstreplikation

Im allgemeinen wird die Wachstumsrate der selbstreproduzierenden Moleküle M_i nicht durch eine Konstante gegeben sein, wie in (17.8), sondern auf komplizierte Weise von den Konzentrationen im Reaktor abhängen, und insbesondere von x_i. Es kann geschehen, daß sich die Moleküle gegenseitig behindern, oder fördern. Eine dämpfende Wirkung auf die eigene Wachstumsrate könnte etwa durch die „Konkurrenz" der Moleküle um eine Replikase verursacht sein; wir wollen solche Modelle – in sehr allgemeinem Rahmen – in Abschnitt 19.5 untersuchen. Andererseits könnte aber M_i auch *autokatalytisch* auf die eigene Wachstumsrate wirken. Wir wollen hier nicht auf die diffizilen Einzelheiten der chemischen Kinetik eingehen, sondern lediglich, um einen ersten Eindruck zu gewinnen, einen besonders einfachen Ansatz untersuchen, nämlich

$$G_i(x_1, \ldots, x_n) = k_i x_i$$

mit $k_i > 0$. Dann lautet (17.5)

$$\dot{x}_i = x_i(k_i x_i - \Phi) \tag{17.13}$$

und die Quotientenregel (17.7) liefert für $x_j > 0$

$$\left(\frac{x_i}{x_j}\right)^{\bullet} = \left(\frac{x_i}{x_j}\right)(k_i x_i - k_j x_j) = \left(\frac{x_i}{x_j}\right)\left(\frac{x_i}{x_j} - \frac{k_j}{k_i}\right) k_i x_j$$

Hier ist

$$\frac{x_i}{x_j} \equiv \frac{k_j}{k_i}$$

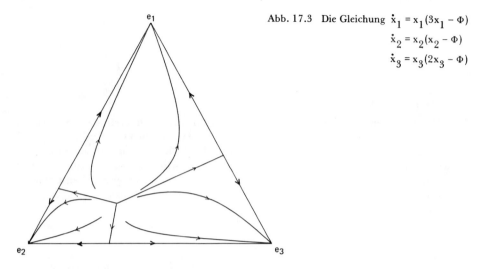

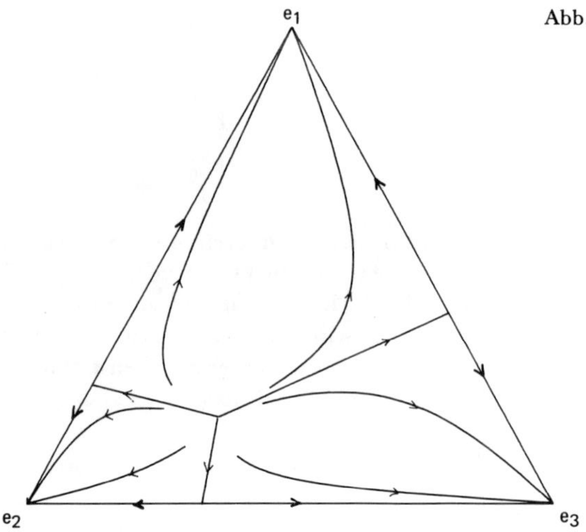

Abb. 17.3 Die Gleichung $\dot{x}_1 = x_1(3x_1 - \Phi)$
$\dot{x}_2 = x_2(x_2 - \Phi)$
$\dot{x}_3 = x_3(2x_3 - \Phi)$

eine konstante Lösung. Wenn das Verhältnis der Konzentrationen also $\frac{k_j}{k_i}$ war, so ändert es sich nicht. Wenn es aber kleiner als diese Zahl war, so nimmt es weiter ab: und wenn es größer war, nimmt es zu. Daraus folgt, daß es auf die Anfangswerte $k_1x_1(0), \ldots, k_nx_n(0)$ ankommen wird. Im allgemeinen wird einer dieser Werte größer als alle anderen sein, und die entsprechende Molekülsorte setzt sich dann durch: alle anderen verschwinden. Sind aber zufällig mehrere dieser Werte gleich groß, so bleibt das Verhältnis der entsprechenden Konzentrationen gleich (s. Abb. 17.3).

So wie im Fall der konstanten Wachstumsraten setzt sich also „meistens" eine Molekülart auf Kosten der anderen vollständig durch. Es ist aber ein wesentlicher Unterschied zu beachten: im früheren Fall hing es nicht von den Anfangsbedingungen ab, welche Art den „Kampf ums Dasein" gewann: es gab eine „beste" Spezies. Im autokatalytischen Fall ist das anders: die *Anfangswerte* spielen eine entscheidende Rolle. Eine Molekülsorte, die anfangs in allzu geringem Maße vorhanden war, hat keine Chance, sich durchzusetzen.

17.6 Integration der Information und Rückkoppelung

Die Wachstumsrate G_i als k_i oder k_ix_i anzusetzen, stellt eine unzulässige Vereinfachung der chemischen Kinetik dar. Aber diese beiden allereinfachsten Ansätze zeigen doch schon ein wesentliches Problem auf: *in beiden Fällen werden nämlich – von höchst unwahrscheinlichen Ausnahmen abgesehen – alle Molekülarten, bis auf eine, aussterben.* Mit diesen Molekülen geht aber auch Information verloren. Das führt uns wieder zur Informationskrise, wie sie im vorigen Kapitel besprochen wurde: die primitiven Polynukleotide sind zu kurz, um Enzyme zu kodieren. Die nächstliegende Antwort darauf wäre natürlich, die Information, die in mehreren Polynukleotiden steckt, zu integrieren: das ergäbe eine entsprechend längere „Botschaft", die vielleicht in der Lage wäre, ein Enzym zu kodieren. Jetzt sehen wir, daß das nicht so leicht möglich sein wird: die Polynukleotide sind äußerst scharfe Rivalen, und in so einfachen Situationen wie den oben untersuchten wird der „Sieger" alle anderen aus dem Feld schlagen und somit ihre Information vernichten. Das darf offensichtlich nicht sein. Es müssen die Polynukleotide

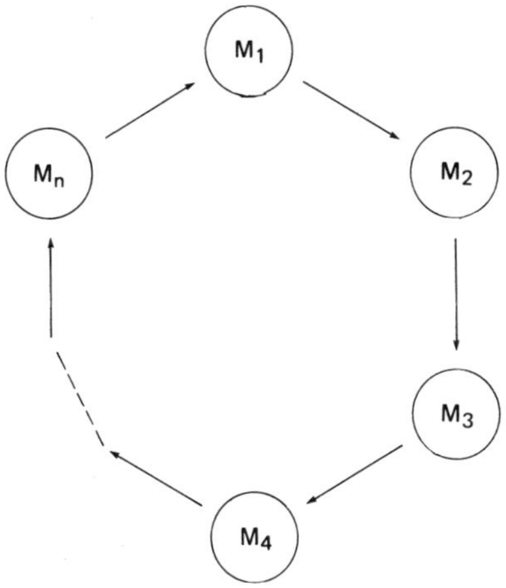

Abb. 17.4 Der Hyperzyklus

koexistieren können, alle müssen „Interesse" daran haben, daß auch die anderen vorhanden sind. Anders ausgedrückt: jede molekulare Spezies muß von jeder anderen – direkt oder indirekt – profitieren. Die einfachste denkbare Form so einer Zusammenarbeit wird aber durch Rückkoppelung gegeben: wenn die Molekülart M_1 die Molekülart M_2 bei deren Replikation unterstützt, M_2 ihrerseits M_3 usw. . . . , bis schließlich M_n der Replikation von M_1 beisteht, so würde das Aussterben von einem Glied der geschlossenen Kette jedem anderen Nachteile bringen (siehe Abb. 17.4). Ein solcher Rückkoppelungskreis von selbstreproduzierenden Polynukleotiden – ein *Hyperzyklus* – ist von Eigen als Lösung der „Informationskrise" vorgeschlagen worden. Wir wollen im nächsten Kapitel die Eigenschaften solcher Hyperzyklen anhand eines einfachen Modells untersuchen, dabei aber nur die mathematischen – und nicht die chemischen – Aspekte studieren.

17.7 Anmerkungen

Das Konzept des Evolutionsreaktors stammt von Eigen (1971). Eine diskrete Version wurde bei den „serial transfer"-Experimenten von Spiegelmann (1971) benutzt. In Eigen (1971) wurde auch die in Abschnitt 17.4 beschriebene Gleichung für konstante Wachstums- und Mutationsraten aufgestellt, die von Thompson und McBride (1974) sowie von Jones et al. (1976) weiter untersucht wurde. Eine Darstellung neuerer Evolutionsexperimente findet man bei Küppers (1983) und Eigen et al. (1981).

18 Ein einfaches Modell für den Hyperzyklus

18.1 Die Hyperzyklus-Gleichung

Nehmen wir an, daß die Selbstreproduktion des Polynukleotids M_i im Evolutionsreaktor durch das Polynukleotid M_{i-1} katalysiert wird. Diese kinetische Wirkung wird im allgemeinen von recht komplizierter Gestalt sein. Wir wollen daher zunächst eine Vereinfachung untersuchen, und setzen an, daß der Wachstumsterm $\Gamma_i(x_1, \ldots, x_n)$ von der Gestalt

$$\Gamma_i(x_1, \ldots, x_n) = k_i x_i x_{i-1} \qquad (18.1)$$

mit $k_i > 0$ ist. Die Wachstumsrate $\dot{x}_i/x_i$ von M_i ist demnach proportional zur Konzentration x_{i-1} von M_{i-1}. Im Hyperzyklus bilden die katalytischen Wirkungen einen geschlossenen Kreis, für M_1 ist der Vorläufer also M_n. Wir zählen die Indices daher zyklisch modulo n, d.h. wir identifizieren 0 mit n, 1 mit n+1 usw. . .

Mit dem Wachstumsterm (18.1) wird (17.1), d.h. die Ratengleichung im Flußreaktor, zu

$$\dot{x}_i = x_i(k_i x_{i-1} - \Phi) \qquad (18.2)$$

mit Verdünnungsterm

$$\Phi = \sum_j k_j x_j x_{j-1} \qquad (18.3)$$

Das ist die sogenannte *Hyperzyklusgleichung*.

18.2 Das innere Gleichgewicht

Im Inneren von S_n, wenn also alle $x_i > 0$ sind, gibt es nur einen Fixpunkt **p**. Dieser wird bestimmt durch die Lösung der Gleichungen $k_i x_{i-1} - \Phi = 0$, also der Gleichungen

$$k_1 x_n = k_2 x_1 = \ldots = k_n x_{n-1}$$

und

$$x_1 + \ldots + x_n = 1.$$

Daraus folgt sofort

$$p_i = \frac{k_{i+1}^{-1}}{\sum_j k_{j+1}^{-1}} \qquad i = 1, \ldots n \qquad (18.4)$$

Die erste Frage ist nun, ob dieser Gleichgewichtspunkt **p** asymptotisch stabil ist oder nicht. Wenn er es ist, kann es tatsächlich zu einem ‚Einpendeln' der Konzentrationen x_i um die Werte $p_i > 0$ kommen, es wird also von jedem Polynukleotid etwas vorhanden sein, und die molekularen Botschaften können zusammengefügt werden – die zyklische Koppelung hat dann ihren Zweck erfüllt.

Um die Stabilität von **p** zu untersuchen, betrachtet man nach Abschnitt 11.2 die Jacobische an der Stelle **p** und rechnet deren Eigenwerte aus: haben sie alle negativen Realteil, so ist **p** wirklich asymptotisch stabil. Nun führen die Rechnungen zunächst zu äußerst umständlichen Ausdrücken. Es erweist sich daher als günstig, eine Koordinatentransformation einzuführen.

18.3 Eine baryzentrische Transformation

Es empfiehlt sich, so zu transformieren, daß der Simplex S_n in sich übergeht und der Punkt **p** dabei in den Punkt

$$\mathbf{m} = \left(\frac{1}{n}, \ldots, \frac{1}{n}\right)$$

(den Mittelpunkt von S_n) übergeführt wird. Wir setzen also

$$y_i = \frac{k_{i+1} x_i}{\sum_{j=1}^{n} k_{j+1} x_j} \tag{18.5}$$

Für $x_i \geqslant 0$ gilt $y_i \geqslant 0$; und weiter ist $\Sigma\, y_i = 1$, also liegt **y** wieder in S_n. Der Punkt **p** geht wirklich in **m** über. Die Abbildung $\mathbf{x} \to \mathbf{y}$ ist auf S_n differenzierbar, und die Umkehrabbildung, die durch

$$x_i = \frac{k_{i+1}^{-1} y_i}{\sum_s k_{s+1}^{-1} y_s} \tag{18.6}$$

gegeben ist, ist es auch. Was geschieht nun mit der Hyperzyklusgleichung? Aus (18.5) wird

$$\dot{y}_i = \frac{1}{[\Sigma\, k_{j+1} x_j]^2} \left[\left(\sum_j k_{j+1} x_j\right) k_{i+1} \dot{x}_i - k_{i+1} x_i \left(\sum_j k_{j+1} \dot{x}_j\right)\right]$$

Setzt man für $\dot{x}_i$ bzw. $\dot{x}_j$ gemäß (18.2) ein, so heben die Terme mit Φ einander auf, und man erhält:

$$\dot{y}_i = \left(\sum_j k_{j+1} x_j\right) y_i\, y_{i-1} - k_{i+1} x_i \sum_j y_j\, y_{j-1} = \frac{(\Sigma\, y_j) y_i y_{i-1}}{\Sigma\, k_{s+1}^{-1} y_s} - \frac{y_i}{\Sigma\, k_{s+1}^{-1} y_s} \sum_j y_j\, y_{j-1}$$

Also

$$\dot{y}_i = y_i \left(y_{i-1} - \sum_j y_j y_{j-1}\right) M(y_1, \ldots, y_n) \tag{18.7}$$

wobei

$$M(y_1, \ldots, y_n) = \left(\sum_s k_{s+1}^{-1} y_s\right)^{-1} > 0 \tag{18.8}$$

auf S_n gilt.

Halten wir noch fest, daß die Jacobische an einem Fixpunkt bei einer solchen Koordinatentransformation, die mitsamt ihrer Umkehrung differenzierbar ist, in eine ähnliche Matrix übergeht. Das folgt sofort aus der Kettenregel. Insbesondere ändern sich also die Eigenwerte an einem Fixpunkt nicht.

Durch eine *Geschwindigkeitstransformation* von der Art, wie wir sie in Abschnitt 7.3 kennengelernt haben, können wir (18.7) auf die Gestalt

$$\dot{y}_i = y_i(y_{i-1} - \sum_j y_j y_{j-1}) \tag{18.9}$$

bringen. Beim Weglassen des positiven Faktors M ändern sich ja die Lösungskurven nicht, sie werden bloß mit anderer Geschwindigkeit durchlaufen. Der Fixpunkt **m** von (18.7) ist auch Fixpunkt von (18.9). Jedem Eigenwert λ von (18.9) entspricht ein Eigenwert $\lambda M(\mathbf{m})$ von (18.7), die Vorzeichen der Realteile sind die gleichen.

18.4 Die Berechnung der Eigenwerte

Durch Hintereinanderschaltung einer baryzentrischen Transformation und einer Geschwindigkeitstransformation sind wir zur *symmetrischen Hyperzyklus-Gleichung*

$$\dot{x}_i = x_i (x_{i-1} - \sum_s x_s x_{s-1}) \qquad i = 1, \ldots, n \tag{18.10}$$

gelangt. Jetzt wollen wir deren Eigenwerte am einzigen Gleichgewichtspunkt im Inneren von S_n, dem Punkt $\mathbf{m} = (\frac{1}{n}, \ldots, \frac{1}{n})$, berechnen. Wegen der zyklischen Symmetrie geht das nun ganz leicht. Für die Jacobische gilt

$$\frac{\partial \dot{x}_i}{\partial x_j} = \frac{\partial}{\partial x_j} [x_i(x_{i-1} - \sum_s x_s x_{s-1})] = \frac{\partial x_i}{\partial x_j} (x_{i-1} - \sum_s x_s x_{s-1}) + x_i (\frac{\partial x_{i-1}}{\partial x_j} - (x_{j-1} + x_{j+1}))$$

An der Stelle **m** verschwindet der erste Term, und es bleibt

$$\frac{\partial \dot{x}_i}{\partial x_j} = \frac{1}{n}(1 - \frac{2}{n}) \quad \text{für } j = i-1, \qquad = -\frac{2}{n^2} \quad \text{sonst} \tag{18.11}$$

Die Jacobische ist zirkulant (vgl. Abschnitt 14.6). Ihre erste Zeile hat die Gestalt

$$-\frac{2}{n^2}, -\frac{2}{n^2}, \ldots, -\frac{2}{n^2}, \frac{1}{n} - \frac{2}{n^2}$$

und die anderen Zeilen entstehen durch zyklische Vertauschung. Für ihre Eigenwerte gilt die Formel (14.19). Daraus folgt

$$\gamma_0 = \frac{1}{n} - \frac{2n}{n^2} = -\frac{1}{n} \tag{18.12}$$

und, für $j = 1, \ldots, n-1$

$$\gamma_j = \sum_{k=0}^{n-1} (-\frac{2}{n^2}) \lambda^{kj} + \frac{1}{n} \lambda^{(n-1)j} = \frac{1}{n} \lambda^{(n-1)j} = \frac{\lambda^{-j}}{n} \tag{18.13}$$

wobei $\lambda = e^{2\pi i/n}$ ist.

Der Eigenwert γ_0 gehört zum Eigenvektor $(1,1, \ldots, 1)$, der senkrecht auf den Simplex S_n steht. Da wir uns nur für die Einschränkung von (18.10) auf S_n interessieren, brauchen wir ihn nicht weiter zu beachten. Für das (n-1)-dimensionale System, das durch die Einschränkung entsteht, gilt:

Die Eigenwerte der Jacobischen von (18.10) an der Stelle **m** sind durch

$$\gamma_j = \frac{1}{n} e^{2\pi ij/n} \qquad j = 1, \ldots, n-1 \tag{18.14}$$

gegeben.

Daraus folgt:

Die Eigenwerte der Jacobischen von (18.2) am Gleichgewichtspunkt **p** *sind durch*

$$\gamma_j = (\sum_s k_s^{-1})^{-1} e^{2\pi ij/n} \qquad j = 1, \ldots, n-1 \tag{18.15}$$

gegeben, also positive Vielfache der n-ten Einheitswurzeln (ohne der Eins).

Wie steht es nun mit der Stabilität von **p**? Man sieht sofort: wenn $n = 2$ oder $n = 3$ ist, so haben die Eigenwerte alle negativen Realteil, nach dem Satz von Hartman und Grobman (vgl. Abschnitt 11.2) ist **p** dann asymptotisch stabil.

Bei $n = 4$ liegen zwei komplex-konjugierte Eigenwerte auf der imaginären Achse, der Satz von Hartman und Grobman läßt sich nicht anwenden. Doch werden wir im nächsten Abschnitt sehen, daß **p** auch für $n = 4$ asymptotisch stabil ist. Für $n \geqslant 5$ schließlich ist **p** sicher unstabil, da es stets Eigenwerte mit positivem Realteil gibt.

18.5 Eine Ljapunov-Funktion für kurze Hyperzyklen

Die Funktion

$$P = x_1 x_2 \ldots x_n$$

verschwindet am Rand von S_n (wo $x_i = 0$ für mindestens ein i gilt) und ist positiv im Inneren von S_n. Ihr Maximum nimmt sie genau im Punkt **m** an, wo alle x_i gleich groß sind.

Für die Funktion

$$t \to P(t) = x_1(t) x_2(t) \ldots x_n(t)$$

(wobei die $x_i(t)$ Lösungen von (18.10) auf S_n sind), gilt

$$\dot{P} = \dot{x}_1 x_2 \ldots x_n + x_1 \dot{x}_2 \ldots x_n + \ldots + x_1 x_2 \ldots \dot{x}_n = P \sum_{i=1}^{n} \frac{\dot{x}_i}{x_i} = P[\sum_{i=1}^{n} (x_{i-1} - \Phi)] = PT$$

wobei

$$T = (x_1 + \ldots + x_n)^2 - n \sum_{j=1}^{n} x_j x_{j-1} \tag{18.16}$$

gesetzt wird. (Wir wissen, daß $x_1 + \ldots + x_n = 1$ gilt.)

Für $n = 2$ ist

$$T = (x_1 + x_2)^2 - 2(x_1 x_2 + x_2 x_1) = (x_1 - x_2)^2.$$

Also gilt $T(\mathbf{x}) \geqslant 0$, mit $T(\mathbf{x}) = 0$ genau dann, wenn $x_1 = x_2$, d.h. $\mathbf{x} = \mathbf{m}$ gilt. Nach dem Satz von Ljapunov strebt jede Bahn im Inneren von S_n gegen $\mathbf{m}$ (vgl. Abschnitt 6.6).

Ähnliches gilt für $n = 3$. Hier ist

$$T = (x_1+x_2+x_3)^2 - 3(x_1x_2+x_2x_3+x_3x_1) = x_1^2+x_2^2+x_3^2 - (x_1x_3+x_2x_1+x_3x_2)$$
$$= \tfrac{1}{2}[(x_1-x_2)^2+(x_2-x_3)^2+(x_3-x_1)^2].$$

Es gilt wieder $T(\mathbf{x}) \geqslant 0$, mit $T(\mathbf{x}) = 0$ genau dann, wenn $x_1=x_2=x_3$, also $\mathbf{x} = \mathbf{m}$. Somit strebt wieder jede Bahn im Inneren von S_n gegen $\mathbf{m}$.

Für $n = 4$ ist die Lage ein wenig komplizierter. Diesmal gilt

$$T(\mathbf{x}) = (x_1+\ldots+x_4)^2 - 4(x_1x_2+x_2x_3+x_3x_4+x_4x_1)$$
$$= [(x_1+x_3) - (x_2+x_4)]^2.$$

Wieder gilt $T(\mathbf{x}) \geqslant 0$. Aber die Menge, wo $T(\mathbf{x}) = 0$ gilt, also die Menge

$$\{(x_1,x_2,x_3,x_4) \in S_4 : x_1+x_3 = x_2+x_4\},$$

enthält nicht nur den Punkt $\mathbf{m} = (\frac{1}{4},\frac{1}{4},\frac{1}{4},\frac{1}{4})$. Der Satz von Ljapunov besagt, daß jede Bahn im Inneren von S_n gegen die maximale invariante Teilmenge M dieser Menge strebt. Wie sieht nun M aus? In M muß gelten

$$(x_1+x_3)^{\cdot} = (x_2+x_4)^{\cdot}$$

d.h. $$x_1x_4 + x_3x_2 - (x_1+x_3)\Phi = x_2x_1+x_4x_3 - (x_2+x_4)\Phi$$

also $$(x_1-x_3)(x_4-x_2) = 0.$$

Somit liegt M in der Menge, wo $x_1 = x_3$ oder $x_4 = x_2$ gilt. Aus der Invarianz von M folgt aber, falls $x_1 = x_3$, daß

$$\dot{x}_1 = \dot{x}_3$$

also $$x_4 - \Phi = x_2 - \Phi$$

oder $$x_4 = x_2$$

gilt, und ähnlich, falls $x_2 = x_4$, daß $x_1 = x_3$ gilt. Daher besteht M nur aus dem Punkt $\mathbf{m} = (\frac{1}{4},\frac{1}{4},\frac{1}{4},\frac{1}{4})$. Wieder strebt jede Bahn im Inneren von S_n gegen $\mathbf{m}$.

Somit ist für „kurze" Hyperzyklen ($n = 2,3,4$) das innere Gleichgewicht $\mathbf{p}$ *der Gleichung (18.2) global stabil,* es herrscht also immer Koexistenz (s. Abb. 18.1).

Für $n \geqslant 5$ aber ist $\mathbf{p}$ *unstabil,* und man muß fragen, ob es dann etwa zu keiner Koexistenz der Polynukleotiden kommt? – Anschaulich ist wohl klar, daß beim Hyperzyklus

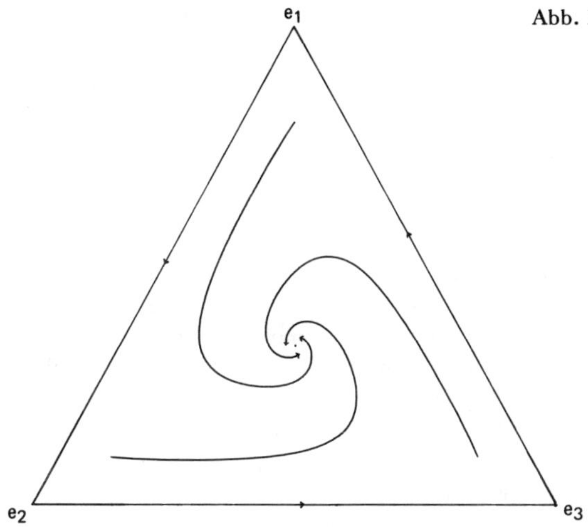

Abb. 18.1 Die Hyperzyklusgleichung (18.10)

(a) für n = 3,

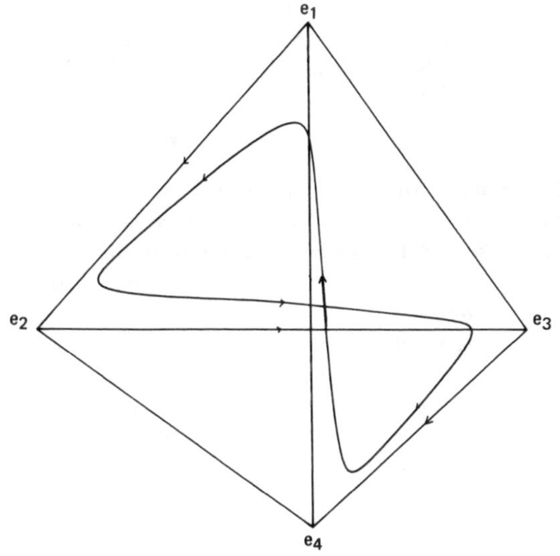

(b) für n = 5 (Grenzzyklus, projiziert auf $x_5 = 0$).

keine Spezies ausstirbt. Mathematisch ist es aber nicht ganz trivial: ein Beweis wird im nächsten Kapitel geliefert.

18.6 Anmerkungen

Die Stabilität des Gleichgewichts für den symmetrischen Hyperzyklus (18.10) wird in Eigen und Schuster (1979) untersucht. Die Ljapunov-Funktion für den Fall n = 4 wird in Schuster et al. (1978) angegeben. In Schuster et al. (1980) wird der nichtsymmetrische Hyperzyklus (18.2) auf den symmetrischen zurückgeführt. Einen Überblick über dieses einfache Modell vom Hyperzyklus bietet Schuster und Sigmund (1980b). – In Eigen et al. (1980) wird gezeigt, daß der Wechselwirkungsterm (18.1) tatsächlich als Annäherung für realistische kinetische Modelle verwendet werden kann.

19 Der Kooperationssatz

19.1 Kooperation

Die Ergebnisse des vorigen Kapitels sind höchst unbefriedigend, zumindest was die längeren Hyperzyklen betrifft: für $n \geqslant 5$ können wir das Langzeitverhalten der Hyperzyklus-Gleichung (18.2) nicht beschreiben. Wir wissen bloß, daß das innere Gleichgewicht nicht erreicht wird. Numerische Simulationen zeigen, daß sich ein Grenzzyklus ausbildet (s. Abb. 18.1), doch es fehlt ein Beweis.

Nun ist es aber für die „Aufgabe", die der Hyperzyklus erfüllen soll, gleichgültig, ob sich ein Gleichgewicht einstellt, ein Grenzzyklus oder noch komplizierteres. Wesentlich ist, daß das System „kooperativ" ist in dem Sinn, daß keine der molekularen Spezies ausstirbt und mit ihr die entsprechende Information verschwindet. Auch kleine Zufallsschwankungen dürfen den Rückkoppelungskreis nicht zerstören können.

Formulieren wir diese Bedingung genauer. *Wir nennen ein dynamisches System auf* S_n *(oder auch auf* $\mathbb{R}^n_+$*) kooperativ, wenn der Rand ein Repellor ist, also wenn es eine Konstante* $q > 0$ *gibt, so daß aus* $x_i(0) > 0$ *(für* $i = 1, \ldots, n$*) folgt, daß*

$$x_i(t) \geqslant q \qquad i = 1, \ldots, n$$

für alle Zeiten t gilt, die hinreichend groß sind. Anschaulich heißt das: sind alle Spezies im Reaktor vertreten (wenn auch anfangs vielleicht nur in winzigen Konzentrationen), so wird nach einer gewissen Zeit gewährleistet sein, daß sogar eine bestimmte Mindestmenge – nämlich q – von jeder Spezies vorhanden ist. Eine Schwankung, die kleiner als q ist, kann keine der molekularen Botschaften löschen.

Halten wir fest, daß q nicht von den Anfangsbedingungen $x_i(0)$ abhängt. Kooperation heißt also mehr, als daß keine der Konzentrationen verschwindet. Ein System wie das der Räuber-Beute-Gleichung (10.1) beispielsweise ist nicht kooperativ: für jedes $q > 0$ gilt, daß aus $0 < x(0) < q$ auch $x(kT) < q$ für alle ganzen Zahlen k folgt (wobei T die Periode ist). Hier kann eine kleine Schwankung, die zum ungünstigen Augenblick eintritt, eine der Bevölkerungen vernichten. Selbst wenn anfangs beide Bevölkerungen reichlich vorhanden waren, kann eine Reihe kleinster Schwankungen mit der Zeit beide auslöschen. Ist das System dagegen kooperativ, so können Schwankungen, soferne sie nur hinreichend klein und selten sind, nicht zum Aussterben führen.

Unsere nächste Aufgabe wird also sein, zu beweisen, daß der Hyperzyklus kooperativ ist.

19.2 Die allgemeine Hyperzyklus-Gleichung

Von dem Schönheitsfehler abgesehen, daß wir für $n \geqslant 5$ die Attraktoren nicht angeben können, hat die Gleichung (18.2) noch eine Schwäche: sie ist von viel zu einfacher Gestalt, um wirklichkeitsnahe zu sein.

Es gibt eine ganze Reihe von Entwürfen für hypothetische Hyperzyklen: bei aller Vielfalt haben sie gemein, daß der Wechselwirkungsterm niemals die simple Form

$$G_i = k_i x_{i-1}$$

wie in (18.2) besitzt. Realistische chemische Reaktionsschritte führen auf kinetische Gleichungen, deren Wechselwirkungsterme um vieles komplexer sind: Oft lassen sie sich analytisch gar nicht mehr hinschreiben. – In jedem Fall aber sind die Wechselwirkungen von der Gestalt

$$G_i = x_{i-1}\, F_i(x_1, \ldots, x_n) \tag{19.1}$$

wobei die $F_i(\mathbf{x})$ stetig differenzierbare Funktionen sind, welche die Bedingung erfüllen, daß

$$F_i(\mathbf{x}) > 0$$

für alle $\mathbf{x} \in S_n$ gilt. Die Funktionen G_i müssen nicht homogen sein: die Einschränkung auf den Fall, daß die Gesamtkonzentration c im Flußreaktor gleich 1 ist, bedeutet trotzdem keinen Verlust an Allgemeinheit (vgl. 17.1).

Betrachten wir also die *„allgemeine Hyperzyklusgleichung"*

$$\dot{x}_i = x_i(x_{i-1}\, F_i(x_1, \ldots, x_n) - \Phi) \tag{19.2}$$

und weisen wir nach, daß sie kooperativ ist. Dann erfüllen alle Modelle von Hyperzyklen das, was von ihnen verlangt wird.

19.3 Ein allgemeiner Kooperationssatz

Wir wollen, in Hinblick auf spätere Überlegungen, den Kooperationssatz für Systeme beweisen, die noch allgemeiner als (19.2) sind.

Betrachten wir eine Ratengleichung der Form

$$\dot{x}_i = x_i(G_i(\mathbf{x}) - \Phi) \tag{19.3}$$

auf S_n. Sei P eine differenzierbare Funktion auf S_n mit der Eigenschaft, daß $P(\mathbf{x}) = 0$ für alle $\mathbf{x}$ am Rand, $P(\mathbf{x}) > 0$ für alle $\mathbf{x}$ im Inneren von S_n ist. Für die Funktion $t \to P(\mathbf{x}(t))$ möge $\dot{P} = P\,\psi$ gelten, wobei $\psi = \psi(\mathbf{x})$ eine stetige Funktion auf S_n sei, die folgende Bedingung erfüllt:

Zu jedem $\mathbf{x}$ am Rand von S_n gibt es eine Zeit $T > 1$ mit

$$\frac{1}{T}\int_0^T \psi(\mathbf{x}(t))\,dt > 0. \tag{19.4}$$

Unter diesen Voraussetzungen ist (19.3) kooperativ.

Die obige Bedingung wirkt auf den ersten Blick recht unnatürlich. Sie läßt sich aber – wie wir in 19.4 und 21.4 sehen werden – gut anwenden. Auch ist sie nicht schwer zu interpretieren: wenn $\psi > 0$ am Rand von S_n wäre (was offenbar (19.4) impliziert) so würde P längs aller Bahnen in der Nähe des Randes wachsen, die Bahnen müßten also vom Rande weg, und P wäre eine Ljapunov-Funktion. Unsere allgemeinere Bedingung besagt nun, daß sich P „im Zeitmittel" wie eine Ljapunov-Funktion verhält.

In dem nun folgenden Beweis bezeichnen wir mit $d(\mathbf{x},\mathbf{y})$ den Abstand zwischen den Punkten $\mathbf{x}$ und $\mathbf{y}$ auf S_n. Für $h > 0$ sei

$$U_h = \{ \mathbf{x} \in S_n : \text{es gibt ein } T \geqslant 1 \text{ mit } \frac{1}{T} \int_0^T \psi(\mathbf{x}(t))dt > h \}.$$

Für $\mathbf{x} \in U_h$ sei

$$T_h(\mathbf{x}) = \inf \{ T \geqslant 1 : \frac{1}{T} \int_0^T \psi(\mathbf{x}(t))dt > h \}.$$

Wir zeigen zunächst, daß die Menge U_h offen und die Funktion T_h nach oben halbstetig ist; anders ausgedrückt, für jedes $\mathbf{x} \in U_h$ und jedes $\alpha > 0$ gibt es ein $\delta > 0$ so daß für $\mathbf{y} \in S_n$ mit $d(\mathbf{x},\mathbf{y}) < \delta$ gilt:

$$\mathbf{y} \in U_h \quad \text{und} \quad T_h(\mathbf{y}) \leqslant T_h(\mathbf{x}) + \alpha. \tag{19.5}$$

Für α und $\mathbf{x}$ gibt es nämlich ein T mit $1 \leqslant T < T_h(\mathbf{x}) + \alpha$ so daß

$$\epsilon = \frac{1}{T} \int_0^T \psi(\mathbf{x}(t))dt - h > 0$$

gilt. Da ψ auf S_n gleichmäßig stetig ist, gibt es ein $\nu > 0$, so daß aus $d(\mathbf{z},\mathbf{y}) < \nu$ folgt:

$$|\psi(\mathbf{z}) - \psi(\mathbf{y})| < \epsilon.$$

Wegen der Stetigkeit der Lösungen einer Differentialgleichung gibt es ein $\delta > 0$, so daß aus $d(\mathbf{x},\mathbf{y}) < \delta$ folgt:

$$d(\mathbf{x}(t),\mathbf{y}(t)) < \nu \quad \text{für alle } t \in [0,T]$$

daher

$$|\psi(\mathbf{x}(t)) - \psi(\mathbf{y}(t))| < \epsilon \quad \text{für alle } t \in [0,T]$$

somit

$$\left| \frac{1}{T} \int_0^T \psi(\mathbf{x}(t))dt - \frac{1}{T} \int_0^T \psi(\mathbf{y}(t))dt \right| < \epsilon$$

und schließlich

$$\frac{1}{T} \int_0^T \psi(\mathbf{y}(t))dt \geqslant \frac{1}{T} \int_0^T \psi(\mathbf{x}(t))dt - \epsilon = h.$$

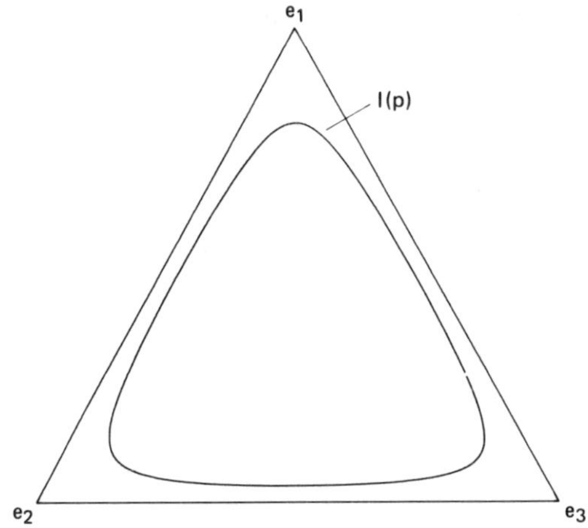

Abb. 19.1 Eine „Randschicht" I(p) des Simplex S_3

Also gilt (19.5).

Aus der Voraussetzung (19.4) folgt nun, daß die Familie der Mengen U_h, $h > 0$, eine offene Überdeckung des Randes von S_n bildet. Da dieser Rand kompakt ist, existiert **ein** $h > 0$ so daß U_h eine offene Umgebung dieses Randes ist. Da $S_n \backslash U_h$ ebenfalls kompakt ist, nimmt P auf dieser Menge ein Minimum an. Wählen wir $p > 0$ kleiner als dieses Minimum, so liegt die Menge

$$I(p) = \{ \mathbf{x} \in S_n : 0 < P(\mathbf{x}) \leqslant p \}$$

in U_h. Sie bildet eine „Randschicht", die umso dünner ist, je kleiner p ist (s. Abb. 19.1).

Wir zeigen nun: liegt $\mathbf{x}$ in I(p), so existiert eine Zeit $t > 0$ so daß $\mathbf{x}(t) \notin I(p)$. Ansonsten wäre ja $\mathbf{x}(t)$ für alle $t > 0$ in U_h. Für jedes solche $\mathbf{x}(t)$ gäbe es ein $T \geqslant 1$, so daß

$$\frac{1}{T} \int_t^{T+t} \psi(\mathbf{x}(s))ds > h.$$

Da aber im Inneren von S_n – also auch in I(p) – stets $\psi = \frac{\dot{P}}{P}$ gilt, so folgt

$$h < \frac{1}{T} \int_t^{T+t} \frac{\dot{P}(x(s))}{P(\mathbf{x}(s))} ds = \frac{1}{T}(\log P(x(T+t)) - \log P(\mathbf{x}(t)))$$

also

$$P(\mathbf{x}(T+t)) > P(\mathbf{x}(t))e^{hT} \geqslant P(\mathbf{x}(t))e^h.$$

Es gäbe somit eine Folge $t_n \to +\infty$, für die $P(\mathbf{x}(t_n))$ exponentiell gegen $+\infty$ strebt, was im Widerspruch zur Beschränktheit von P steht.

Bezeichnen wir mit $\overline{I(p)}$ die Vereinigung von I(p) mit dem Rand von S. Wir brauchen nur noch zu zeigen, daß es ein q gibt, mit $0 < q < p$, so daß aus $\mathbf{x}(0) \notin \overline{I(p)}$ stets $\mathbf{x}(t) \notin I(q)$ folgt, für alle $t \geqslant 0$.

Auf der beschränkten und abgeschlossenen Menge $\overline{I(p)}$ ist die nach oben halbstetige Funktion T_h beschränkt. Sei $\bar{T} > T_h(\mathbf{x})$ für alle $\mathbf{x} \in \overline{I(p)}$, und sei t_0 der erste Zeitpunkt, wo $\mathbf{x}(t)$ wieder $\overline{I(p)}$ trifft, also

$$t_o = \min \{ t > 0 : \mathbf{x}(t) \in \overline{I(p)} \}.$$

Sei $\mathbf{x}(t_0) = \mathbf{y}$. Es gilt $P(\mathbf{y}) = p$. Sei m eine untere Schranke für ψ auf S_n. Wenn $m \geqslant 0$, ist nichts mehr zu zeigen, da dann P niemals fällt. Im Fall $m < 0$ setzen wir $q = pe^{m\bar{T}}$. Für $0 < t < \bar{T}$ gilt

$$\frac{1}{t} \int_0^t \psi(\mathbf{y}(s))ds \geqslant m$$

und daher so wie oben

$$P(\mathbf{y}(t)) \geqslant P(\mathbf{y})e^{mt} > pe^{m\bar{T}} = q.$$

Für Zeiten t zwischen 0 und $\bar{T}$ trifft die Bahn also nicht die Schicht $\overline{I(q)}$. Außerdem folgt, da $\mathbf{y} \in I(p)$, daß es eine Zeit T mit $1 \leqslant T < \bar{T}$ gibt, so daß

$$P(\mathbf{y}(T)) \geqslant pe^h > p$$

gilt. Zur Zeit t + T hat die Bahn von $\mathbf{x}$ also I(p) wieder verlassen, ohne I(q) getroffen zu haben. Wiederholung dieses Arguments zeigt, daß die Bahn I(q) niemals treffen kann. Der Abstand zum Rand von S_n bleibt also nach unten beschränkt.

19.4 Der Kooperationssatz für den allgemeinen Hyperzyklus

Es bleibt zu zeigen, daß die allgemeine Hyperzyklus-Gleichung (19.2) die Bedingungen des Kooperationssatzes erfüllt.

Für P wählen wir wieder, wie in Kapitel 18, das Produkt $x_1 x_2 \ldots x_n$. Dann gilt $\dot{P} = P\psi$ mit $\psi = \Sigma\, x_{i-1}F_i - n\Phi$, und es bleibt bloß zu zeigen, daß es für jeden Punkt $\mathbf{x}$ auf dem Rand von S_n ein $T \geqslant 1$ gibt, so daß

$$\frac{1}{T} \int_0^T \sum_i (x_{i-1}F_i - n\Phi)dt > 0$$

oder

$$\frac{1}{T} \int_0^T \Phi(\mathbf{x})dt < \frac{1}{Tn} \int_0^T \Sigma\, x_{i-1}F_i(\mathbf{x})dt \qquad (19.6)$$

gilt.

Nun gibt es eine Konstante $k > 0$, so daß

$$F_i(\mathbf{x}) \geqslant k$$

für $i = 1, \ldots, n$ und alle $\mathbf{x} \in S_n$ gilt. Daraus folgt

$$\Sigma\, x_{i-1} F_i(\mathbf{x}) \geqslant k$$

und daher ist der Ausdruck auf der rechten Seite der Ungleichung (19.6) größer als $\frac{k}{n}$. Es genügt somit nachzuweisen, daß es kein $\epsilon > 0$ und kein $\mathbf{x}$ am Rand von S_n gibt, so daß für alle $T \geqslant 1$

$$\frac{1}{T} \int_0^T \Phi(\mathbf{x}(t))dt > \epsilon \tag{19.7}$$

gilt. Nehmen wir an, es gäbe doch so ein ϵ und ein $\mathbf{x}$. Wir könnten dann zeigen, daß

$$\lim_{t \to +\infty} x_i(t) = 0$$

für alle $i = 1, \ldots, n$ gilt. Wir gehen dazu induktiv vor. Daß es einen Index i_0 gibt mit $x_{i_0}(t) \equiv 0$, folgt ja daraus, daß $\mathbf{x}$ am Rand von S_n liegt. Wenn nun $x_{i-1}(t)$ gegen 0 strebt, so auch $x_i(t)$. Denn wenn $x_i(t) > 0$ gilt, so folgt aus

$$(\log x_i)^{\cdot} = \frac{\dot{x}_i}{x_i} = x_{i-1} F_i - \Phi$$

nach Integrieren und Dividieren durch T

$$\frac{\log x_i(T) - \log x_i(0)}{T} = \frac{1}{T} \int_0^T \frac{\dot{x}_i}{x_i}\, dt = \frac{1}{T} \int_0^T x_{i-1}(t)\, F_i(\mathbf{x}(t))dt - \frac{1}{T} \int_0^T \Phi(\mathbf{x}(t))dt. \tag{19.8}$$

Aus $x_{i-1}(t) \to 0$ folgt für $T \to +\infty$

$$\frac{1}{T} \int_0^T x_{i-1}(t) F_i(\mathbf{x}(t))dt \to 0$$

also wegen (19.7) für alle hinreichend großen T

$$\log x_i(T) - \log x_i(0) < -\epsilon T$$

oder

$$x_i(T) < x_i(0) e^{-\epsilon T}$$

also konvergiert $x_i(t)$ exponentiell gegen 0. Das steht aber im Widerspruch zu $\mathbf{x}(t) \in S_n$. Daher gilt (19.6), und *der allgemeine Hyperzyklus ist somit kooperativ.*

19.5 Der Wettbewerb von ungekoppelten selbstreproduzierenden Systemen

Der eben bewiesene Kooperationssatz liefert eine Aussage für eine allgemeine Klasse von Differentialgleichungen. In dieser Hinsicht ähnelt er den Sätzen aus Kapitel 12 und 13. Benutzen wir die Gelegenheit, um eine weitere umfangreiche Klasse von Modellen zu untersuchen, deren Eigenschaften nicht von der expliziten Gestalt der Wachstumsfunktionen, sondern nur von ihrem allgemeinen Verhalten abhängt.

Betrachten wir diesmal den Wettbewerb von – im Gegensatz zu vorhin – *ungekoppelten selbstreproduzierenden Makromolekülen:* das bedeutet, daß die Wachstumsrate der Molekülsorte M_i nicht von den Konzentrationen der anderen Sorten abhängt, sondern lediglich von x_i. Als Funktion von x_i möge sie monoton fallend sein: die Moleküle M_i konkurrieren also untereinander und behindern ihre eigene Vermehrung.

Es wird sich unter diesen sehr allgemeinen Voraussetzungen herausstellen, daß der Endzustand des Systems wesentlich von der Gesamtkonzentration $c = x_1 + \ldots + x_n$ bestimmt wird; je größer sie ist, desto mehr konkurrierende Sorten können koexistieren. Wir dürfen jetzt nicht annehmen, daß die (von außen gesteuerte) Größe c gleich 1 gesetzt werden kann (vgl. Abschnitt 17.1).

Betrachten wir also die Ratengleichung

$$\dot{x}_i = x_i\left(G_i(x_i) - \frac{\Phi}{c}\right) \qquad i = 1, \ldots, n \tag{19.9}$$

auf dem Konzentrationskomplex S_n^c, wobei die G_i strikt monoton fallende Funktionen von $\mathbb{R}_+ = \{ x \in \mathbb{R}: x \geq 0 \}$ in $\mathbb{R}$ seien. Dann gilt, wie im nächsten Abschnitt bewiesen wird:

Für jedes $c > 0$ existiert ein eindeutig bestimmter Punkt $\mathbf{p} = (p_1, \ldots, p_n) \in S_n^c$, *welcher der ω-Limes von jeder Bahn im Inneren von S_n^c ist. Falls* $\mathbf{p}$ *im Inneren einer Randfläche liegt, ist* $\mathbf{p}$ *auch ω-Limes aller Bahnen im Inneren dieser Fläche. Für hinreichend großes c liegt* $\mathbf{p}$ *im Inneren von S_n^c.* Je reicher daher das System, desto „artenreicher" wird es auch sein.

Als Beispiel kann man sich den Fall der *Michaelis-Menten-Kinetik* vor Augen halten:

$$G_i(x_i) = \frac{1}{d_i + e_i x_i} \tag{19.10}$$

Wenn wir – ohne Beschränkung der Allgemeinheit –

$$d_1 \leqslant d_2 \leqslant \ldots \leqslant d_n$$

voraussetzen und für $k = 1, \ldots, n$ definieren

$$a_k = \sum_{j=1}^{k} \frac{d_k - d_j}{e_j}$$

erhalten wir

$$0 = a_1 \leqslant a_2 \leqslant \ldots \leqslant a_n$$

Man sieht sofort, daß (19.9) mit (19.10) genau dann einen Gleichgewichtspunkt im Inneren von S_n^c besitzt, wenn $c > a_n$ gilt. In diesem Fall ist er – so die allgemeine Aussage – eindeutig bestimmt und global stabil. Seine Koordinaten werden durch

$$p_i = \left(\sum_{j=1}^{n} \frac{e_i}{e_j}\right)^{-1} \left(c + \sum_{j=1}^{n} \frac{d_j - d_i}{e_j}\right) \qquad i = 1, \ldots, n \tag{19.11}$$

gegeben. Wenn c dagegen in (a_k, a_{k+1}) liegt, mit $1 \leqslant k < n$, dann sind die Koordinaten des eindeutig bestimmten stabilen Gleichgewichtspunkts **p** gegeben durch

$$p_i = 0 \text{ für } i > k$$

und

$$p_i = \left(\sum_{j=1}^{k} \frac{e_i}{e_j}\right)^{-1} \left(c + \sum_{j=1}^{k} \frac{d_j - d_i}{e_j}\right) \qquad \text{für } i = 1, \ldots, k$$

Das zeigt, daß mit wachsender Gesamtkonzentration c mehr und mehr Spezies koexistieren können.

Ganz analoges gilt auch für

$$G_i(x_i) = d_i - e_i x_i \tag{19.12}$$

wo die selbstreproduzierenden Moleküle mit dem quadratischen Term $-e_i x_i^2$ zerfallen. Wir wollen aber gleich den allgemeinen Fall beweisen. (Halten wir nur noch fest, daß durch Vorzeichenumkehr entsprechende Resultate für monoton wachsende Funktionen G_i gewonnen werden können.)

19.6 Die Analyse des koppelungsfreien Wettbewerbs

Ohne Einschränkung der Allgemeinheit können wir für die Wechselwirkungsterme G_i aus (19.9) annehmen, daß

$$G_1(0) \geqslant G_2(0) \geqslant \ldots \geqslant G_n(0) \tag{19.13}$$

gilt. Wir dürfen auch voraussetzen, daß alle diese Ausdrücke positiv sind – sonst bräuchten wir bloß eine Konstante dazuaddieren, was (19.9) nicht ändert.

Berechnen wir zunächst die Koordinaten des Gleichgewichts **p**. Wir werden zeigen, daß es für jedes $c > 0$ eindeutig bestimmte Zahlen K (mit $K < G_1(0)$) und $p_1, \ldots, p_n$ (mit $\Sigma p_i = c$) gibt, so daß gilt:

$$G_1(p_1) = \ldots = G_m(p_m) = K$$

$$p_1 > 0, \ldots, p_m > 0 \tag{19.14}$$

und

$$p_{m+1} = \ldots = p_n = 0$$

wobei m die größte Zahl j mit $G_j(0) > K$ ist.

Sei nämlich G_i^{-1} die Umkehrfunktion von G_i. Sie ist auf dem Intervall $(G_i(+\infty), G_i(0)]$ definiert. Für $x \geqslant G_i(0)$ setzen wir jetzt $G_i^{-1}(x) = 0$. Die Funktion

$$H = \sum_{i=1}^{n} G_i^{-1}$$

ist auf dem Intervall

$$(\max_{1 \leqslant i \leqslant n} G_i(+\infty), G_1(0)]$$

definiert und fällt streng monoton von $+\infty$ bis 0. Für jedes $c > 0$ gibt es daher ein eindeutig bestimmtes K mit $H(K) = c$. Sei nun

$$p_i = G_i^{-1}(K) \tag{19.15}$$

Offenbar gilt $\sum_{i=1}^{n} p_i = c$. Für $G_i(0) \leqslant K$ ist $p_i = 0$, für $G_i(0) > K$ aber $G_i(p_i) = K$ und $p_i > 0$. Wenn also $H(G_i(0)) < c$ gilt, so folgt $p_1 > 0, \ldots, p_i > 0$. Wenn insbesondere alle $G_i(0)$ gleich sind, dann ist $\mathbf{p} = (p_1, \ldots, p_n)$ für alle $c > 0$ im Inneren von S_n^c. Wenn sie aber verschieden sind, so werden mit wachsendem c immer mehr der p_i strikt positiv.

Daß **p** ein Gleichgewichtspunkt ist, ist klar. Wir zeigen jetzt, daß **p** global stabil ist. Dazu betrachten wir auf S_n^c die Funktion

$$P = \prod_{i=1}^{n} x_i^{p_i} \tag{19.16}$$

die, wie wir von Abschnitt 4.3 her wissen, ihr eindeutig bestimmtes Maximum an der Stelle $\mathbf{x} = \mathbf{p}$ annimmt. Es gilt

$$\dot{P} = P \sum_{i=1}^{n} p_i \frac{\dot{x}_i}{x_i} = P \sum_{i=1}^{n} p_i (G_i(x_i) - \frac{\Phi}{c}) = P(\sum_{i=1}^{n} p_i G_i(x_i) - \frac{\Phi}{c} \sum_{i=1}^{n} p_i) =$$

$$= P \sum_{i=1}^{n} (p_i - x_i) G_i(x_i) \geqslant 0$$

Die letzte Ungleichung folgt daher, daß die strikte Monotonie der G_i die Ungleichung

$$\sum_{i=1}^{n} (p_i - x_i)(G_i(x_i) - G_i(p_i)) \geqslant 0 \tag{19.17}$$

impliziert (mit Gleichheit dann und nur dann, wenn $\mathbf{x} = \mathbf{p}$), und somit

$$\sum_{i=1}^{n} (p_i - x_i) G_i(x_i) \geqslant \sum_{i=1}^{n} (p_i - x_i) G_i(p_i) = \sum_{i=1}^{n} p_i G_i(p_i) - \sum_{i=1}^{n} x_i G_i(p_i)$$

Für $i \leqslant m$ ist aber $G_i(p_i) = K$ und außerdem gilt $\sum_{i=1}^{m} p_i = \sum_{i=1}^{n} x_i = c$; deswegen ist die rechte Seite des obigen Ausdrucks gleich

$$\sum_{i=1}^{n} x_i (K - G_i(p_i)) = \sum_{i=m+1}^{n} x_i (K - G_i(0)) \geqslant 0$$

da ja $K > G_i(0)$ für $i > m$ gilt.

Weiters ist

$$\{ \mathbf{x}: \dot{P}(x) = 0 \} = \{ \mathbf{x}: P(\mathbf{x}) = 0 \text{ oder } \mathbf{x} = \mathbf{p} \}$$

die Vereinigung von **p** mit den Randflächen von S_n^c, die **p** nicht berühren. Aus dem Satz von Ljapunov folgt, daß alle Bahnen im Inneren von S_n^c und auf den Randflächen, die **p** berühren, den Punkt **p** als ω-Limes besitzen.

19.7 Anmerkungen

Realistische Modelle für hyperzyklische Koppelung wurden von Eigen und Schuster (1979) und Schneider et al. (1979) vorgeschlagen. In Eigen et al. (1980) und Hofbauer et al. (1981) wird aus der entsprechenden chemischen Kinetik die Gestalt des Wechselwirkungsterms abgeleitet. Die Kooperation wurde für den einfachen Hyperzyklus in Schuster et al. (1979a), für den allgemeinen Hyperzyklus in Hofbauer et al. (1981) nachgewiesen. Der hier vorgebrachte Beweis stammt aus Hofbauer (1981b). Die Abschnitte 19.5 und 19.6 sind aus Hofbauer et al. (1981): sie verallgemeinern Ergebnisse von Epstein (1979).

20 Die Evolution von Hyperzyklen

20.1 Der Wettbewerb von Hyperzyklen ohne gemeinsame Glieder

Setzen wir nun voraus, daß der Flußreaktor mehrere Hyperzyklen enthält. Dabei wollen wir wieder, so wie in Kapitel 18, annehmen, daß die katalytische Wirkung einer Spezies auf die andere linear ist: nach den Ergebnissen von Kapitel 19 läßt sich ja hoffen, daß Resultate von diesem besonders einfachen Fall auch auf allgemeinere, realistischere Wechselwirkungssysteme übertragbar sind.

Zunächst setzen wir voraus, daß die konkurrierenden Hyperzyklen *keine gemeinsame Spezies* besitzen (s. Abb. 20.1). Das läßt sich mit Hilfe einer Permutation π der Menge $\{1, \ldots, n\}$ beschreiben. Jede solche Permutation ist bekanntlich in *Elementarzyklen*

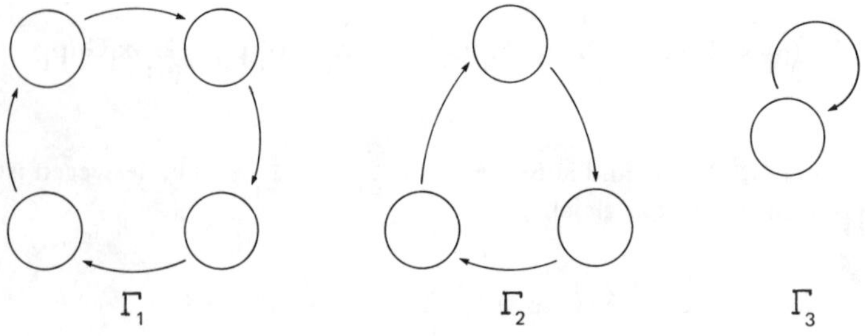

Abb. 20.1 Die Konkurrenz von disjunkten Hyperzyklen

$\Gamma_1, \ldots, \Gamma_s$ zerlegbar: diese entsprechen gerade den Hyperzyklen. Die Wachstumsgleichung lautet jetzt

$$\dot{x}_i = x_i(k_i x_{\pi(i)} - \Phi) \tag{20.1}$$

Wenn π nur einen Zyklus Γ_1 besitzt, erhalten wir so – bis auf eine Umordnung der Indices – die Hyperzyklusgleichung (18.2). Wenn ein Γ_j aus einem einzigen Element i besteht – einem Fixpunkt der Permutation π – so entspricht M_i einer autokatalytischen, selbstreproduzierenden Spezies.

So wie in Kapitel 18 können wir wieder eine baryzentrische Transformation durchführen

$$y_i = \frac{k_{\tau(i)} x_i}{\sum_{j=1}^{n} k_{\tau(j)} x_j} \tag{20.2}$$

(mit $\tau = \pi^{-1}$) und erhalten, nach einer Geschwindigkeitstransformation, aus Gleichung (20.1) die Gleichung

$$\dot{x}_i = x_i(x_{\pi(i)} - \Phi) \tag{20.3}$$

Wieder gibt es nur einen einzigen inneren Fixpunkt, nämlich

$$\mathbf{m} = (\frac{1}{n}, \ldots, \frac{1}{n})$$

Wir zeigen zunächst, *daß kurze Hyperzyklen ins Gleichgewicht kommen:* wenn die Länge $|\Gamma_k|$ von Γ_k kleiner als 5 ist und i und j zu Γ_k gehören, so gilt im Inneren von S_n für $t \to +\infty$

$$\frac{x_i}{x_j} \to 1 \tag{20.4}$$

Der Beweis verläuft ganz analog zu dem in Kapitel 18 betrachteten Fall eines einzigen Hyperzyklus: Wir können annehmen, daß Γ_k aus den Spezies $1, \ldots, m$ besteht ($m \leqslant 4$).

Die Menge

$$Z = \{ (x_1, \ldots, x_n): x_1 = \ldots = x_m \}$$

ist invariant. Sei

$$V = \frac{P}{S^m}$$

wobei

$$P = x_1 x_2 \ldots x_m$$

und

$$S = x_1 + \ldots + x_m$$

gesetzt wird. Dann gilt für die Funktion $t \to V(\mathbf{x}(t))$

$$\dot{V} = \frac{PT}{S^{m+1}}$$

wobei T durch (18.16) – mit m statt n – gegeben ist. Wie in Abschnitt 18.5 folgt, daß jede Bahn im Inneren von S_n gegen Z konvergiert, also (20.4) erfüllt ist.

Wenn der Flußreaktor nur kurze Hyperzyklen enthält, also $|\Gamma_j| \leqslant 4$ für $j = 1, \ldots, s$ gilt, dann streben alle Bahnen im Inneren von S_n zur Menge

$$W = \{ (x_1, \ldots, x_n) \in S_n: x_i = x_j \text{ für alle i,j, die zum selben Elementarzyklus gehören} \}$$

W ist ein s-eckiger Simplex, der unter (20.3) invariant ist. Wenn wir die Koordinaten

$$z_j = \sum_{i \in \Gamma_j} x_i \qquad (j = 1, \ldots, s)$$

einführen, dann erhalten wir, als Einschränkung von (20.3) auf W, die Gleichung

$$\dot{z}_j = z_j \left(\frac{1}{|\Gamma_j|} z_j - \Phi \right)$$

also eine Gleichung der Form (17.13), wie wir sie für den Wettbewerb von autokatalytischen Spezies kennengelernt haben. In diesem Fall sterben – außer unter ganz unwahrscheinlichen Anfangsbedingungen – alle autokatalytischen Spezies aus, bis auf eine. Das gilt somit auch für den *Wettbewerb von kurzen Hyperzyklen: alle bis auf einen sterben aus. Welcher sich durchsetzt, hängt von den Anfangskonzentrationen ab.*

Für den Wettbewerb von langen Hyperzyklen wird das wohl ebenfalls richtig sein: bisher fehlt allerdings ein Beweis. Leicht zu sehen ist aber in jedem Fall, daß der innere Gleichgewichtspunkt **m**, sobald mehr als ein Hyperzyklus im Reaktor vorhanden ist, nicht stabil sein kann.

Jede Umgebung von **m** enthält nämlich Punkte der Menge

$$A = \{ \mathbf{x} \in S_n : \frac{x_i}{x_j} < 1 \text{ für alle } i \in \Gamma_2, j \in \Gamma_1 \} \tag{20.5}$$

wobei Γ_1 und Γ_2 zwei Elementarzyklen sind. In A gilt wegen (17.7)

$$(\frac{x_i}{x_j})^{\bullet} = (\frac{x_i}{x_j})(\mathbf{x}_{\pi(i)} - x_{\pi(j)}) < 0$$

da mit $i \in \Gamma_2$ auch $\pi(i) \in \Gamma_2$, mit $j \in \Gamma_1$ auch $\pi(j) \in \Gamma_1$ gilt. A ist daher positiv invariant, und jede Bahn in A strebt zum Rand von S_n. Also gibt es in jeder Umgebung von **m** Punkte, die von **m** fortstreben: das Gleichgewicht ist somit nicht stabil.

20.2 Der Wettbewerb von Hyperzyklen mit gemeinsamen Gliedern

Nehmen wir nun an, daß zwei der konkurrierenden Hyperzyklen – etwa Γ_1 und Γ_2 – eine gemeinsame Spezies M besitzen, deren Konzentration wir mit x bezeichnen (s. Abb. 20.2).

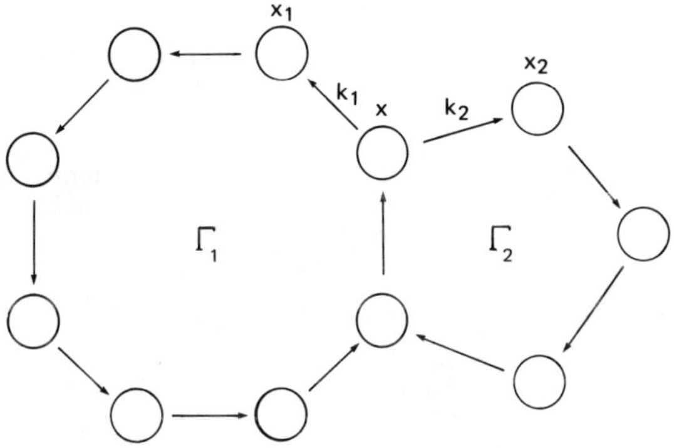

Abb. 20.2 Zwei Hyperzyklen mit gemeinsamen Gliedern

Sei M_1 der Nachfolger von M in Γ_1, M_2 der in Γ_2. Dann gilt

$$\dot{x}_1 = x_1(k_1 x - \Phi)$$

$$\dot{x}_2 = x_2(k_2 x - \Phi)$$

und daher wegen der Quotientenregel (17.7)

$$(\frac{x_1}{x_2})^{\bullet} = (\frac{x_1}{x_2})(k_1 - k_2)x \tag{20.6}$$

Von dem unwahrscheinlichen Fall abgesehen, daß $k_1 = k_2$ ist, setzt sich M_1 oder M_2 auf Kosten der anderen Spezies durch, je nachdem, welche Wechselwirkungskonstante größer ist. Es wird also einer der Hyperzyklen Γ_1 oder Γ_2 verschwinden: *Koexistenz gibt es nicht.*

20.3 Katalytische Ketten

Bevor wir vom Wettbewerbsverhalten der Hyperzyklen auf ihre Evolution schließen, wollen wir noch kurz den Fall katalytischer Ketten behandeln. Wir nehmen dazu an, daß es im Flußreaktor Molekülsorten M_1 bis M_n gibt, wobei M_1 die Selbstreproduktion von

Abb. 20.3 Eine katalytische Kette

M_2, M_2 die von $M_3, \ldots, M_{n-1}$ schließlich die von M_n katalysiert (siehe Abb. 20.3). Die Gleichungen lauten dann:

$$\begin{aligned} \dot{x}_1 &= x_1(-\Phi) \\ \dot{x}_2 &= x_2(k_1 x_1 - \Phi) \\ &\vdots \\ \dot{x}_n &= x_n(k_{n-1} x_{n-1} - \Phi) \end{aligned} \tag{20.7}$$

mit $k_1, \ldots, k_{n-1} > 0$. *In diesem Fall verschwinden alle Konzentrationen bis auf die der „Endspezies" M_n.* Dieses Resultat ist anschaulich klar, der Beweis allerdings etwas umständlich. Wir wollen übrigens zulassen, daß noch andere Spezies $M_{n+1}, \ldots, M_m$ im Flußreaktor sind, aber kein Glied dieser Kette katalysieren: ihre Anwesenheit kann sich somit höchstens im Flußterm Φ bemerkbar machen; wir nehmen lediglich an, daß $\Phi > 0$ und $x_1 > 0, \ldots, x_n > 0$ gilt.

Zeigen wir nun, daß für $1 \leqslant i \leqslant n-1$ folgt: $x_i \to 0$ und $\frac{x_i}{x_{i+1}} \to r_i$, wobei die Konvergenz dieser Quotienten ab einer gewissen Zeit monoton ist. Der Induktionsanfang ist klar: x_1 strebt monoton fallend gegen 0; aus

$$\left(\frac{x_1}{x_2}\right)^{\cdot} = -k_1 x_1 \left(\frac{x_1}{x_2}\right)$$

folgt, daß $\frac{x_1}{x_2}$ monoton fallend gegen einen Grenzwert r_1 strebt.

Nun zum nächsten Induktionsschritt. Aus

$$\left(\frac{x_2}{x_3}\right)^{\cdot} = \left(\frac{x_2}{x_3}\right)\left(\frac{x_1}{x_2} - \frac{k_2}{k_1}\right) k_1 x_2 \tag{20.8}$$

folgt, wenn $r_1 \geqslant \frac{k_2}{k_1}$ gilt, daß $\frac{x_2}{x_3}$ monoton wächst; und wenn $r_1 < \frac{k_2}{k_1}$, daß $\frac{x_2}{x_3}$ schließlich monoton fällt. In jedem Fall strebt $\frac{x_2}{x_3}$ schließlich monoton gegen einen Grenzwert

r_2 (r_2 kann auch $+\infty$ sein). Wenn nun $r_1 > 0$ gilt, folgt aus $x_1 \to 0$ auch $x_2 \to 0$, und der Induktionsschritt ist durchgeführt. Für $r_1 = 0$ aber gilt für große t die Ungleichung $\frac{x_1}{x_2} \leqslant \frac{k_2}{2k_1}$, was in (20.8) eingesetzt

$$(\log \frac{x_2}{x_3})^\cdot = (\frac{x_1}{x_2} - \frac{k_2}{k_1})k_1 x_2 \leqslant -\frac{k_2}{2} x_2$$

ergibt. Wegen $x_2 \leqslant \frac{x_2}{x_3}$ folgt daraus durch Integrieren

$$\log x_2(t) \leqslant -\frac{k_2}{2} \int_0^t x_2(s)ds + C \qquad (20.9)$$

Aus dieser Integralungleichung schließt man nun leicht auf $x_2 \to 0$: Wenn nämlich x_2 nicht gegen 0 strebt, dann überschreitet $x_2(t)$ immer wieder einen bestimmten Wert $\delta > 0$ und ist jedesmal für eine gewisse Zeitspanne T (etwa $T = \frac{\log 2}{k_1}$) größer als $\frac{\delta}{2}$. Das Integral $\int_0^t x_2(s)ds$ wächst daher mit $t \to \infty$ über alle Schranken. Dann folgt aber aus (20.9) $x_2(t) \to 0$.

Damit ist der erste Induktionsschritt durchgeführt. Die weiteren Schritte verlaufen ganz analog.

20.4. Die Evolution von Hyperzyklen

Wir können uns nun ein Bild von der Evolution von Hyperzyklen machen. Zunächst wird es in der „Ursuppe" noch nicht viele Spezies von selbstreproduzierenden Molekülen geben: das Auftreten einer neuen Spezies durch Mutation ist ein seltenes Ereignis. Insbesondere wird noch keiner der möglichen Hyperzyklen vollständig sein: solange aber der Koppelungskreis nicht geschlossen ist, besteht der „unvollständige" Hyperzyklus aus einer oder mehreren katalytischen Ketten. Was dann geschieht, wissen wir. Die „Endspezies" dieser katalytischen Ketten reichern sich an, von den übrigen Makromolekülen gibt es nur verschwindende Mengen, und das System ist bald nahe bei einem Gleichgewicht, so daß sich scheinbar nichts tut. Führt nun eine Mutation einen weiteren Baustein des Hyperzyklus ein, ohne den Koppelungskreis aber zu schließen, so kann sich das Gleichgewicht stark verschieben: aber nach einiger Zeit wird das System wieder „lethargisch". Was nicht Endspezies ist, kommt bestenfalls in Spuren vor, und läuft immer Gefahr, durch Zufallsschwankung ganz ausgelöscht zu werden.

Anders wird es erst, wenn eine Mutation den Hyperzyklus schließt: jetzt läuft der Kreisprozeß. Wenn der Hyperzyklus kurz ist, kommt es zu einem Gleichgewicht; ist er länger, so wird lebhaft pulsiert; auf alle Fälle wird aber von jeder beteiligten Molekülspezies eine ansehnliche Konzentration vorhanden sein, so daß die gespeicherte Information nicht durch eine Zufallsschwankung verloren gehen kann.

Was geschieht aber, wenn durch eine Folge von Mutationen auch ein zweiter, disjunkter Hyperzyklus vervollständigt wird? Er kommt zu spät und hat gar keine Chance mehr, sich durchzusetzen. Das sieht man folgendermaßen: nach dem Kooperationssatz (oder einer einfachen Modifikation) sind die Konzentrationen aller Spezies vom ersten Hyperzyklus Γ_1 größer als ein gewisses $\delta > 0$. Daher wird der Flußterm Φ nach einiger Zeit größer als ein $\epsilon > 0$ sein. Solange der zweite Hyperzyklus Γ_2 nicht vervollständigt ist, sind alle seine Konzentrationen sehr klein, sogar die der Endspezies M_i, für welche ja gilt:

$$\dot{x}_i = x_i(k_i x_{i-1} - \Phi)$$

Da x_{i-1} sehr klein, Φ aber größer als ϵ ist, folgt $\dot{x}_i < 0$. Nach einiger Zeit wird das System also in der offenen Menge A liegen, die in (20.5) beschrieben wurde. Auch die Mutation, die Γ_2 schließlich vervollständigt, kann daran nichts ändern, sie führt die fehlende Spezies ja nur in winziger Menge ein. Im Bereich A aber dominiert Γ_1 und alle Glieder von Γ_2 sterben aus.

Das sieht auf den ersten Blick so aus, als könnte es gar keine Evolution von Hyperzyklen geben: der erste, welcher fertig ist, gewinnt. Zum Glück ist das nicht so. Wir haben bisher vorausgesetzt, daß die Hyperzyklen Γ_1 und Γ_2 disjunkt sind: falls sie aber mindestens *eine Spezies gemeinsam* haben, tritt ein ganz anderes Verhalten auf. Etabliert sich etwa Γ_1 zuerst, so ist Γ_2 deshalb noch nicht verloren: auch wenn Mutationen nur ganz geringe Mengen der Spezies einführen, die Γ_2 vervollständigen, wird dies nach (20.6) ausreichen, daß sich Γ_2 auf Kosten von Γ_1 durchsetzt, soferne nur $k_2 > k_1$ gilt.

Hier haben wir also Evolution, und zwar von ganz charakteristischer Gestalt. *Es können niemals zwei Hyperzyklen koexistieren: aber ein Hyperzyklus kann aus einem anderen hervorgehen. Dieser andere muß aussterben, doch sein Nachfolger erbt Teile von ihm:* das gibt gerade den für präbiotische Evolution typischen, unverzweigten Abstammungsbaum, wie er in Abschnitt 15.4 verlangt wurde.

20.5 Anmerkungen

Auf den für präbiotische Evolution charakteristischen „einästigen" Stammbaum von Hyperzyklen wird in Eigen und Schuster (1979) hingewiesen. Der mathematische Nachweis wird in Schuster et al. (1979a) geliefert. Ein anderer, stochastischer Zugang zur Evolution von Hyperzyklen wird in Ebeling und Feistel (1982) beschrieben. Zur Rolle von Hyperzyklen in der präbiotischen Selbstorganisation, und insbesondere zur Notwendigkeit einer räumlichen Trennung (Kompartmentierung) verweisen wir auf Eigen und Schuster (1982).

21 Lineare Wachstumsraten im Flußreaktor

21.1 Homogene und inhomogene lineare Wachstumsraten

Neben autokatalytischer und hyperzyklischer Koppelung sind natürlich noch viele andere Mechanismen der Wechselwirkung im Flußreaktor denkbar. In diesem Kapitel wollen wir solche betrachten, die *linear* sind. Wir setzen also für die Wachstumsrate der selbstreproduzierenden molekularen Spezies M_i:

$$G_i(\mathbf{x}) = b_i + a_{i1}x_1 + \ldots + a_{in}x_n \qquad i = 1, \ldots, n \tag{21.1}$$

wobei die b_i und die a_{ij} Konstanten sind. Diese Wachstumsraten sind nicht homogen, außer in den Sonderfällen, daß alle b_i oder alle a_{ij} verschwinden. Man wird also nicht die Gesamtkonzentration unbedenklich gleich 1 setzen können. Die Ratengleichung (17.5) im Flußreaktor wird zu

$$\dot{x}_i = x_i(b_i + \sum_j a_{ij}x_j - \frac{1}{c}\Phi) \tag{21.2}$$

auf S_n^c, mit

$$\Phi = \sum_i b_i x_i + \sum_{ij} a_{ij}x_i x_j \tag{21.3}$$

Um wieder auf den Einheitssimplex zu kommen, gehen wir über zu den relativen Konzentrationen $y_i = \frac{x_i}{c}$ und erhalten

$$\dot{y}_i = cy_i(q_i + \Sigma a_{ij}y_j - \Phi) \tag{21.4}$$

mit $q_i = \frac{b_i}{c}$. Läßt man in obiger Gleichung c weg – was einer Geschwindigkeitsänderung entspricht – und schreibt man wieder x_i statt y_i, so liefert das

$$\dot{x}_i = x_i(q_i + \Sigma a_{ij}x_j - \Phi) \tag{21.5}$$

auf S_n, mit $q_i = \frac{b_i}{c}$.

Für manche Überlegungen ist es von Interesse, Systeme zu betrachten, wo die Gesamtkonzentration c zwar nicht konstant ist, sich aber doch nur sehr langsam ändert. Die Ratengleichung ist dann zwar nicht völlig korrekt, liefert aber doch eine gute erste Annäherung, zumindest für Zeiträume, die nicht allzu groß sind. Im Fall linearer Wachstumsraten wird man somit (21.5) auf S_n untersuchen, mit Parametern q_i, die umso kleiner sind, je größer die Gesamtkonzentration im Flußreaktor ist.

21.2 Gleichgewichtspunkte

So wie in Abschnitt 6.3 ist es leicht, jene Gleichgewichtspunkte von (21.5) zu finden, die im Inneren von S_n liegen. Es sind dies die Lösungen der n linearen Gleichungen

$$q_1 + \Sigma a_{1j}x_j = q_2 + \Sigma a_{2j}x_j = \ldots = q_n + \Sigma a_{nj}x_j \tag{21.6}$$

und

$$x_1 + \ldots = x_n = 1 \tag{21.7}$$

für welche $x_i > 0$ ($i = 1, \ldots, n$) gilt. Ähnlich geht man vor, um die Fixpunkte auf den Randflächen zu finden. Jede solche Randfläche ist ja durch die Beziehungen $x_i = 0$ für $i \epsilon I$ gegeben (wobei I eine beliebige echte Teilmenge der Indexmenge $\{1, \ldots, n\}$ ist). Die Einschränkung von (21.5) auf so eine Randfläche läßt sich auffassen als Gleichung des chemischen Systems, bei welchem die Molekülarten M_i ($i \epsilon I$) nicht vorhanden sind: diese Einschränkungen sind wieder von derselben Gestalt.

21.3 Ein Exklusionsprinzip

Die Gleichung (21.5) und die Volterra-Lotka-Gleichung (14.3) ähneln einander sehr, obwohl sie auf verschiedenen Räumen definiert sind – hier $\mathbb{R}^n_+$, dort S_n – und verschiedenen Grad besitzen – die eine ist quadratisch, die andere kubisch. Es wird daher nicht verwundern, wenn für die Ratengleichung ähnliche Aussagen gelten wie für die ökologische Gleichung. In der Tat gilt, ganz analog zum Exklusionsprinzip von 14.3:

Wenn (21.5) kein inneres Gleichgewicht besitzt, strebt jede Bahn gegen den Rand von S_n.

Zum Beweis bemerken wir, daß – nach dem vorigen Abschnitt – (21.5) genau dann kein inneres Gleichgewicht besitzt, wenn die Diagonale

$$D = \{ \mathbf{y} \in \mathbb{R}^n : y_1 = \ldots = y_n \}$$

disjunkt ist zur Menge

$$W = \{ \mathbf{z} = L(\mathbf{x}) : \mathbf{x} \text{ im Inneren von } S_n \}$$

wobei die affine Abbildung L: $\mathbf{x} \to \mathbf{z}$ definiert ist durch

$$z_i = b_i + \sum_j a_{ij} x_j \qquad i = 1, \ldots, n$$

Die konvexen Mengen D und W lassen sich nach einem bekannten Satz durch eine Hyperebene trennen; es gibt also ein $\mathbf{c} \neq 0$ im $\mathbb{R}^n$, so daß

$$\mathbf{c.z} > \mathbf{c.y}$$

für alle $\mathbf{z} \in W$ und alle $\mathbf{y} \in D$ gilt. Das bedeutet, wegen $y_1 = \ldots = y_n$,

$$\sum_i c_i (q_i + \sum_j a_{ij} x_j) > (c_1 + \ldots + c_n) y_1 \tag{21.8}$$

für alle $\mathbf{x}$ im Inneren von S_n und alle $y_1 \in \mathbb{R}$. Das kann aber nur sein, wenn

$$c_1 + \ldots + c_n = 0$$

gilt. Setzen wir nun für $\mathbf{x}$ im Inneren von S_n

$$V(\mathbf{x}) = \sum c_i \log x_i \tag{21.9}$$

Wenn $\mathbf{x}(t)$ Lösung von (21.5) ist, gilt für die Ableitung der Funktion $t \to V(\mathbf{x}(t))$

$$\dot{V} = \sum_i c_i \frac{\dot{x}_i}{x_i} = \sum_i c_i (q_i + \sum_j a_{ij} x_j) - (\sum_i c_i)\Phi = \sum_i c_i (q_i + \sum_j a_{ij} x_j) > 0 \tag{21.10}$$

V ist also streng monoton wachsend längs aller Bahnen im Inneren von S_n. Es folgt aus dem Satz von Ljapunov (vgl. 6.6), daß es im Inneren von S_n keinen Punkt eines ω-Limes geben kann.

Auch für Zeitmittel gilt ein ähnlicher Satz wie im Lotka-Volterra-Fall (vgl. 14.3): *Wenn (21.5) einen einzigen inneren Gleichgewichtspunkt* **p** *besitzt, und der* ω*-Limes der Bahn* $\mathbf{x}(t)$ *ganz im Inneren von* S_n *liegt, so stimmt das Zeitmittel mit* **p** *überein.*

Wenn nämlich der ω-Limes der Bahn $\mathbf{x}(t)$ ganz im Inneren von S_n liegt, dann gibt es ein $\delta > 0$, so daß $x_i(t) \geqslant \delta$ für alle $t \geqslant 0$ und $i = 1, \ldots, n$ gilt. Für $T > 0$ sei

$$z_i(T) = \frac{1}{T} \int_0^T x_i(t)dt \qquad i = 1, \ldots, n$$

und

$$\psi(T) = \frac{1}{T} \int_0^T \Phi(\mathbf{x}(t))dt.$$

Es gilt

$$\sum_i z_i(T) = 1 \text{ und } z_i(T) \geqslant \delta$$

für alle $T > 0$. Die Funktionen z_i und ψ sind beschränkt, daher gibt es eine Folge $T_k \to +\infty$ und Zahlen $\bar{z}_1, \ldots, \bar{z}_n, \bar{\psi}$ so daß

$$z_i(T_k) \to \bar{z}_i \text{ für } i = 1, \ldots, n \text{ und } \psi(T_k) \to \bar{\psi}.$$

Außerdem gilt

$$\sum_i \bar{z}_i = 1 \text{ und } \bar{z}_i \geqslant \delta > 0.$$

Wenn die Gleichung

$$(\log x_i)^{\bullet} = \frac{\dot{x}_i}{x_i} = q_i + \sum_j a_{ij}x_j - \Phi$$

von 0 bis T_k integriert und durch T_k dividiert wird, erhält man

$$\frac{1}{T_k}[\log x_i(T_k) - \log x_i(0)] = q_i + \sum_j a_{ij}z_j(T_k) - \psi(T_k).$$

Da $0 \geqslant \log x_i(T_k) \geqslant \log \delta$ gilt, und T_k gegen Unendlich strebt, konvergiert die linke Seite gegen Null. Daraus folgt:

$$q_i + \sum_j a_{ij}\bar{z}_j = \bar{\psi} \qquad i = 1, \ldots, n.$$

Die $\bar{z}_i$ sind somit strikt positive Lösungen des linearen Gleichungssystems (21.6) und (21.7), und der Punkt $\bar{\mathbf{z}} = (\bar{z}_1, \ldots, \bar{z}_n)$ also ein inneres Gleichgewicht von (21.5). Damit ist die Behauptung bewiesen.

Wenn (21.5) kooperativ ist (vgl. 19.1), muß ein inneres Gleichgewicht **p** existieren; das folgt aus dem Exklusionsprinzip. Außerdem ist **p** eindeutig bestimmt: ansonsten würden die Fixpunkte – als Lösungen von (21.6) und (21.7) – eine lineare Mannigfaltigkeit bilden, deren Dimension mindestens 1 ist und die daher den Rand von S_n trifft: das läßt sich aber mit der Definition der Kooperation nicht vereinbaren. – Die Zeitmittel jeder Bahn $\mathbf{x}(t)$ im Inneren von S_n existieren daher und stimmen mit $\mathbf{p}$ überein:

$$\lim_{T\to+\infty} \frac{1}{T} \int_0^T x_i(t)dt = p_i \tag{21.11}$$

Das ist besonders für die Hyperzyklus-Gleichung von Interesse. Hier wissen wir ja, daß das System kooperativ ist. Für $n \geqslant 5$ ist der Gleichgewichtspunkt von (18.2) nicht mehr stabil: aber er ist trotzdem noch von Bedeutung, da er die Zeitmittel der Konzentrationen darstellt.

21.4 Der inhomogene Hyperzyklus

Neben dem Hyperzyklus ist auch der *inhomogene Hyperzyklus* von Interesse, bei dem die Wachstumsraten von der Gestalt

$$G_i(\mathbf{x}) = b_i + k_i x_{i-1}$$

sind, mit $b_i \geqslant 0$ und $k_i > 0$; sie setzen sich also zusammen aus einem konstanten Term und einem Term, der zur Konzentration der vorhergehenden Spezies proportional ist (wieder zählen wir Indices zyklisch modulo n). Die Gleichung für den inhomogenen Hyperzyklus bei konstanter Gesamtkonzentration c lautet demnach

$$\dot{x}_i = x_i(b_i + k_i x_{i-1} - \frac{\Phi}{c}) \tag{21.12}$$

und ist ein Spezialfall von (21.2).

Ein Fixpunkt im Inneren des Konzentrationssimplex muß (21.6) erfüllen, d.h.

$$b_1 + k_1 x_n = b_2 + k_2 x_1 = \ldots = b_n + k_n x_{n-1}$$

und zusätzlich noch

$$x_1 + \ldots + x_n = c$$

Daraus folgt

$$x_i = \frac{k_{i+1}^{-1}}{\sum_j k_j^{-1}} (c - \sum_s \frac{b_{i+1} - b_s}{k_s}) \tag{21.13}$$

Außerdem muß natürlich $x_i > 0$ für $i = 1, \ldots, n$ gelten. Wenn alle b_i gleich groß sind, ist das sicher erfüllt – dann unterscheidet sich (21.12) nur scheinbar von der homogenen Hyperzyklus-Gleichung (18.2), es ändert nichts an der Gleichung, wenn man $b_i = 0$ setzt. Sind aber nicht alle b_i gleich groß, so wird $x_i > 0$ für $i = 1, \ldots, n$ dann und nur dann gelten, wenn c hinreichend groß ist. *Beim inhomogenen Hyperzyklus tritt also dann und nur dann ein inneres Gleichgewicht auf, wenn die Gesamtkonzentration eine gewisse Schwelle überschreitet.*

Wenn es kein inneres Gleichgewicht gibt, ist nach Abschnitt 3 der inhomogene Hyperzyklus sicher nicht kooperativ. Wir zeigen jetzt die Umkehrung: *wenn es ein inneres Gleichgewicht gibt, so ist der inhomogene Hyperzyklus kooperativ.*

Für den Beweis wollen wir wieder annehmen, daß c = 1 gilt und bezeichnen den inneren Fixpunkt mit $\mathbf{p} = (p_1, \ldots, p_n)$. Aus

$$b_i + k_i p_{i-1} = \Phi(\mathbf{p}) \qquad i = 1, \ldots, n \tag{21.14}$$

folgt mit $B = \max\limits_{1 \leqslant i \leqslant n} b_i$

$$\Phi(\mathbf{p}) > B \tag{21.15}$$

Wegen (21.14) wird die Gleichung (21.12) (mit c = 1) zu

$$\dot{x}_i = x_i[k_i(x_{i-1} - p_{i-1}) + \Phi(\mathbf{p}) - \Phi(\mathbf{x})]$$

Wir wollen nun das Resultat von Abschnitt 19.3 anwenden und setzen

$$P = x_1^{1/k_1} x_2^{1/k_2} \ldots x_n^{1/k_n}$$

Offenbar gilt P = 0 am Rand von S_n und P > 0 im Inneren. Weiters ist

$$\psi = \frac{\dot{P}}{P} = \Sigma \frac{1}{k_i}[k_i(x_{i-1} - p_{i-1}) + \Phi(\mathbf{p}) - \Phi(\mathbf{x})] = (\sum_i \frac{1}{k_i})[\Phi(\mathbf{p}) - \Phi(\mathbf{x})] > (\Sigma \frac{1}{k_i})(B - \Phi(\mathbf{x}))$$

Um noch Bedingung (19.4) zu überprüfen, genügt es (wegen (21.15)) die folgende Behauptung nachzuweisen: für jedes $\mathbf{x}$ am Rand von S_n und jedes $\epsilon > 0$ gibt es eine Zeit T > 1 mit

$$\frac{1}{T} \int_0^T \Phi(\mathbf{x}(t))dt < B + \epsilon \tag{21.16}$$

Wir gehen hier indirekt vor und zeigen, daß andernfalls für i = 1, . . . ,n gelten müßte: $x_i(t) \to 0$ für $t \to +\infty$, was offenbar unmöglich ist, da die Bahn auf S_n liegt. Nehmen wir nämlich an, daß $x_{i-1}(t) \to 0$ gilt (was, da $\mathbf{x}$ am Rand von S_n liegt, für mindestens ein i stimmen muß). Wegen

$$\frac{\dot{x}_i}{x_i} = b_i + k_i x_{i-1} - \Phi$$

gilt

$$\frac{1}{T} \int_0^T \frac{\dot{x}_i}{x_i} dt = \frac{\log x_i(T) - \log x_i(0)}{T} = b_i + k_i \frac{1}{T} \int_0^T x_{i-1}(t)dt - \frac{1}{T} \int_0^T \Phi(\mathbf{x}(t))dt$$

und daher für hinreichend große T

$$\frac{1}{T}\log x_i(T) \leqslant b_i - B - \epsilon \leqslant -\epsilon$$

also

$$x_i(T) \leqslant e^{-\epsilon T}$$

und somit $x_i(T) \to 0$ für $T \to +\infty$. Damit ist der Beweis der Kooperativität erbracht.

21.5 Katalytische Netzwerke und Graphen

Eine wichtige Klasse von Gleichungen der Gestalt (21.2) sind solche, wo stets $b_i = 0$ und $a_{ij} \geqslant 0$ gilt. Wir bezeichnen sie als (homogene) *katalytische Netzwerke*. Die Konkurrenz von autokatalytischen Spezies (17.13), die Hyperzyklus-Gleichung (18.2), der Wettbewerb von Hyperzyklen mit oder ohne gemeinsame Glieder fallen alle in diese Klasse.

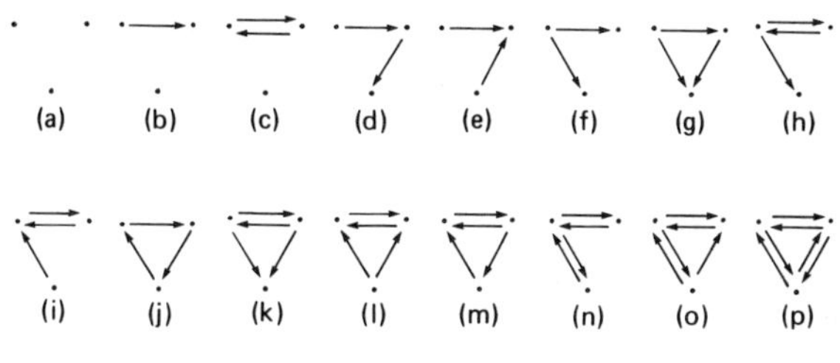

Abb. 21.1 Die gerichteten Graphen für n = 3, mit $a_{11} = a_{22} = a_{33} = 0$

Wesentliche Züge dieser Netzwerke werden durch den *Graphen* der katalytischen Wechselwirkungen dargestellt. Jeder Eckpunkt des Graphen entspricht dabei einer molekularen Spezies M_i, und ein Pfeil von M_j zu M_i drückt aus, daß $a_{ij} > 0$ gilt, also M_j katalytisch die Reproduktion von M_i fördert. Beispiele solcher Graphen sind in den Abbildungen 17.4, 20.1, 20.2, 20.3 und 21.1 gegeben. In manchen Fällen sagt der Graph schon alles Wesentliche über das dynamische System aus (z.B. bei Abbildung 17.4 oder 20.1). In anderen Fällen liefert er nur unvollständige Information: dann kommt es auch noch auf die Werte der Wechselwirkungskoeffizienten a_{ij} an, so zum Beispiel für Abb. 20.2.

21.6. Kooperation und Irreduzibilität

Wir wollen eine Spezies M_j im System (21.2) *wirkungslos* nennen, wenn $a_{ij} = 0$ für $i = 1, \ldots, n$ gilt. M_j wirkt dann bei keiner Wachstumsrate mit. Beweisen wir nun, daß ein System, welches eine wirkungslose Spezies – etwa M_1 – enthält, nie kooperativ sein kann. Andernfalls müßte es ja, nach Abschnitt 3, eine strikt positive Lösung der Gleichungen (21.6) und (21.7) geben. Doch wenn $a_{i1} = 0$ für $i = 1, \ldots, n$ gilt, kommt x_1 in (21.6) gar nicht vor. Wenn es also überhaupt einen Fixpunkt im Inneren von S_n gibt, dann gleich eine lineare Mannigfaltigkeit, die den Rand schneiden muß. Das aber schließt Kooperativität aus.

Betrachten wir nun ein homogenes katalytisches System. Wir wollen es *irreduzibel* nennen, wenn es für je zwei Spezies M_i und M_j stets eine Kette von Indices $i_0, i_1, \ldots, i_k$ gibt, mit $i_0 = i$, $i_k = j$ und

$$a_{i_{s+1} i_s} > 0 \qquad s = 0, \ldots, k-1$$

M_i wirkt – eventuell über mehrere Zwischenschritte – fördernd auf die Reproduktion von M_j. Von jedem Eckpunkt des Graphen, der die katalytische Wechselwirkung beschreibt, kann man zu jedem anderen Eckpunkt über einen gerichteten Weg gelangen. – Es gilt nun: *Ein katalytisches System ist nur dann kooperativ, wenn es irreduzibel ist.*

Zum Beweis gehen wir indirekt vor und nehmen an, das System wäre reduzibel. Dann gäbe es eine echte Teilmenge D der Indexmenge $\{1, \ldots, n\}$, die abgeschlossen ist in dem Sinn, daß $a_{ji} = 0$ für alle $i \in D$, $j \notin D$ gilt. Keine Spezies, die zu D gehört, katalysiert die Reproduktion einer Spezies, die nicht zu D gehört. Sei nun

$$M = \max_{1 \leqslant j \leqslant n} \sum_{s=1}^{n} a_{js}$$

und

$$m = \min_{i \in D} \sum_{t \in D} a_{it}$$

Wir dürfen annehmen, daß nicht alle a_{js} verschwinden, weil das System sonst nur Fixpunkte hätte, im Widerspruch zur Kooperation. Das garantiert uns $M > 0$. Wir können aber auch zusätzlich noch voraussetzen, daß $m > 0$ gilt. Sonst gäbe es ja ein $i \in D$ mit $a_{it} = 0$ für alle $t \in D$. In diesem Fall betrachten wir statt D die abgeschlossene Menge $D \setminus \{i\}$. Falls hier wieder $m = 0$ gilt, wiederholen wir die Überlegung. Falls es schließlich – in der immer wieder verkleinerten Menge – nur mehr ein Element i gibt, und $a_{ii} = 0$ gilt, dann ist i offenbar eine wirkungslose Spezies, das System also nicht kooperativ, was unsere Voraussetzung aber ausschließt.

Definieren wir nun G als jenen Bereich im Inneren von S_n, wo

$$\frac{x_j}{x_i} < \frac{m}{M}$$

für alle $i \in D$, $j \notin D$ gilt. Der Bereich G ist positiv invariant; für $\mathbf{x} \in G$ gilt nämlich nach der Quotientenregel (17.7)

$$\left(\frac{x_j}{x_i}\right)^{\bullet} = \left(\frac{x_j}{x_i}\right)\left(\sum_s a_{js}x_s - \sum_t a_{it}x_t\right) \leqslant \left(\frac{x_j}{x_i}\right)\left(\sum_{s \notin D} a_{js}x_s - \sum_{t \in D} a_{it}x_t\right)$$

$$\leqslant \left(\frac{x_j}{x_i}\right)\left(\max_{s \notin D} x_s \sum_{s \notin D} a_{js} - \min_{t \in D} x_t \sum_{t \in D} a_{it}\right)$$

$$\leqslant \left(\frac{x_j}{x_i}\right)\left(M \max_{s \notin D} x_s - m \min_{t \in D} x_t\right) < 0$$

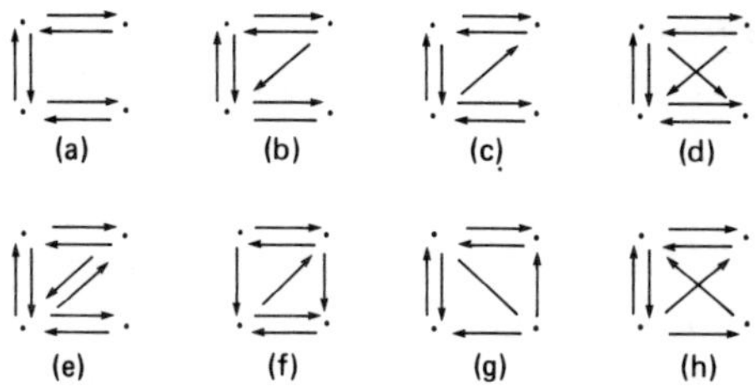

Abb. 21.2 Irreduzible Graphen für n = 4, die keine Hamilton-Graphen sind

x_j/x_i fällt, und $\mathbf{x}(t)$ bleibt daher – für alle $t \geqslant 0$ – in G. Da x_i beschränkt ist, muß x_j gegen 0 konvergieren, das System ist daher nicht kooperativ, was einen Widerspruch liefert.

Eine weitere Frage in diesem Zusammenhang wäre: muß ein katalytisches Netzwerk, welches kooperativ ist, einen „Hamiltonschen Graphen" besitzen, also einen gerichteten, geschlossenen Weg, der jeden Eckpunkt genau einmal besucht? Das ist noch nicht geklärt. Eine positive Antwort würde bedeuten, daß in jedem kooperativen System ein Hyperzyklus stecken muß. (Abb. 21.2 zeigt irreduzible Graphen, die keine Hamilton-Graphen sind.)

21.7 Anmerkungen

Inhomogene Hyperzyklen wurden von Eigen und Schuster (1979) untersucht. Der Beweis, daß sie für hinreichend große Gesamtkonzentration kooperativ sind, stammt aus Hofbauer (1981b). In Hofbauer et al. (1980) werden Graphen benutzt, um kleine katalytische Netzwerke zu klassifizieren. In Schuster et al. (1980) werden Graphen und Zeitmittel verwendet, um Aussagen über Kooperativität zu gewinnen. Sieveking (1983) hat gezeigt, daß alle kooperativen Systeme – linear oder nicht – einen inneren Fixpunkt besitzen müssen.

IV Soziobiologie

22 Probleme der Soziobiologie

22.1 Soziobiologie und Verhaltensforschung

Die *Soziobiologie* wird als das systematische Studium der biologischen Grundlagen sozialen Verhaltens definiert, und zwar bei menschlichen wie bei tierischen Gesellschaften. Als eine junge Wissenschaft ist sie noch recht kontroversiell, vor allem natürlich, was ihre auf Menschen bezogenen Aussagen anbelangt. Hier ist Raum für Debatten im Überfluß, allein schon deshalb, weil es ja nicht möglich ist, Experimente im großen Maßstab anzustellen. Einer der wenigen, die das versuchten, dürfte ein ägyptischer Herrscher gewesen sein, der eine Gruppe neugeborener Kinder an einem abgelegenen Ort durch taubstumme Sklavinnen aufziehen ließ, um die „Ursprache" der Menschheit kennenzulernen, was ihm nicht gelang.

Wir beschränken uns ganz auf tierische Gesellschaften. Hier finden wir die Soziobiologie in enger, wenn auch nicht immer inniger Nachbarschaft zur Verhaltensforschung, mit etwas theoretischeren Ansprüchen vielleicht.

Bei tierischen Verhaltensmustern unterscheidet man zwischen *erworbenen* – etwa dem Jagdverhalten, das ein junger Löwe erst nach einer dreijährigen „Ausbildung" einigermaßen beherrscht – und *angeborenen* – etwa dem Flugverhalten von Schwalben, die, selbst wenn ihre Flügel von Geburt an fixiert waren, sofort nach Freilassung fliegen können, mit vollkommener Sicherheit und Eleganz.

Dabei ist es freilich nicht immer leicht, angeborenes und erworbenes Verhalten zu trennen. Ein schönes Beispiel ist hier der Fluchtreflex von Hühnern, wenn ein Raubvogel über dem Hühnerhof kreist. – Frisch geschlüpfte Kücken, die noch nie ältere Hühner gesehen haben und in einem geschlossenen Raum aufwachsen, geraten in Panik, sobald eine Fliege über die Decke des Zimmers kriecht. Das ist ein angeborenes Verhalten. Ob dazu auch ein angeborenes Feindbild gehört, war lange Zeit zweifelhaft. Ein berühmt gewordener Versuch sprach dafür: eine Attrappe von der in Abb. 22.1 gezeigten Gestalt löste den Fluchtreflex aus, wenn sie an einem Draht von links nach rechts über den Hühnerhof gezogen wurde, nicht aber, wenn es von rechts nach links ging. Die geläufige Erklärung war, daß die Schablone im ersten Fall wie ein Raubvogel wirkt, mit kurzem Nacken und langem Schwanz, im anderen Fall aber wie eine harmlose Gans mit gestrecktem Hals. Erst nach einem Jahrzehnt gelang es, zu zeigen, daß diese Interpretation nicht stimmte. Küken erschraken prinzipiell vor allem, was über ihren Köpfen dahinzog, gewöhnten sich aber rasch daran. Im Hühnerhof war ihnen schon nach wenigen Stunden die Silhouette der fliegenden Gans als harmlos bekannt. In geschlossenen Räumen konnte man erreichen, daß sie vor der Gansattrappe flüchteten, das Raubvogelbild aber gleichmütig hinnahmen.

Wie dieses Beispiel beweist, ist es gar nicht so leicht, den genetisch programmierten Teil des Verhaltens – der uns im folgenden ausschließlich beschäftigen soll – vom erlernten zu sondern.

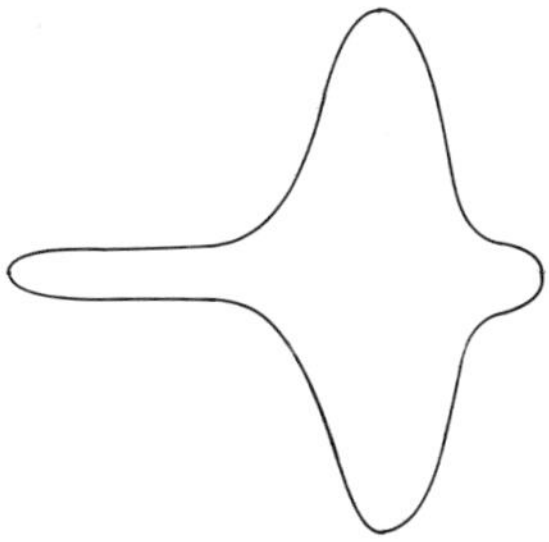

Abb. 22.1 Vogelattrappe

22.2 Altruistisches Verhalten: Individual- und Gruppenselektion

Im Tierreich stoßen wir häufig auf Verhaltensweisen, die selbstlos, ja sogar selbstaufopfernd erscheinen. Dazu gehören etwa das unerschrockene Eintreten der Dohlenmutter für ihr Kind, der todesmutige Einsatz der Soldatenameisen, der Alarmruf, welcher die Herde vor dem Raubtier warnt und den Warner dabei bemerkbar macht, oder die fast „ritterliche" Beißhemmung des Wolfes, dem sein unterlegener Rivale den schutzlosen Hals darbietet. So offenkundig wertvoll derlei *altruistische Instinkte* für die betreffende Art auch sind, so schwierig ist es doch oftmals, zu verstehen, wie sie entwicklungsgeschichtlich aufkommen konnten.

Diese Fragen sind in größerem Zusammenhang zu sehen, in der Kontroverse zwischen *Individual- und Gruppenselektion.* Wenn in einer Gruppe eine Erbanlage häufig vorkommt, die für diese Gruppe von Vorteil ist, so setzt sich die Gruppe demgemäß besser durch. Das behaupten die einen. Aber wie, werfen die anderen ein, konnte diese Erbanlage sich ausbreiten? Wenn sie dem Individuum schadet, das sie besitzt, so wird dessen Nachkommenschaft gering sein, der Anteil der Erbanlage muß also sinken. – Wie erklärt sich dann aber der Altruismus? Er ist ja kein unbedeutendes Randphänomen, sondern sehr weit verbreitet. Sogar die geschlechtliche Fortpflanzung läßt sich als Altruismus interpretieren, da man zeigen kann, daß Weibchen, die sich parthenogenetisch – also ohne Partner – fortpflanzen können, viel mehr Nachkommen haben werden als solche, die den „Umweg" über das Männchen nehmen. (Natürlich wird eine Art, die sich parthenogenetisch fortpflanzt, auf das dauernde Experimentieren mit immer neuen Genkombinationen verzichten müssen; sie kann sich den Änderungen der Umwelt nicht so gut anpassen. Aber das ist ja wieder „Wohl der Art" und nicht unmittelbarer genetischer Profit des Einzelnen).

Nun, das Rätsel vom Ursprung der geschlechtlichen Fortpflanzung scheint noch weit von einer Lösung entfernt, und die Debatte zwischen Individual- und Gruppenselektionisten daher noch nicht entschieden. Viele altruistische Verhaltensweisen aber haben sich deuten lassen, ohne dafür gleich das Aussterben von Gruppen oder gar Arten bemühen zu müssen. Wir werden einige dieser Erfolge der Individualselektion beschreiben und dabei feststellen, daß wir auf neue Modelle, aber altbekannte Gleichungen stoßen.

22.3 Verwandtenbegünstigung und der Begriff der Genselektion

Für eine große Klasse von scheinbar altruistischen Verhaltensweisen liegt die Erklärung freilich auf der Hand. Ein Gen (oder Genkomplex) kann seine Überlebenschance erhö-

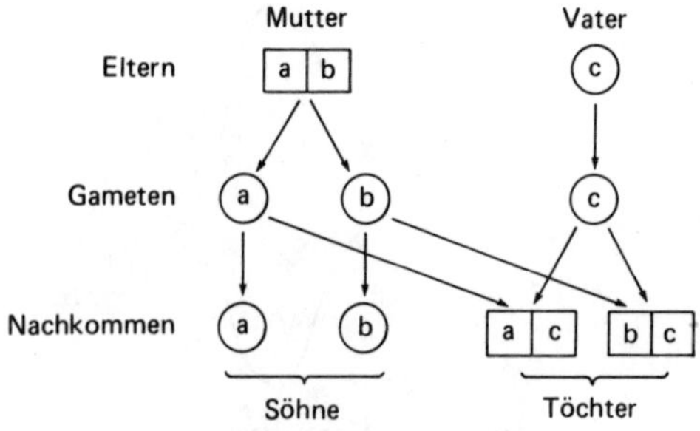

Abb. 22.2 Der Erbmechanismus bei Hymenoptera

hen, wenn es dem Muttertier aufträgt, sich notfalls zu opfern, um die Kinder zu retten, denn die Nachkommen tragen ja, mit Wahrscheinlichkeit $\frac{1}{2}$, Kopien dieses Gens. Für das Gen ist ein Individuum letztlich nur Mittel zum Zweck: eine „Überlebensmaschine", deren Aufgabe es ist, die Fortsetzung der Keimbahn zu gewährleisten.

Jedes Verhalten zugunsten Verwandter läßt sich auffassen als eine Art von „Eigennutz", nämlich Eigennutz des betreffenden Gens, das sich – je nach Verwandtschaft mit mehr oder weniger großer Wahrscheinlichkeit – auch im anderen Tier befinden kann und solchermaßen gefördert wird. „Selbstlosigkeit" wird biologisch umso sinnvoller sein, je näher verwandt der Nutznießer der altruistischen Handlung ist, und je größer seine Fortpflanzungsfähigkeit.

Daß das „Wohl der Nachkommen und Verwandten" einen ungleich höheren Stellenwert einnimmt als das „Wohl der Art", läßt sich an zahllosen Beispielen belegen. Wir erwähnen hier nur die Soziobiologie der Löwenrudel. Es geschieht häufig, daß junge, männliche Löwen, wenn sie die Führung im Rudel übernehmen, zunächst einmal alle Löwenjungen töten. Für das „Wohl der Art" ist dieses Verhalten verheerend, für das „Wohl der Nachkommen" aber günstig, denn es kann die beste Möglichkeit sein, daß an Stelle der getöteten Jungen nun Kinder des neuen Rudelführers geboren und großgezogen werden.

Freilich lassen sich nicht alle altruistischen Verhaltensweisen auf *Verwandtenbegünstigung* zurückführen. Die bei Säugern, Vögeln und Fischen so weitverbreitete Hemmung, bei Kämpfen mit Artgenossen den Vorteil des Siegers voll auszukosten und den Gegner zu töten, kommt wohl nicht allzu häufig einem nahen Verwandten zugute. Dieses Problem der *ritualisierten „Kommentkämpfe"* wollen wir in Kapitel 23 näher behandeln. Zunächst aber noch ein Beispiel, wie die „Verwandtenbegünstigung" altruistisches Verhalten von sozial lebenden Insektenstämmen, nämlich Ameisen und Bienen, bedingt: sicherlich eine besonders erfolgreiche Anwendung der Soziobiologie.

22.4 Der Verwandtschaftsgrad bei Ameisen und Bienen

Eine Eigenheit von Bienen, Ameisen und allgemeiner von *Hymenoptera* ist es, daß Weibchen aus befruchteten, Männchen aber aus unbefruchteten Eiern entstehen. Weibchen sind mithin diploid, sie besitzen zwei Sätze von Chromosomen, einen vom Vater und einen von der Mutter. Männchen aber sind haploid, ihr einziger Chromosomensatz stammt von der Mutter (siehe Abb. 22.2).

Die Verwandtschaftsbeziehungen werden dadurch recht eigentümlich. Zu ihrer Beschreibung verwenden wir den Begriff des *Verwandtschaftsgrades* G(U,V) vom Individuum U zum Individuum V. Er wird definiert als die Wahrscheinlichkeit, daß es zu einem zufällig gewählten Gen von U ein abstammungsgleiches Gen in V gibt.

Dabei heißen zwei Gene u und v abstammungsgleich, wenn sie aus ein- und demselben Gen durch (eventuell wiederholtes) Kopieren entstanden sind. Anders ausgedrückt: verfolgt man die Abstammungslinien der Gene u und v zurück und trifft man auf ein Gen w, das ein gemeinsamer Vorfahre von u und v ist, so nennt man die Gene abstammungsgleich.

Bei „normalen" diploiden Arten ist der Verwandtschaftsgrad vom Kind zum Vater (oder zur Mutter) $\frac{1}{2}$, zum Großvater (oder zur Großmutter) $\frac{1}{4}$, zum Bruder (oder zur Schwester) $\frac{1}{2}$, zum Onkel (oder zur Tante) $\frac{1}{4}$ – jedenfalls dann, wenn keine Inzucht vorliegt. Außerdem gilt natürlich stets $G(U,V) = G(V,U)$. Da aber bei den Hymenoptera die Männchen nicht diploid sind, kommt es hier zu Abweichungen von dieser Beziehung.

Man prüft es leicht nach. Der Verwandtschaftsgrad von Vater zu Sohn ist – wie der von Sohn zu Vater – gleich 0. Der Verwandtschaftsgrad von Mutter zu Sohn ist $\frac{1}{2}$, der von Sohn zu Mutter ist 1, (hier gilt also nicht immer $G(U,V) = G(V,U)$!). Der Verwandtschaftsgrad von Mutter zu Tochter ist $\frac{1}{2}$, so wie der von Tochter zur Mutter; der von Vater zu Tochter ist 1, der von Tochter zu Vater $\frac{1}{2}$. Der Verwandtschaftsgrad von Bruder zu Bruder ist $\frac{1}{2}$, der von Bruder zu Schwester auch; aber der Verwandtschaftsgrad von Schwester zu Bruder ist $\frac{1}{4}$, und der von Schwester zu Schwester $\frac{3}{4}$.

Hier nun einige Folgerungen daraus:

(a) Eine weibliche Biene ist mit ihren Schwestern näher verwandt, als sie es mit Söhnen oder Töchtern sein könnte. Das erklärt das Auftreten von Sterilität: es kann durchaus zweckmäßiger sein, als Arbeiterin für das Überleben der Schwestern zu sorgen, als in die eigenen Nachkommen zu investieren.

(b) Eine männliche Biene ist mit einer Tochter so nahe verwandt, wie mit sich selbst: daß der Vater sich für die Tochter aufopfert, ist – vom Standpunkt der Gene aus gesehen – nur zu erwarten. Tatsächlich opfert sich die männliche Biene auch auf: beim Kopulieren bleibt ein Teil des Befruchtungsapparats an der Königin hängen. Der Gatte stirbt, doch nichts von seiner Erbmasse geht verloren.

(c) Das Verhältnis der Geschlechter wird – auf recht kompliziertem Weg – von den Arbeiterinnen bestimmt. Diese sind mit ihren weiblichen Geschwistern dreimal näher verwandt als mit ihren männlichen, es liegt also nahe, daß sie in ihre Schwestern dreimal so viel investieren wie in ihre Brüder. Das ist auch tatsächlich der Fall: das Verhältnis der Trockenmasse vom männlichen zum weiblichen Bevölkerungsteil ist wie eins zu drei.

22.5 Anmerkungen

Bekannte Lehrbücher über Verhaltensforschung sind die von Lorenz (1978), Tinbergen (1972) und Eibl-Eibesfeldt (1972). Angeborenes und erlerntes Verhalten wird von Hassenstein (1980) gründlich analysiert. – Auch die Soziobiologie hat bereits ihre Klassiker: hierzu gehören die Bücher von Wilson (1975), Dawkins (1976) und Wickler und Seibt (1977). Der Begriff der Verwandtenbegünstigung (kin selection) stammt von Hamilton (1964); seine Anwendung auf soziale Insekten wird in Hamilton (1972) und Trivers und Hare (1976) weiterentwickelt. Einige der Aussagen in Abschnitt 22.4 sind noch umstritten: wir verweisen auf Dawkins (1982) für eine Darstellung der Diskussion auf dem neuesten Stand. Die Bücher von Williams (1975) und Maynard Smith (1978) befassen sich eingehend und höchst scharfsinnig mit dem Problem der Entstehung der geschlechtlichen Fortpflanzung, kommen aber nach eigenen Aussagen zu keiner schlüssigen Lösung. Vielleicht wird hier die Theorie von Bremermann (1979) einen Ausweg weisen.

23 Evolutionsstabile Strategien

23.1 Turnierkämpfe

Wieso bildeten sich gerade innerhalb jener Arten, die am schwersten bewaffnet sind, ritualisierte Kampfformen aus, die ziemlich verläßlich verhindern, daß die Gegner einander ernsthaft verletzen? Die Beschreibung derartiger „Turniere" gehört zu den Leitmotiven der Verhaltensforschung: erwähnt sei etwa der Geweihkampf von Damhirschen. – Hier ziehen die beiden Gegner im Stechschritt nebeneinander her und lassen die großen Geweihschaufeln kopfnickend wippen. Dann bleiben sie plötzlich stehen, wie auf ein Signal, schwenken ihre Köpfe und fahren krachend mit den Geweihen zusammen. – Es folgt nun ein harmloses Kräftemessen, bei dem jener gewinnt, der den Ringkampf am längsten durchsteht. Beschädigungen treten nur sehr selten auf. Schwenkt allerdings einer der beiden Damhirsche früher ein als der andere, so steht er mit seinem spitzen Geweih vor der ungeschützten Flanke des Gegners und könnte ihn ohne weiteres tödlich verletzen – wenn nicht ein Instinkt den Stoß jäh abbremsen ließe. Der Hirsch hebt dann seinen Kopf, trabt dem ahnungslos weiterschreitenden Gegner schnell nach und nimmt, angelangt neben ihm, seine geweihwippende Imponierbewegung neuerlich auf.

Was hat ihn gehindert, seinen Rivalen zu töten? Oder besser gefragt, müßte nicht ein erblich abartiger Hirsch, dem die angeborene Hemmung fehlt und der zustößt und mordet, die Weibchen seines getöteten Gegners erobern und so seine eigene Nachkommenschaft gewaltig vergrößern? Würden nicht seine Söhne auch seine Gefährlichkeit erben, und sich weitaus rascher vermehren als ihre gehemmteren Artgenossen? Wie kann man also erklären, daß sich anstelle gefährlicher Beschädigungskämpfe die harmlosere Form der Kommentkämpfe durchgesetzt hat, und zwar nicht etwa nur bei Damhirschen oder Wölfen, sondern bei einer fast unermeßlichen Zahl von Arten aus dem Reich der höheren Wirbeltiere?

23.2 Ein Gedankenexperiment: Falken und Tauben

Dem englischen Biologen Maynard Smith gelang es, eine genselektionistische Erklärung für Ritualkämpfe zu finden. Er stützte sich dabei auf Methoden der *Spieltheorie*, die schon Jahrzehnte früher entwickelt, bislang aber vorwiegend auf Wirtschaftsmodelle angewandt wurden.

Maynard Smith faßt Konflikte innerhalb einer Tierart als Spiele im mathematischen Sinn auf: jeder Spieler – hier also: jeder der beiden Rivalen – legt sich durch sein (erblich bestimmtes) Verhalten auf eine „*Strategie*" fest. Je nach den Strategien der aufeinandertreffenden Gegner kommt es zu einem gewissen Spielausgang mit entsprechendem Gewinn oder Verlust. Die „*Auszahlung*" in solchen evolutionären Spielen entspricht einfach der Zahl der Nachkommenschaft. Wenn eine Strategie erfolgreich ist, so breitet sie sich im Lauf der Generationen aus.

Veranschaulichen wir uns das an Hand eines Gedankenexperiments. Für einen bestimmten Typ von Konflikten innerhalb einer Tierart möge es nur zwei Strategien geben, den *Kommentkampf* und den *Beschädigungskampf*. Es hat sich eingebürgert, die Kommentkämpfer als „Tauben" zu bezeichnen, und die Beschädigungskämpfer als

„Falken". Das kann freilich irreführend sein, denn zum einen spielen sich ja die Konflikte, die wir hier betrachten, nicht zwischen verschiedenen Arten ab, zum anderen sind gerade die „friedlichen" Haustauben alles, nur keine Kommentkämpfer! Doch darauf kommen wir noch zurück.

Der Einsatz, um den gekämpft wird, kann ein Revier sein, oder ein Weibchen, eine Nahrungsquelle oder soziales Prestige: wichtig ist nur, daß er einen Wert hat, also Erfolg verheißt bei der Fortpflanzung. Wir setzen diesen Wert in einer willkürlichen Punkteskala fest, etwa gleich 10. Eine Niederlage im Beschädigungskampf bedeutet eine ernste Verletzung und kostet sehr viel, entspricht auf der Punkteskala also einer negativen Zahl, -100 vielleicht. Beim Kommentkampf schließlich kommt es zu keiner Verletzung, aber doch zu einem gewissen Zeit- und Kräfteverlust für jeden der Gegner, viel harmloser freilich als eine Verletzung, etwa -1.

Treffen zwei „Tauben" aufeinander, so spielen sie den rituellen Kommentkampf durch, und werden sich etwa aufblähen, oder verfärben, vielleicht auch ringen und zerren: dem einen Tier wird es schließlich zu viel, und es überläßt dem anderen das Feld. Der Verlierer ist also um einen Punkt ärmer, entsprechend dem Kräfteverschleiß; der Sieger hat +10 gewonnen, aber auch einen Punkt verloren, macht insgesamt 9. Im Schnitt wird also eine „Taube", die auf eine andere trifft, 4 Punkte ausbezahlt bekommen.

Tritt in so einer Taubenbevölkerung nun ein „Falke" auf, dann führt er ein prächtiges Leben: alle Rivalen nehmen Reißaus, er bekommt immer +10 und sein Gegner bloß 0. So setzen sich in den nächsten Generationen die „Falken" auf Kosten der „Tauben" durch. Ihr Siegeszug führt allerdings nicht zu weit: Für jeden „Falken" wächst die Gefahr, auf einen anderen „Falken" zu stoßen. Geschieht dies, so erringt einer der beiden 10 Punkte, der andere aber verliert 100, was im Schnitt -45 ergibt. Da ist eine „Taube" besser dran, die jedem Falken davonläuft und sich mit 0 Punkten begnügt. Irgendwo wird sie auf bescheidene Art dahinvegetieren, während die „Falken"-Bevölkerung sich selbst dezimiert.

Die Frage ist nun: wird der Anteil der „Falken" auf- und abpendeln, oder stellt sich ein Gleichgewicht ein? Wir haben eben gesehen, daß reine „Tauben"- oder „Falken"-Bevölkerungen nicht stabil sind. Wie steht es nun mit gemischten Bevölkerungen?

23.3 Das spieltheoretische Gleichgewicht

Es ist günstig, dieses Problem gleich im allgemeineren Rahmen zu untersuchen. Nehmen wir an, daß es n „reine" Strategien $E_1, \ldots, E_n$ gibt, die im Konfliktfall zum Zug kommen können. Hält sich ein Spieler an Strategie E_i und trifft er auf einen Gegner, der die Strategie E_j spielt, so sei a_{ij} die Auszahlung, die er erwarten kann. (Es kann, wie etwa bei der Begegnung eines „Falken" mit einem „Falken", sehr unterschiedliche Spielausgänge geben: die Auszahlung ist der Mittelwert.) Die Zahlen a_{ij} $(1 \leqslant i,j \leqslant n)$ bilden die *Auszahlungsmatrix* A.

Betrachten wir jetzt eine Population von Spielern. Wenn x_j der Anteil der Bevölkerung ist, welcher die Strategie E_j spielt, so stellt der Punkt $\mathbf{x} = (x_1, \ldots, x_n)$ auf dem „*Strategiensimplex*" S_n die Zusammensetzung der Bevölkerung dar.

Welche Auszahlung erhält nun ein Spieler, der die Strategie E_i spielt? Das hängt natürlich vom Gegner ab. Dieser spielt aber mit Wahrscheinlichkeit x_j die Strategie E_j, und in diesem Fall erhält der Spieler a_{ij} Punkte im Mittel. Sein Erwartungswert ist mithin

$$(A\mathbf{x})_i = \sum_j a_{ij} x_j \tag{23.1}$$

Nehmen wir nun an, eine Bevölkerung **y**, mit den Anteilen y_i an E_i, tritt gegen die Bevölkerung **x** an. Ein zufällig gewähltes Individuum aus der y-Population spielt mit Wahrscheinlichkeit y_i die Strategie E_i und kann in diesem Fall die Auszahlung $(\mathbf{Ax})_i$ erwarten. Der *mittlere Erwartungswert* eines Mitgliedes der Bevölkerung **y** ist also

$$\Sigma\, y_i(\mathbf{Ax})_i = \mathbf{y}.\,\mathbf{Ax}$$

Insbesondere ist *die mittlere Auszahlung bei Konflikten innerhalb der Bevölkerung* **x**

$$\Sigma\, x_i(\mathbf{Ax})_i = \mathbf{x}.\,\mathbf{Ax}$$

Man sagt nun, daß die Bevölkerung **p** im *Gleichgewicht* ist, wenn keine andere Bevölkerung **y** besser gegen **p** abschneiden kann als **p** selbst, also wenn

$$\mathbf{y}.\,\mathbf{Ap} \leqslant \mathbf{p}.\,\mathbf{Ap} \tag{23.2}$$

für alle $\mathbf{y} \in S_n$ gilt.

Aus (23.2) erhält man für $\mathbf{y} = \mathbf{e}_i$ (den i-ten Einheitsvektor)

$$(\mathbf{Ap})_i \leqslant \mathbf{p}.\,\mathbf{Ap} \tag{23.3}$$

für $i = 1, \ldots n$. Wie man durch Aufsummieren sofort sieht, muß für alle i mit $p_i > 0$ (d.h. für alle Strategien E_i, die auch wirklich in der Bevölkerung **p** gespielt werden) das Gleichheitszeichen in (23.3) gelten. Die Gleichgewichtsbedingung (23.2) bedeutet daher nichts anderes, als daß es eine Konstante c gibt, so daß

$$(\mathbf{Ap})_i \leqslant c$$

für $i = 1, \ldots, n$ gilt, mit Gleichheitszeichen, wenn $p_i > 0$.

Insbesondere ist ein Punkt **p** im Inneren von S_n genau dann spieltheoretisches Gleichgewicht, wenn seine Koordinaten das lineare Gleichungssystem

$$\begin{aligned} (\mathbf{Ax})_1 &= \ldots = (\mathbf{Ax})_n \\ x_1 + \ldots + x_n &= 1 \end{aligned} \tag{23.4}$$

erfüllen. Das ist aber nichts anderes als Gleichungssystem (21.6) mit $q_i = 0$.

Wir wollen das ausnutzen, um zu einer notwendigen und hinreichenden Bedingung für die Existenz eines spieltheoretischen Gleichgewichts im Inneren von S_n zu gelangen. Bemerken wir zunächst, daß man einen Punkt $\mathbf{x} \in S_n$ nicht nur als Bevölkerungszustand auffassen kann, sondern auch als „*gemischte Strategie*“: mit Wahrscheinlichkeit x_i wird dabei die „reine“ Strategie E_i (die dem Eckpunkt $\mathbf{e}_i$ entspricht) gespielt.

Man sagt, daß die Strategie $\mathbf{u} \in S_n$ die Strategie $\mathbf{v} \in S_n$ *dominiert*, wenn für alle **x** im Inneren von S_n gilt

$$\mathbf{u}.\mathbf{Ax} > \mathbf{v}.\mathbf{Ax} \tag{23.5}$$

u ist also auf jede echt gemischte Strategie **x** eine bessere Antwort als **v**. Gleichbedeutend damit ist, daß sich **u** gegenüber allen reinen Strategien mindestens so gut verhält wie **v**, und gegen wenigstens eine von ihnen besser als **v** ist.

Nun gilt, daß es genau dann ein inneres spieltheoretisches Gleichgewicht gibt, wenn keine Strategie **u** *existiert, die eine Strategie* **v** *dominiert.*

Gibt es nämlich ein inneres spieltheoretisches Gleichgewicht **p**, so gilt $(\mathbf{Ap})_i$ = const und somit $\mathbf{u}.\mathbf{Ap} = \mathbf{v}.\mathbf{Ap}$ für alle **u** und **v**. (23.5) kann also niemals erfüllt sein.

Gibt es hingegen so ein inneres Gleichgewicht nicht, so existiert, wie in 21.3, ein $\mathbf{c} \neq \mathbf{0}$ im $\mathbb{R}^n$, so daß

$$\sum_i c_i = 0$$

und

$$\mathbf{c}.\mathbf{Ax} > 0 \tag{23.6}$$

für alle **x** im Inneren von S_n. Offenbar läßt sich durch Multiplikation erreichen, daß $\Sigma\ |c_i| = 2$ ist. Dann läßt sich **c** als Differenz **u** - **v** zweier Strategien **u** und **v** schreiben: u_i erhalten wir als die größere der beiden Zahlen c_i und 0, v_i als die größere der Zahlen $-c_i$ und 0. (23.6) ist dann nichts anderes als (23.5), **u** dominiert also **v**.

23.4 Evolutionsstabile Strategien

Bedingung (23.2) bedeutet, daß ein Abweichen von der Gleichgewichtslage **p** keinerlei Vorteil bietet. Unter rationalen Spielern könnte das als ein Grund angesehen werden, auch wirklich im Gleichgewicht zu verharren. Unsere Tiere sind aber nicht rational. Ihr Verhalten ist erblich bestimmt, und das bringt mit sich, daß Zufallsschwankungen auftreten können. Das Gleichgewicht wäre unstabil und damit praktisch bedeutungslos, wenn so eine Schwankung nicht schleunigst ausgemerzt würde. Dafür reicht nun (23.2) nicht aus. Diese Bedingung läßt ja auch zu, daß für gewisse $\mathbf{y} \neq \mathbf{p}$

$$\mathbf{y}.\mathbf{Ap} = \mathbf{p}.\mathbf{Ap} \tag{23.7}$$

gilt (falls **p** im Inneren von S_n ist, gilt das sogar für alle $\mathbf{y} \in S_n$). Die Bevölkerung **y** schneidet dann gegen **p** genau so gut ab, wie die Bevölkerung **p** gegen sich selbst. Das Gleichgewicht **p** wäre nur dann *evolutionsstabil,* wenn in diesem Fall noch zusätzlich gilt

$$\mathbf{p}.\mathbf{Ay} > \mathbf{y}.\mathbf{Ay} \tag{23.8}$$

also **p** gegen die rivalisierende Bevölkerung **y** besser abschneidet als **y** gegen sich selbst. Nur so wäre **p** auch wirklich im Vorteil gegen jede Abweichung, also gegen jede Schwankung.

Fassen wir diese Überlegungen in etwas anderer Darstellung zusammen. Die Strategie $\mathbf{p} \in S_n$ läßt sich als „*evolutionsstabile Strategie*" ansehen, wenn die beiden folgenden Bedingungen erfüllt sind:

(a) (*Gleichgewichtsbedingung*) **p** ist eine beste Antwort auf sich selbst, d.h.

$$\mathbf{y}.\mathbf{Ap} \leqslant \mathbf{p}.\mathbf{Ap} \qquad \text{für alle } \mathbf{y} \in S_n$$

(das entspricht gerade (23.2)), und

(b) *(Stabilitätsbedingung)* Wenn $\mathbf{y} \neq \mathbf{p}$ eine weitere beste Antwort auf **y** ist, also in (23.2) das Gleichheitszeichen gilt, dann ist **p** eine bessere Antwort auf **y**, als **y** selbst:

$$\mathbf{p}.A\mathbf{y} > \mathbf{y}.A\mathbf{y}$$

23.5 Eigenschaften von evolutionsstabilen Strategien

Bemerken wir zunächst, daß **p** genau dann evolutionsstabil ist, wenn für alle $\mathbf{y} \in S_n$ mit $\mathbf{p} \neq \mathbf{y}$ die Ungleichung

$$\mathbf{p}.\ A((1-\epsilon)\,\mathbf{p} + \epsilon\mathbf{y}) > \mathbf{y}.A((1-\epsilon)\mathbf{p} + \epsilon\mathbf{y}) \tag{23.9}$$

gilt, sofern nur $\epsilon > 0$ hinreichend klein ist.

Das ist leicht einzusehen. Da (23.9) nichts anderes bedeutet als

$$(1-\epsilon)(\mathbf{p}.\ A\mathbf{p} - \mathbf{y}.\ A\mathbf{p}) + \epsilon(\mathbf{p}.\ A\mathbf{y} - \mathbf{y}.\ A\mathbf{y}) > 0, \tag{23.10}$$

ist sofort klar, daß (23.9) gilt, wenn **p** evolutionsstabil ist, soferne nur $\epsilon < \epsilon_0(\mathbf{y})$ für ein passendes $\epsilon_0(\mathbf{y})$ gilt. Wenn aber **p** nicht evolutionsstabil ist, kann (23.9) für sehr kleine ϵ nicht gelten.

Die Interpretation ist folgende: wenn **y** eine „Mutante" ist, so wird sie in der Gesamtbevölkerung zunächst nur eine geringe Rolle spielen. Die Zusammensetzung der Gesamtbevölkerung wird dann durch

$$\mathbf{x} = (1-\epsilon)\,\mathbf{p} + \epsilon\mathbf{y} \tag{23.11}$$

gegeben, wobei ϵ klein ist. In dieser Gesamtbevölkerung nun setzt sich die bisherige Strategie **p** besser durch als die neue Strategie **y**. Es folgt:
$\mathbf{p} \in S_n$ *ist genau dann evolutionsstabil, wenn*

$$\mathbf{p}.\ A\mathbf{x} > \mathbf{x}.\ A\mathbf{x} \tag{23.12}$$

für alle $\mathbf{x} \neq \mathbf{p}$ *in einer Umgebung U von* **p** *gilt.*

Zum Beweis nehmen wir an, daß **p** evolutionsstabil ist. Betrachten wir die Vereinigung der Randflächen von S_n, die **p** berühren, und deren Inneres G. Die Menge C der Randpunkte von S_n, die nicht in G liegen, ist kompakt (s. Abb. 23.1). Für jedes $\mathbf{y} \in C$ gilt (23.9) für alle $\epsilon < \epsilon_0(\mathbf{y})$, wobei ϵ_0, wie man leicht sieht, stetig gewählt werden kann. Da $\bar{\epsilon} = \inf\{\epsilon_0(\mathbf{y}) : \mathbf{y} \in C\} > 0$ gilt, folgt, daß (23.9) für alle $\mathbf{y} \in C$ und alle ϵ mit $0 < \epsilon < \bar{\epsilon}$ stimmt. Jetzt brauchen wir (23.9) bloß mit ϵ zu multiplizieren, und auf beiden Seiten

$$(1-\epsilon)\mathbf{p}.\ A((1-\epsilon)\,\mathbf{p} + \epsilon\mathbf{y})$$

zu addieren, um unter Verwendung von (23.11) die Ungleichung (23.12) zu erhalten. Die Ungleichung gilt also für alle $\mathbf{x} \neq \mathbf{p}$ in einer bestimmten Umgebung U von **p**. Die Umkehrung läuft ganz analog.

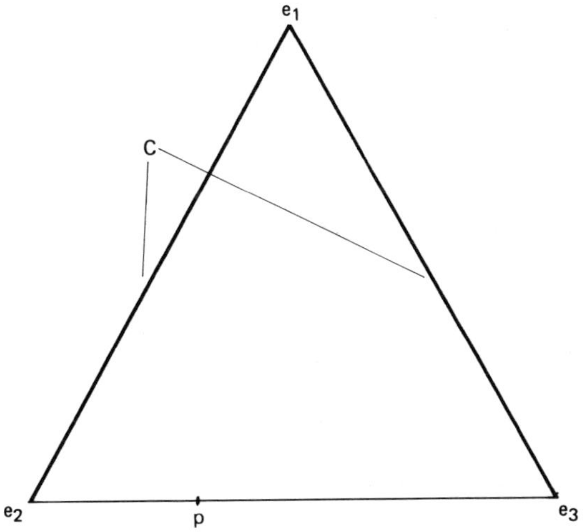

Abb. 23.1 Der evolutionsstabile Punkt **p** und die Menge C

Man sieht leicht, daß wenn **p** evolutionsstabil ist und im Inneren von S_n liegt, die Ungleichung (23.12) für alle $\mathbf{x} \in S_n$, $\mathbf{x} \neq \mathbf{p}$ gelten muß. Dann ist **p** die einzige evolutionsstabile Strategie. Wir werden aber in 24.3 an Hand von Beispielen sehen, daß es vorkommen kann, daß ein Spiel keine evolutionsstabilen Strategien besitzt, oder aber mehrere (die dann alle am Rand liegen müssen).

23.6 Komment- und Beschädigungskämpfe

Kehren wir nun zu den „Falken" und „Tauben" zurück. Die Auszahlungsmatrix A haben wir schon berechnet. Wenn E_1 die Falken- und E_2 die Taubenstrategie ist, so gilt

$$A = \begin{bmatrix} -45 & 10 \\ 0 & 4 \end{bmatrix} . \qquad (23.13)$$

Der einzige Gleichgewichtspunkt $\mathbf{p} = (p_1, p_2)$ im Inneren von S_2 wird gegeben durch die Lösung von (23.4), hier also

$$-45\, x_1 + 10\, x_2 = 0\, x_1 + 4\, x_2$$

mit $x_1 + x_2 = 1$. Man erhält

$$p_1 = \frac{6}{51} \qquad p_2 = \frac{45}{51} . \qquad (23.14)$$

Ist **p** evolutionsstabil?

Für beliebiges $\mathbf{x} = (x_1, x_2) \in S_2$ gilt

$$(\mathbf{p} - \mathbf{x}).\, A\mathbf{x} = (\frac{6}{51} - x_1)(-45\, x_1 + 10\, x_2) + (\frac{45}{51} - x_2)(4\, x_2) = \frac{1}{51}(6-51\, x_1)^2 \geqslant 0.$$

Also gilt

$$\mathbf{p}.A\mathbf{x} \geqslant \mathbf{x}.A\mathbf{x}$$

wobei Gleichheit nur für $\mathbf{x} = \mathbf{p}$ eintritt. Nach (23.12) ist $\mathbf{p}$ evolutionsstabil. Weniger als 12% unserer Modellbevölkerung werden Beschädigungskämpfer sein, während sich die überwiegende Mehrheit an die rituellen Formen des Kommentkampfes hält.

Dieses Ergebnis ist natürlich günstig für das Wohl der Art, doch wurde bei der Herleitung die Gruppenselektion gar nicht gebraucht! Sobald die „Falken" den Gleichgewichtswert überschreiten, wird ihre mittlere Punkteauszahlung kleiner als die der Tauben, und ihr Anteil nimmt ab. Genauso geht es auch umgekehrt. Das „Wohl der Gruppe" spielt hier gar keine Rolle. Es wird auch nicht etwa maximiert. Die „mittlere Auszahlung"

$$\mathbf{x}.A\mathbf{x} = 4 + 2\, x_1 - 51\, x_1^2$$

wäre am größten für $x_1 = \frac{1}{51}$, doch dieser Zustand ist nicht stabil, die Zahl der „Falken" nähme zu.

Ein Wort noch zur Punktebewertung. Wie man leicht sieht, wird der Anteil p_1 an Beschädigungskämpfern umso niedriger sein, je höher die Kosten der Niederlage, d.h. je schwerer die Verletzungen sind, die dem Unterlegenen drohen. Das bestätigt sich durch die Beobachtung: gerade die blutigsten Raubtiere zählen zu den Lebewesen mit den wirksamsten Tötungshemmungen. Wählen wir etwa für die Kosten der Verletzung die Zahl -1000, so wird p_1 geringer als ein Prozent. – Ganz verschwinden kann der Beschädigungskämpfer allerdings nicht. Tatsächlich kommen auch unter den verläßlichsten Kommentkämpfern immer wieder „Unfälle" vor, oder es treten „Mörder" auf. Im vorliegenden Modell sind das keine Entartungen, sondern Spuren von einer Minderheit, die unbedingt notwendig ist für das Wirkungsgefüge, welche das Verhalten der Tierart lenkt.

Andererseits wird aus dieser Überlegung auch klar, weshalb schwach bewaffnete, scheinbar harmlose Tiere, wie eben die Tauben, keinerlei Tötungshemmung besitzen. In der freien Natur kann sich ja die unterlegene Taube durch Flucht leicht in Sicherheit bringen, riskiert also beim Beschädigungskampf weiter nicht viel. Sperrt man aber zwei Tauben in einen Käfig, so wird die schwächere langsam, doch unbarmherzig zu Tode gequält.

23.7 Anmerkungen

Der ritualisierte Geweihkampf von Damhirschen wird etwa in Lorenz (1974) als Beispiel einer „zur Moral analogen Verhaltensweise" beschrieben. – Die Spieltheorie ist von John von Neumann geschaffen worden. Neben dem grundlegenden Werk von v. Neumann und Morgenstern (1953) verweisen wir auf Rauhut et al. (1979). – Die Anwendung der Spieltheorie auf Tiersozietäten erfolgte erst spät. Der Begriff der evolutionsstabilen Strategie stammt von Maynard Smith (1972), der allerdings darauf hinweist, daß eine entsprechende Überlegung bereits von Fisher (1930) zur Erklärung der stabilen Geschlechterverhältnisse implizit verwendet wurde. Ausgebaut wurde die Theorie der evolutionsstabilen Strategien in Maynard Smith und Price (1973), Maynard Smith (1974b), Bishop und Cannings (1978) und zahlreichen anderen Arbeiten, die von mathematischen Untersuchungen bis zu

Feldstudien reichen und in Maynard Smith (1976 und 1982) zusammengefaßt werden. Der Teil über dominierende Strategien und ihren Zusammenhang mit der Existenz von inneren Gleichgewichtspunkten stammt von Akin (1980).

24 Spieldynamik

24.1 Die spieldynamische Differentialgleichung

Die Spieltheorie ist ihrem Wesen nach statisch. Für die Anwendung auf Probleme der Evolution ist jedoch ein dynamischer Ansatz wünschenswert; und er ist, wie wir sehen werden, auch ganz naheliegend.

Bezeichnen wir mit $\mathbf{x}(t)$ den Strategienvektor zur Zeit t. Die Strategie E_i hat als Auszahlung $(\mathbf{Ax})_i$, während die mittlere Auszahlung in der Bevölkerung durch $\mathbf{x}.\mathbf{Ax}$ gegeben ist. Nun ist aber die „Auszahlung" im Spiel der Evolution die Zahl der fortpflanzungsfähigen Nachkommen; und wenn wir annehmen, daß die Nachkommen auch die Strategien erben, so wird sich die Strategie E_i desto besser in der Bevölkerung durchsetzen, je größer die Differenz zwischen ihrer Auszahlung und der mittleren Auszahlung ist. Für die Wachstumsrate des Anteils x_i der Strategie E_i in der Gesamtbevölkerung erhalten wir demnach

$$\frac{\dot{x}_i}{x_i} = (\mathbf{Ax})_i - \mathbf{x}.\mathbf{Ax}$$

oder

$$\dot{x}_i = x_i((\mathbf{Ax})_i - \mathbf{x}.\mathbf{Ax}) \qquad i = 1, \ldots, n \tag{24.1}$$

auf dem Simplex S_n.

Diese Differentialgleichung ist uns schon mehrmals begegnet. Im Kapitel 21 trat sie als Ratengleichung im Flußreaktor auf, für den Fall homogener linearer Wachstumsterme. Dort hielten wir – unter anderem – fest, daß der Simplex S_n und seine Randflächen invariant sind. – Aber auch in der Populationsgenetik trafen wir auf (24.1), und zwar in Gestalt der Selektionsgleichung (6.5). Freilich wurden dort nur symmetrische Matrizen A zugelassen, also solche, wo $a_{ij} = a_{ji}$ für alle i und j gilt. In unserem Zusammenhang entspricht das Spielen, für welche die Auszahlungen der beiden Teilnehmer stets übereinstimmen, ganz gleich, was diese für Strategien wählen. Solche Spiele lassen sich als „Partnerschaftsspiele" interpretieren, wo die Auszahlung gerecht aufgeteilt wird. In diesem Sinn ist die geschlechtliche Fortpflanzung, die dem populationsgenetischen Modell zugrunde liegt, ein Partnerschaftsspiel: die beiden Elternteile tragen je einen Satz von Chromosomen bei und erhalten durch den so gebildeten Nachkommen gleiche Beiträge für ihre Fitness.

In Abschnitt 5 dieses Kapitels werden wir sehen, daß die Gleichung (24.1) auch in der mathematischen Ökologie eine zentrale Rolle spielt: sie ist äquivalent zur Gleichung (14.3) von Lotka-Volterra. – Zunächst aber wollen wir den Zusammenhang mit der Spieltheorie weiter erkunden.

24.2 Evolutionsstabile Strategien

Wenn **p** $\in S_n$ *evolutionsstabil ist, so ist* **p** *ein asymptotisch stabiler Gleichgewichtspunkt von (24.1). Wenn* **p** *dazu noch im Inneren von* S_n *liegt, so ist* **p** *sogar global stabil: alle Bahnen im Inneren von* S_n *streben gegen* **p**.

Zum Beweis: Wenn **p** spieltheoretisches Gleichgewicht ist, so gibt es eine Zahl c, so daß $(\mathbf{Ap})_i = c$ für alle i mit $p_i > 0$ gilt. Dann ist aber **p** ein Fixpunkt von (24.1): **p** erfüllt ja die Gleichungen aus Abschnitt 21.2.

Wie steht es nun mit der Stabilität? Von (4.9) her wissen wir schon, daß die Funktion

$$P = \prod_{i=1}^{n} x_i^{p_i} \tag{24.2}$$

ihr Maximum (auf S_n) gerade in dem Punkt **p** erreicht. Nun gilt dort, wo $P > 0$ ist,

$$\frac{\dot{P}}{P} = (\log P)^{\bullet} = (\Sigma\, p_i \log x_i)^{\bullet} = \Sigma\, p_i \frac{\dot{x}_i}{x_i} = \Sigma\, p_i((\mathbf{Ax})_i - \mathbf{x}.\mathbf{Ax}) = \mathbf{p}.\mathbf{Ax} - \mathbf{x}.\mathbf{Ax} \tag{24.3}$$

Wegen der Ungleichung (23.12) ist also $\dot{P}(\mathbf{x}) > 0$ für alle $\mathbf{x} \neq \mathbf{p}$ in einer Umgebung U von **p**. In dieser Umgebung strebt daher jede Bahn gegen **p**.

Wenn **p** im Inneren von S_n liegt, gilt $\dot{P}(\mathbf{x}) > 0$ sogar für alle $\mathbf{x} \neq \mathbf{p}$ im Inneren von S_n.

Im Laufe des nächsten Abschnitts werden wir sehen, daß die Umkehrung des obigen Satzes im allgemeinen nicht gültig ist. Es kann asymptotisch stabile Fixpunkte im Inneren von S_n geben, die nicht evolutionsstabil sind. Hier ist die Funktion P von (24.2) keine Ljapunov-Funktion.

24.3 Beispiele

Betrachten wir zunächst den Fall n = 2. Dann wird (24.1) zu

$$\dot{x}_1 = x_1((\mathbf{Ax})_1 - \mathbf{x}.\mathbf{Ax})$$

$$\dot{x}_2 = x_2((\mathbf{Ax})_2 - \mathbf{x}.\mathbf{Ax})$$

mit $\mathbf{x}.\mathbf{Ax} = x_1(\mathbf{Ax})_1 + x_2(\mathbf{Ax})_2$. Da $x_2 = 1 - x_1$, genügt es, x_1 zu betrachten. Dann folgt aus einer kurzen Rechnung

$$\dot{x}_1 = x_1(1-x_1)((\mathbf{Ax})_1 - (\mathbf{Ax})_2)$$

Im „Falken-Tauben"-Modell gibt das (siehe Abschnitt 23.6)

$$\dot{x}_1 = x_1(1-x_1)(6 - 51\, x_1) \tag{24.4}$$

Der Gleichgewichtspunkt $x_1 = \frac{6}{51}$ ist hier global stabil.

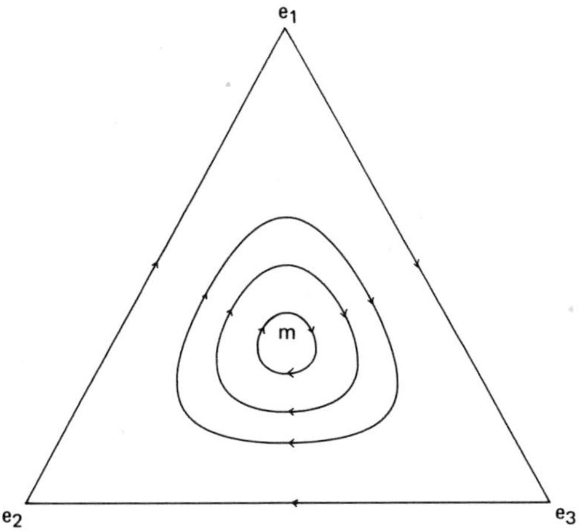

Abb. 24.1 Gleichung (24.5) (Stein-Schere-Papier)

Betrachten wir jetzt das Spiel „Stein-Schere-Papier". Hier gibt es drei Strategien E_1, E_2 und E_3. Als Auszahlungsmatrix haben wir

$$A = \begin{bmatrix} 0 & 1 & -1 \\ -1 & 0 & 1 \\ 1 & -1 & 0 \end{bmatrix}$$

Das Spiel ist ein Nullsummenspiel: was der eine gewinnt, verliert der andere. Es gilt also $a_{ij} = -a_{ji}$. Da

$$\mathbf{x}.A\mathbf{x} = -\mathbf{x}.A\mathbf{x} = 0$$

für alle solche Nullsummenspiele gilt, wird (24.1) zu

$$\begin{aligned} \dot{x}_1 &= x_1(x_2-x_3) \\ \dot{x}_2 &= x_2(x_3-x_1) \\ \dot{x}_3 &= x_3(x_1-x_2) \end{aligned} \tag{24.5}$$

Der einzige Fixpunkt im Inneren von S_3 ist der Mittelpunkt $(\frac{1}{3},\frac{1}{3},\frac{1}{3})$ (siehe Abb. 24.1). Mit der in (24.2) definierten Funktion P gilt, wie man sofort sieht, $\dot{P} = 0$. Also ist die Funktion $x_1x_2x_3$ eine Bewegungsinvariante. Alle Bahnen im Inneren von S_3 sind geschlossen. Der Mittelpunkt ist stabil, aber nicht asymptotisch stabil. Am Rand gibt es noch drei Fixpunkte, nämlich die Ecken. Diese sind Sättel, welche durch die Bahnen auf

Abb. 24.2 Die Gleichung

$$\dot{x}_1 = x_1(6x_2 - 4x_3 - \Phi)$$
$$\dot{x}_2 = x_2(-3x_1 + 5x_3 - \Phi)$$
$$\dot{x}_3 = x_3(-x_1 + 3x_2 - \Phi)$$

Der Punkt **m** ist nicht evolutionsstabil, aber asymptotisch stabiles Gleichgewicht.

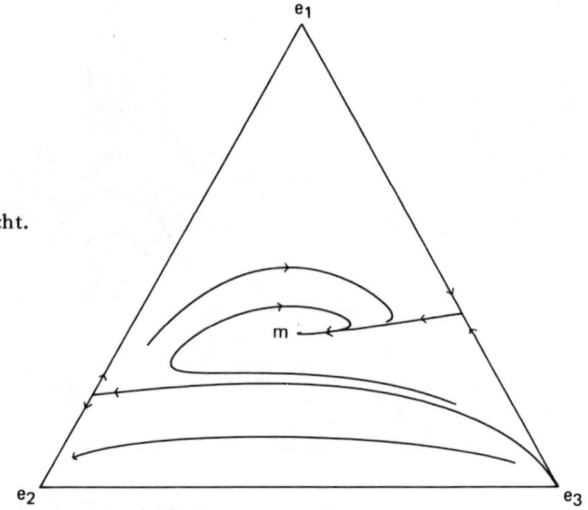

den Kanten untereinander verbunden werden. Es gibt hier überhaupt keinen evolutionsstabilen Punkt.

Als drittes Beispiel wählen wir die Hyperzyklusgleichung (18.10) mit n = 4 (siehe 18.5). Die Matrix A ist von der Gestalt

$$A = \begin{bmatrix} 0 & 0 & 0 & 1 \\ 1 & 0 & 0 & 0 \\ 0 & 1 & 0 & 0 \\ 0 & 0 & 1 & 0 \end{bmatrix}$$

Wie wir in 18.5 gesehen haben, ist der innere Gleichgewichtspunkt $\mathbf{m} = (\frac{1}{4},\frac{1}{4},\frac{1}{4},\frac{1}{4})$ asymptotisch stabil. Er ist aber nicht evolutionsstabil, da jede Umgebung von **m** auch Punkte $\mathbf{x} \neq \mathbf{m}$ enthält, für welche $\dot{P} = 0$ gilt (nämlich jene mit $x_1+x_3 = x_2+x_4$).

Ein weiteres Beispiel für einen asymptotisch (aber nicht global) stabilen inneren Gleichgewichtspunkt, der nicht evolutionsstabil ist, wird mit der Matrix

$$A = \begin{bmatrix} 0 & 6 & -4 \\ -3 & 0 & 5 \\ -1 & 3 & 0 \end{bmatrix}$$

erhalten (s. Abb. 24.2). Der Punkt $\mathbf{m} = (\frac{1}{3},\frac{1}{3},\frac{1}{3})$ ist ein Gleichgewichtspunkt und asymptotisch stabil, da seine Eigenwerte $\frac{1}{3}(-1 \pm i\sqrt{2})$ negativen Realteil haben. Aber man prüft leicht nach, daß $\mathbf{e}_1 = (1,0,0)$ ein evolutionsstabiler Punkt am Rand von S_3 ist. Daher kann **m** nicht evolutionsstabil sein (wenn ein innerer Punkt evolutionsstabil ist, so kann es keine weiteren evolutionsstabilen Punkte geben, wie wir in Abschnitt 23.5 gesehen haben).

24.4 Einfache Invarianzeigenschaften

Addiert man eine Konstante c_j zur j-ten Spalte von A, so ändert sich die Gleichung (24.1) auf S_n nicht. Für die neue Matrix A' mit Elementen $a'_{ij} = a_{ij} + c_j$ lautet die Gleichung (24.1) ja:

$$\dot{x}_i = x_i((A'\mathbf{x})_i - \mathbf{x}.A'\mathbf{x})) = x_i(\sum_j a_{ij}x_j + \sum_j c_jx_j - \sum_{i,j} x_i(a_{ij} + c_j)x_j) = x_i((A\mathbf{x})_i - \mathbf{x}.A\mathbf{x})$$

(Wir haben dabei benutzt, daß $\Sigma x_i = 1$ gilt). Häufig kann man durch Addition passender Konstanten c_j die Gleichung auf eine einfachere Gestalt bringen: indem man etwas erreicht, daß in der „neuen" Matrix A' stets 0 in der Diagonale steht, oder 0 in der ersten Zeile, je nachdem, was gerade praktischer ist.

Auf baryzentrische Transformationen spricht (24.1) ebenfalls gut an. Der Koordinatenwechsel

$$y_i = \frac{x_i c_i}{\sum_j x_j c_j} \qquad i = 1, \ldots, n$$

mit Konstanten $c_j > 0$, gefolgt von einer Geschwindigkeitsänderung, führt die Gleichung in eine Gleichung ähnlicher Gestalt über: statt a_{ij} steht $a_{ij}c_j^{-1}$. Dadurch kann man stets erreichen, daß ein Fixpunkt $(p_1, \ldots, p_n)$ im Inneren von S_n in den Mittelpunkt $(\frac{1}{n}, \ldots, \frac{1}{n})$ von S_n übergeht: den Nutzen einer solchen Tranformation haben wir schon im Kapitel 18 gesehen.

24.5 Die Gleichung von Volterra-Lotka und die spieldynamische Gleichung

Die Gleichung von Volterra-Lotka (14.3) ist eine quadratische Differentialgleichung auf $\mathbb{R}^n_+$. Die spieldynamische Gleichung (24.1) dagegen ist eine kubische Gleichung auf der beschränkten Menge S_n. Die Ähnlichkeit ist aber nicht zu leugnen, und wir wollen jetzt zeigen, daß in der Tat *die spieldynamische Gleichung in n + 1 Veränderlichen $x_0, \ldots, x_n$ äquivalent zur Gleichung von Volterra-Lotka in n Veränderlichen $y_1, \ldots, y_n$ ist.*

Schreiben wir letztere

$$\dot{y}_i = y_i\,(a_{io} + \sum_{j=1}^{n} a_{ij}\,y_j) \qquad i = 1, \ldots, n$$

und fügen wir $y_0 \equiv 1$ hinzu, also die Lösung von

$$\dot{y}_0 = y_0\,(a_{oo} + \sum_{j=1}^{n} a_{oj}\,y_j)$$

wobei wir $a_{oj} = 0$ für $j = 0,1, \ldots, n$ setzen. Das gibt n + 1 Gleichungen

$$\dot{y}_i = y_i\,(\sum_{j=0}^{n} a_{ij}\,y_j) \qquad (24.6)$$

Vergleichen wir das mit der spieldynamischen Gleichung (24.1) in n + 1 Veränderlichen:

$$\dot{x}_i = x_i((A\mathbf{x})_i - \mathbf{x}.A\mathbf{x}) \qquad i = 0, \ldots, n \tag{24.7}$$

auf S_{n+1}. Hier besteht die erste Zeile der $(n+1)\times(n+1)$-Matrix $A = (a_{ij})$ aus lauter Nullen, was weiter keine Einschränkung ist: nach Abschnitt 24.4 kann man das stets durch spaltenweise Addition geeigneter Konstanten erreichen, ohne die Gleichung selbst auf S_{n+1} zu verändern.

Die Variablentransformation

$$x_i = \frac{y_i}{\sum_{j=0}^{n} y_j} \qquad i = 0, \ldots, n \tag{24.8}$$

bildet $\{\mathbf{y} \in \mathbb{R}^{n+1}: y_0 = 1, y_i \geqslant 0, i = 1, \ldots, n\}$ auf die Menge $\{\mathbf{x} = (x_0, \ldots, x_n) \in S_{n+1}: x_0 > 0\}$ ab. Die Abbildung ist bijektiv, ihre Umkehrung gegeben durch

$$y_i = \frac{y_i}{y_0} = \frac{x_i}{x_0} \qquad i = 0, \ldots, n \tag{24.9}$$

Die Koordinatentransformation und ihre Umkehrung sind differenzierbar.

Nehmen wir nun an, (24.7) sei erfüllt. Wegen der Quotientenregel (17.7) gilt

$$\dot{y}_i = \left(\frac{x_i}{x_0}\right)^{\bullet} = \left(\frac{x_i}{x_0}\right)((A\mathbf{x})_i - (A\mathbf{x})_0)$$

Wegen $(A\mathbf{x})_0 = 0$ folgt daraus

$$\dot{y}_i = y_i\left(\sum_{j=0}^{n} a_{ij}x_j\right) = y_i\left(\sum_{j=0}^{n} a_{ij}y_j\right)x_0$$

Durch eine Geschwindigkeitstransformation läßt sich der Term $x_0 > 0$ fortschaffen. So erhält man (24.6). Die Umkehrung verläuft ganz analog.

Wir können also alle Resultate, die für die Volterra-Lotka-Gleichung bekannt sind, auf die spieldynamische Gleichung übertragen, und umgekehrt. Es ist nur die Frage, welche Fassung bequemer ist. Manchmal wird man die Volterra-Lotka-Gleichung bevorzugen und manchmal wird die spieldynamische Gleichung naheliegender sein. In Kapitel 11 haben wir etwa gezeigt, daß die zweidimensionale Volterra-Lotka-Gleichung keine Grenzzyklen besitzt. Das gilt daher auch für (24.1) und n=3. Für $n \geqslant 4$ kann in (24.1) dagegen, wie wir in Kapitel 25 nachweisen werden, sehr wohl ein Grenzzyklus auftreten. Das gilt also auch für Volterra-Lotka-Systeme in drei oder mehr Dimensionen. Nahrungsketten werden wohl zweckmäßiger mit Volterra-Lotka-Gleichungen untersucht; für Kooperativitätsaussagen scheint die spieldynamische Gleichung besser geeignet.

24.6 Anmerkungen

Die spieldynamische Gleichung (24.1) wurde unabhängig von Taylor und Jonker (1978), Zeeman (1980) und Hofbauer et al. (1979) eingeführt. Zeeman (1980) klassifiziert die möglichen stabilen

Phasenporträts für n = 3. Von ihm stammt auch das letzte Beispiel in Abschnitt 24.3. In Zeeman (1981) und Schuster et al. (1981a) werden einige biologische Spiele näher untersucht, und Bishop und Cannings (1978) studieren eine entsprechende Differenzengleichung für „Zermürbungskämpfe". Die Äquivalenz der spieldynamischen Gleichung mit der Volterra-Lotka-Gleichung wurde von Hofbauer (1981a) nachgewiesen. Dieses Ergebnis erlaubt auch eine vollständige Klassifikation von (24.1) für n = 3. Wir verweisen auf Bomze (1983).

25 Periodische und aperiodische Attraktoren

25.1 Ein periodischer Attraktor für n = 4

Von Abschnitt 11.6 her wissen wir, daß die zweidimensionale Lotka-Volterra-Gleichung keinen Grenzzyklus zuläßt. Nach Abschnitt 24.5 muß das daher auch für die spieldynamische Gleichung

$$\dot{x}_i = x_i\,((\mathbf{A}\mathbf{x})_i - \mathbf{x}.\mathbf{A}\mathbf{x}) \tag{25.1}$$

auf S_n gelten, für n = 3. Wir zeigen jetzt anhand eines einfachen Beispiels, *daß es für n = 4 dagegen zu einer Hopf-Bifurkation und mithin zu einem periodischen Attraktor kommen kann.*

Betrachten wir dazu die Matrix

$$A = \begin{bmatrix} 0 & 0 & -\mu & 1 \\ 1 & 0 & 0 & -\mu \\ -\mu & 1 & 0 & 0 \\ 0 & -\mu & 1 & 0 \end{bmatrix} \tag{25.2}$$

Der Punkt $\mathbf{m} = (\frac{1}{4}, \frac{1}{4}, \frac{1}{4}, \frac{1}{4})$ ist dann offenbar innerer Fixpunkt von (25.1). Da A zyklische Symmetrie aufweist, wird das auch für die Jacobische J am Punkt **m** gelten. Eine einfache Rechnung ergibt

$$J = \frac{1}{8}\begin{bmatrix} -1+\mu & -1+\mu & -1-\mu & 1+\mu \\ 1+\mu & -1+\mu & -1+\mu & -1-\mu \\ -1-\mu & 1+\mu & -1+\mu & -1+\mu \\ -1+\mu & -1-\mu & 1+\mu & -1+\mu \end{bmatrix} \tag{25.3}$$

Die Eigenwerte dieser zirkulanten Matrix sind nach der Formel (14.19) leicht zu berechnen. Der Eigenwert

$$\gamma_o = \frac{1}{4}(-1+\mu)$$

gehört zum Eigenvektor (1, 1, 1, 1), der senkrecht auf S_4 steht. Da wir uns nur für die

Abb. 25.1 Ein periodischer Attraktor für

$$\dot{x}_1 = x_1(-0.1\,x_3 + x_4 - \Phi)$$
$$\dot{x}_2 = x_2(x_1 - 0.1\,x_4 - \Phi)$$
$$\dot{x}_3 = x_3(-0.1\,x_1 - x_2 - \Phi)$$
$$\dot{x}_4 = x_4(-0.1\,x_2 - x_3 - \Phi)$$

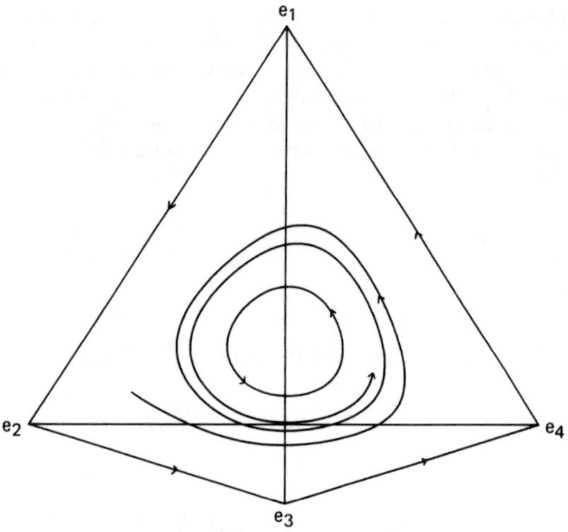

Einschränkung von (25.1) auf S_4 interessieren, brauchen wir uns um ihn nicht zu kümmern. Die übrigen Eigenwerte sind

$$\begin{aligned} \gamma_1 &= \tfrac{1}{4}\,(\mu + i) \\ \gamma_2 &= \tfrac{1}{4}\,(-1 - \mu) \\ \gamma_3 &= \tfrac{1}{4}\,(\mu - i) \end{aligned} \tag{25.4}$$

Wenn nun μ – etwa im Intervall $(-\frac{1}{2}, \frac{1}{2})$ – von negativen zu positiven Werten variiert, so wird γ_2 stets negativ sein, während das komplex konjugierte Paar γ_1 und γ_3 die imaginäre Achse überschreitet, und zwar von der linken zur rechten Halbebene.

Für $\mu < 0$ ist der Fixpunkt **m** eine Senke, für $\mu > 0$ dagegen unstabil. Für $\mu = 0$ schließlich beschreibt die Matrix A einen Hyperzyklus mit n = 4, und wir wissen von Abschnitt 18.5 her, daß der Fixpunkt **m** in diesem Fall asymptotisch stabil ist.

Alle Voraussetzungen für das Auftreten einer Hopf-Bifurkation sind daher erfüllt (vgl. 13.8). Für hinreichend kleine Werte von $\mu > 0$ wird es also einen periodischen Attraktor in der Nähe des Punktes **m** geben (s. Abb. 25.1). Nach Abschnitt 24.5 folgt daraus, daß auch *die dreidimensionale Lotka-Volterra-Gleichung periodische Attraktoren zuläßt.*

25.2 Zyklische Symmetrie

Untersuchen wir nun die spieldynamische Gleichung unter der Voraussetzung *zyklischer Symmetrie.* So eine Voraussetzung ist zwar biologisch unrealistisch, aber mathematisch recht aufschlußreich, wie wir schon am Beispiel im vorigen Abschnitt (und auch an dem in Abschnitt 14.5) sehen konnten.

Wir wollen die Indices wieder modulo n betrachten, also n mit 0, n+1 mit 1, usw. identifizieren. Für alle Indices i und j gilt dann $a_{ij} = a_{i+1,\,j+1}$. Wir bezeichnen $a_{i,i+k}$ mit a_k $(k = 0, \ldots, n-1)$ und setzen $a_0 = 0$ voraus, was nach Abschnitt 24.4 keine Einschränkung der Allgemeinheit bedeutet. Aus (25.1) wird somit

$$\dot{x}_i = x_i (G_i - \Phi) \qquad i = 1, \ldots, n \tag{25.5}$$

mit

$$G_i = \sum_{j=1}^{n} a_j x_{i+j} \tag{25.6}$$

und

$$\Phi = \sum_{j=1}^{n-1} a_j \left(\sum_{i=1}^{n} x_i x_{i+j} \right) \tag{25.7}$$

Der Punkt $\mathbf{m} = (\frac{1}{n}, \ldots, \frac{1}{n})$ ist Fixpunkt für (25.5). Wir werden sehen, daß **m** in den meisten Fällen das einzige innere Gleichgewicht ist.

Berechnen wir zunächst die Jacobische J von (25.5) im Punkt **m**. J ist offenbar wieder zirkulant. Die erste Zeile ist von der Gestalt

$$c_0, c_1, \ldots, c_{n-1}$$

mit

$$c_i = \frac{1}{n} (a_i - 2\bar{a}) \tag{25.8}$$

und

$$\bar{a} = \frac{1}{n} \sum_{j=1}^{n-1} a_j \tag{25.9}$$

Die Eigenwerte werden nach (14.19) berechnet. Es gilt

$$\gamma_0 = -\bar{a} \tag{25.10}$$

und da der zugehörige Eigenvektor $(1, \ldots, 1)$ senkrecht auf die invariante Menge S_n steht, auf die wir uns einschränken, können wir darauf vergessen. Die anderen Eigenwerte sind

$$\gamma_j = \sum_{s=0}^{n-1} c_s \lambda^{js} = \frac{1}{n} \sum_{s=0}^{n-1} a_s \lambda^{js} \tag{25.11}$$

für $s = 1, \ldots, n-1$ und

$$\lambda = e^{2\pi i/n}$$

Zur weiteren Untersuchung erweist sich eine Transformation auf komplexe Koordinaten als günstig. Wir setzen

$$y_p = \sum_{j=1}^{n} \lambda^{jp} x_j \qquad (p = 0, \ldots, n-1) \tag{25.12}$$

Dann gilt umgekehrt

$$x_j = \frac{1}{n} \sum_{p=0}^{n-1} \lambda^{-jp} y_p \qquad (j = 1, \ldots, n) \tag{25.13}$$

Die neuen Veränderlichen y_p entsprechen gerade den Eigenvektoren der Eigenwerte γ_p (vgl. 14.20).

Es sind komplexe Zahlen, welche die Relationen

$$\bar{y}_p = y_{n-p} \quad (p = 1, \ldots, n-1) \tag{25.14}$$

und

$$y_0 = 1 \tag{25.15}$$

erfüllen, da die x_i reell sind und $x_1 + \ldots + x_n = 1$ gilt. Aus (25.5) wird nun

$$\dot{y}_p = \sum_{j=1}^{n} \lambda^{jp} \dot{x}_j = \sum_{j=1}^{n} \lambda^{jp} x_j \left(\sum_{k=1}^{n-1} a_k x_{j+k} - \Phi \right)$$

$$= \sum_{k=1}^{n-1} a_k \left(\sum_{j=1}^{n} \lambda^{jp} x_j x_{j+k} \right) - \left(\sum_{j=1}^{n} \lambda^{jp} x_j \right) \Phi$$

$$= \sum_{k=1}^{n-1} a_k \frac{1}{n^2} \sum_{j=1}^{n} \lambda^{jp} \left(\sum_{s=0}^{n-1} \lambda^{-js} y_s \right) \left(\sum_{m=0}^{n-1} \lambda^{-(j+k)m} y_m \right) - \Phi y_p$$

$$= \sum_{k=1}^{n-1} a_k \frac{1}{n^2} \sum_{s,m=0}^{n-1} \left(\sum_{j=1}^{n} \lambda^{j(p-s-m)} \right) \lambda^{-km} y_s y_m - \Phi y_p$$

Da aber

$$\sum_{j=1}^{n} \lambda^{j(p-s-m)} = \begin{cases} n \text{ wenn } & p = s+m \\ 0 \text{ sonst} & \end{cases}$$

gilt, erhalten wir

$$\dot{y}_p = \sum_{k=1}^{n-1} a_k \frac{1}{n} \sum_{m=0}^{n-1} \lambda^{-km} y_{p-m} y_m - \Phi y_p$$

$$= \sum_{m=0}^{n-1} \left(\frac{1}{n} \sum_{k=1}^{n-1} a_k \lambda^{-km} \right) y_{p-m} y_m - \Phi y_p$$

$$= \sum_{m=0}^{n-1} \omega_{-m} y_m y_{p-m} - \Phi y_p$$

wobei wir $\omega_0 = -\gamma_0$ und $\omega_m = \gamma_m$ für $m \neq 0$ definieren.

Somit gilt

$$\dot{y}_p = \sum_{m=0}^{n-1} \omega_m \bar{y}_m y_{p+m} - \Phi y_p \tag{25.16}$$

Für $p = 0$ folgt aus $y_0 \equiv 1$

$$\Phi = \sum_{m=0}^{n-1} \omega_m |y_m|^2 = \sum_{m=0}^{n-1} \operatorname{Re} \omega_m |y_m|^2 \tag{25.17}$$

so daß (25.5) transformiert wird zu

$$\dot{y}_p = \sum_{m=1}^{n-1} \omega_m \bar{y}_m (y_{p+m} - y_p y_m) \qquad p = 1, \ldots, n-1 \tag{25.18}$$

Für die Funktion

$$P(\mathbf{x}) = x_1 x_2 \ldots x_n \tag{25.19}$$

die in S_n ihr Maximum am Punkt **m**, ihr Minimum 0 am Rand annimmt, gilt

$$\begin{aligned} \dot{P} &= P\left(\sum_{j=1}^{n} G_j - \Phi\right) \\ &= P[(a_1 + \ldots + a_{n-1}) - n\Phi] \\ &= nP(\omega_0 - \Phi) \\ &= -nP \sum_{m=1}^{n-1} \operatorname{Re} \omega_m |y_m|^2 \end{aligned} \tag{25.20}$$

was nach kurzer Rechnung

$$\dot{P} = nP \sum_{j=1}^{n-1} (a_j - \bar{a}) \left(\sum_{k=1}^{n} (x_k - x_{k+j})^2 \right) \tag{25.21}$$

ergibt. Daraus und aus (25.11) folgt unmittelbar

a) *Wenn* **m** *eine Senke ist, so strebt jede Bahn im Inneren von S_n gegen* **m**.

b) *Wenn* **m** *eine Quelle ist, so strebt jede Bahn im Inneren von S_n, mit Ausnahme des Fixpunktes* **m**, *gegen den Rand von S_n.*

Nun können wir auch Hopf-Bifurkationen für $n \geqslant 5$ nachweisen. Diese treten auf, wenn ein Paar von komplex-konjugierten Eigenwerten – etwa ω_1 und ω_{n-1} – die imaginäre Achse von links nach rechts kreuzt, während die übrigen Eigenwerte – also ω_2 bis ω_{n-2} – in der linken Halbebene verbleiben. Es genügt zu zeigen, daß **m** asymptotisch stabil ist, falls $\operatorname{Re} \omega_1 = \operatorname{Re} \omega_{n-1} = 0$ (mit $\omega_1 \neq 0$) und $\operatorname{Re} \omega_m < 0$ für $m = 2, \ldots, n-2$ ist. Aus (25.20) folgt aber

$$\dot{P} = -nP \sum_{m=2}^{n-2} \operatorname{Re} \omega_m |y_m|^2 \geqslant 0 \tag{25.22}$$

und daher strebt jede Bahn gegen die maximale invariante Teilmenge M der Menge $\{\dot{P} = 0\} = \{y_m = 0 \text{ für } m = 2, \ldots, n-2\}$. In M gilt aber

$$0 = \dot{y}_j = \sum_{m=0}^{n-1} \omega_m \bar{y}_m y_{j+m} \qquad (j = 2, \ldots, n-2)$$

und daher

$$0 = \dot{y}_2 = \sum_{m=0}^{n-1} \omega_m \bar{y}_m y_{2+m} = \omega_{n-1} y_1^2$$

d.h. $y_1 = 0$. M stimmt also mit dem Punkt $y_0 = 1, y_1 = y_2 = \ldots = y_{n-1} = 0$ überein: das ist aber nach (25.13) gerade der Punkt **m**, der somit asymptotisch stabil ist.

Abb. 25.2 Die zyklisch symmetrische Gleichung

$$\dot{x}_1 = x_1(x_2 + x_3 - \Phi)$$
$$\dot{x}_2 = x_2(x_3 + x_1 - \Phi)$$
$$\dot{x}_3 = x_3(x_1 + x_2 - \Phi)$$

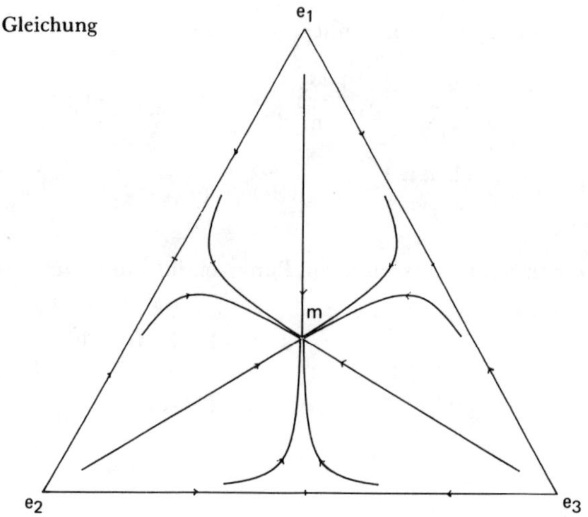

Abb. 25.3 Die zyklisch symmetrische Gleichung

$$\dot{x}_1 = x_1(x_2 - 2x_3 - \Phi)$$
$$\dot{x}_2 = x_2(x_3 - 2x_1 - \Phi)$$
$$\dot{x}_3 = x_3(x_1 - 2x_2 - \Phi)$$

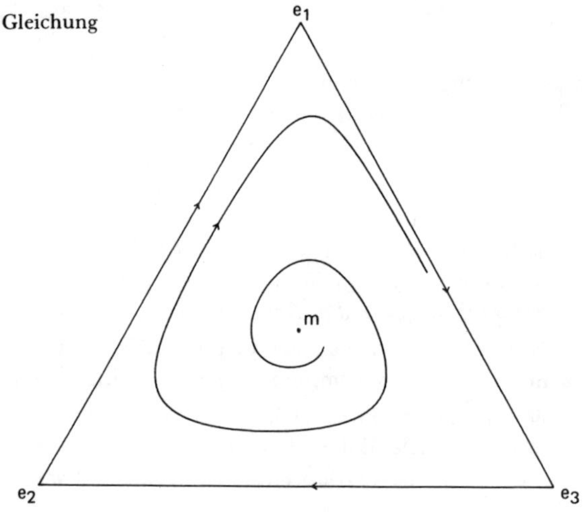

Abb. 25.4 Die zyklisch symmetrische Gleichung

$$\dot{x}_1 = x_1(-x_2 - 2x_3 - \Phi)$$
$$\dot{x}_2 = x_2(-x_3 - 2x_1 - \Phi)$$
$$\dot{x}_3 = x_3(-x_1 - 2x_2 - \Phi)$$

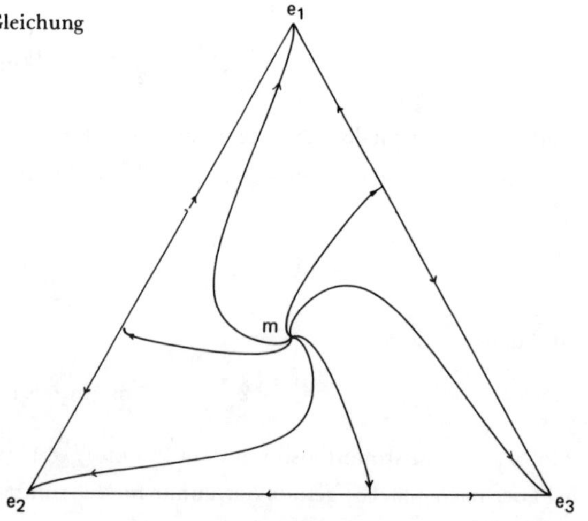

25.3 Zyklische Symmetrie für n = 3

Wieso liefert das obige Verfahren für n = 3 keine Hopf-Bifurkation? (Wir wissen ja, daß es zu keinem periodischen Attraktor kommen kann). Die Eigenwerte sind

$$\begin{aligned} \omega_1 &= -(a_1+a_2) + i\sqrt{3}(a_2-a_1) \\ \omega_2 &= -(a_1+a_2) - i\sqrt{3}(a_2-a_1) \end{aligned} \tag{25.23}$$

und aus (25.21) folgt

$$\begin{aligned} \dot{P} &= \frac{P}{2}(a_1+a_2)\,[(x_1-x_2)^2 + (x_2-x_3)^2 + (x_3-x_1)^2] \\ &= \frac{3P}{2}(a_1+a_2)\sum_{j=1}^{3}(x_j-\tfrac{1}{3})^2 \end{aligned} \tag{25.24}$$

Wenn $a_1+a_2 > 0$ gilt, ist $\mathbf{m} = (\frac{1}{3}, \frac{1}{3}, \frac{1}{3})$ eine Senke, und alle Bahnen im Inneren streben gegen **m** (s. Abb. 25.2). Für $a_1+a_2 = 0$ und $a_1 \neq a_2$ sind alle Bahnen im Inneren periodisch (s. Abb. 24.1), für $a_1 = a_2 = 0$ sind alle Punkte Fixpunkte. Für $a_1+a_2 < 0$ ist **m** eine Quelle, und alles strebt an den Rand. Falls a_1 und a_2 verschiedene Vorzeichen besitzen, sind die Eckpunkte $\mathbf{e}_1$, $\mathbf{e}_2$ und $\mathbf{e}_3$ die einzigen Gleichgewichtspunkte am Rand, und zwar Sättel: der ω-Limes jeder Bahn im Inneren (außer **m**) besteht aus dem Rand von S_3 (s. Abb. 25.3).

Wenn schließlich a_1 und a_2 beide negativ sind, sind die Ecken $\mathbf{e}_1$, $\mathbf{e}_2$ und $\mathbf{e}_3$ Senken. Es gibt dann auf jeder Seitenfläche noch einen Fixpunkt, und zwar einen Sattel. Die entsprechenden „in-sets" teilen S_3 in drei Anziehungsbereiche, wo jede Bahn gegen einen Eckpunkt strebt (s. Abb. 25.4).

Wenn nun $-(a_1+a_2)$ von negativen zu positiven Werten wechselt, wird **m** zwar von einer Senke zu einer Quelle, aber kein periodischer Attraktor tritt auf: für den kritischen Wert $a_1+a_2 = 0$ ist **m** nämlich nicht asymptotisch stabil.

25.4 Ein Beispiel zum Exklusionsprinzip

Wir wissen schon, daß alle Bahnen von (25.1) gegen den Rand von S_n streben, wenn es keinen inneren Gleichgewichtspunkt gibt (s. Abschnitt 21.3). Die Vermutung liegt dann nahe, daß auch mindestens eines der x_i gegen 0 streben muß. Das folgende Beispiel zeigt nun, daß dem nicht so ist: *aus der Konvergenz gegen den Rand folgt nicht die Konvergenz gegen eine bestimmte Randfläche der Gestalt* $x_i = 0$.

Für die Auszahlungsmatrix

$$A = \begin{bmatrix} 0 & -1 & -1 & 1 \\ 1 & 0 & -3 & -3 \\ -1 & 1 & 0 & -1 \\ -3 & -3 & 1 & 0 \end{bmatrix} \tag{25.25}$$

hat (25.1) keinen inneren Fixpunkt.

Das sieht man am besten, wenn man die Funktion

$$Z = \frac{x_1 x_3}{x_2 x_4} \tag{25.26}$$

im Inneren von S_n betrachtet. Aus (25.1) folgt nämlich

$$\frac{\dot{Z}}{Z} = (x_1 + 3x_2 + x_3 + 3x_4) \geqslant 1 \tag{25.27}$$

also strebt Z gegen + ∞ und somit $x_2 x_4$ gegen 0, für $t \to +\infty$. Da andererseits $x_1 x_3$ gegen 0 für $t \to -\infty$ strebt, ist der α-Limes jeder inneren Bahn in einer der beiden Randflächen $x_1 = 0$ oder $x_3 = 0$ enthalten. Da auf der Kante $x_1 = x_3 = 0$ aber der Repellor $R = (0, \frac{1}{2}, 0, \frac{1}{2})$ liegt, hat jede Bahn im Inneren den Punkt R als α-Limes. Analog liegt der ω-Limes in einer der beiden Randflächen $x_2 = 0$ oder $x_4 = 0$. Eine Untersuchung der Dynamik auf diesen beiden Flächen führt zu dem in Abb. 25.5 skizzierten Bild.

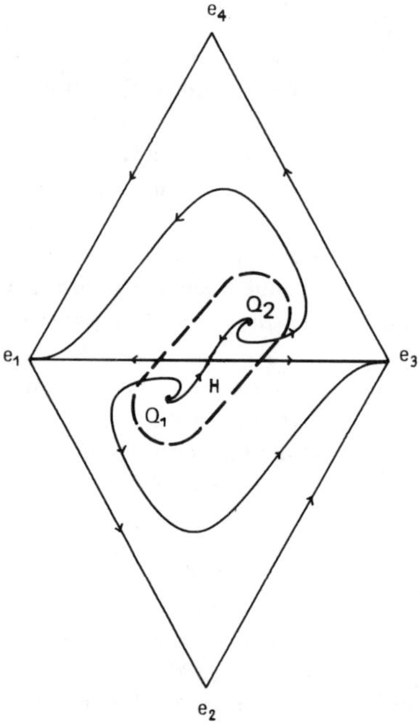

Abb. 25.5 Die Gleichung (25.25) auf den durch $x_2 = 0$ und $x_4 = 0$ gegebenen Randflächen

Neben den Ecken von S_4 gibt es dort noch 3 Fixpunkte:

$$H = (\tfrac{1}{2}, 0, \tfrac{1}{2}, 0),\ Q_1 = \tfrac{1}{9}(5, 1, 3, 0) \text{ und } Q_2 = \tfrac{1}{9}(3, 0, 5, 1).$$

H ist ein Sattel, Q_1 und Q_2 sind Quellen. Der „in-set" von H besteht aus zwei Spiralen σ_1 und σ_2. Wir setzen

$$\sigma = \sigma_1 \cup \sigma_2 \cup \{H_1, Q_1, Q_2\}$$

und definieren Σ als Vereinigung der drei Punkte H, Q_1 und Q_2 und ihrer „in-sets".

Σ ist eine zweidimensionale Fläche. Da jede innere Bahn als α-Limes R besitzt, sieht Σ – bis auf stetige Verformung – so aus wie der Kegel mit Spitze R und Basislinie σ.

Wir zeigen jetzt, daß jede Bahn im Inneren von S_4, die nicht auf Σ liegt, gegen den Kantenzug Γ: $\mathbf{e}_1 \to \mathbf{e}_2 \to \mathbf{e}_3 \to \mathbf{e}_4 \to \mathbf{e}_1$ strebt. Dazu stellen wir uns eine geschlossene Kurve um σ vor (wie in Abb. 25.5 dargestellt), entlang welcher das Vektorfeld nach außen weist. Über dieser Kurve errichten wir einen kleinen Zylinder ins Innere von S_4 hinein, so daß das Vektorfeld entlang des ganzen Mantels noch immer nach außen weist. Wählen wir K hinreichend groß, dann können wir diesen Zylinder mit einem Stück der Fläche $Z = K$ abschneiden. Innerhalb des Zylinders gilt dann $Z > K$. Es gibt nun zwei Möglichkeiten:

a) eine Bahn $\mathbf{x}(t)$ kann in den Zylinder eindringen und für immer drinnen bleiben, dann ist der ω-Limes von $\mathbf{x}$ in σ enthalten. Das geht aber nur, wenn $\mathbf{x}$ auf Σ liegt.

b) Wenn $\mathbf{x}$ nicht auf Σ liegt, wird $\mathbf{x}(t)$ überhaupt nie in den Zylinder eindringen, oder einmal eindringen, um ihn daraufhin für immer zu verlassen: denn Z wächst ja längs der Bahn. Der ω-Limes von $\mathbf{x}$ ist dann sicher disjunkt zu σ und daher, wie aus Abb. 25.5 ersichtlich, in Γ enthalten. Da aber alle vier Eckpunkte Sättel sind, ist der ω-Limes ganz Γ.

Die Bahnen spiralen dem Kantenzug Γ entlang und kommen ihm immer näher. Auf diese Weise sind zwar stets zwei der Konzentrationen sehr klein, aber andererseits kommt es immer wieder – und für immer längere Zeiten – vor, daß $\mathbf{x}(t)$ fast zur Gänze aus einem der reinen Zustände $\mathbf{e}_i$ ($i = 1, 2, 3, 4$) besteht.

25.5 Anmerkungen

Der Nachweis von Hopf-Bifurkationen und die Untersuchung zyklisch symmetrischer Gleichungen stammen aus Hofbauer et al. (1980). Grenzzyklen für Volterra-Lotka Systeme werden von Coste et al. (1979) nachgewiesen. Das Beispiel zum Exklusionsprinzip findet man in Akin und Hofbauer (1982).

26 Asymmetrische Konflikte

26.1 Symmetrische und asymmetrische Spiele

Die im Kapitel 23 behandelten spieltheoretischen Modelle bezogen sich auf *symmetrische Konflikte:* es wurde vorausgesetzt, daß die Gegner gleich stark sind und der Wert des Streitobjektes für beide gleich groß ist. Das ist natürlich im allgemeinen nur selten der Fall: So wird etwa Nahrung für ein ausgehungertes Tier ungleich wichtiger sein als für ein sattes. Diese Asymmetrie in der Ausgangssituation kann sogar ein wesentliches Moment des Konfliktes sein, etwa beim Kampf um ein Revier: der Besitzer spielt eine ganz andere Rolle als der Eindringling, und verfügt meist auch über andere Strategien. Schließlich können sogar Konflikte zwischen verschiedenen Tierarten, etwa Raubtieren und ihrer Beute, mit den Methoden der Spieltheorie untersucht werden. Wir wollen uns als Beispiel einen besonders interessanten Konflikt näher ansehen: den zwischen Männchen und Weibchen um die Aufteilung des elterlichen Brutaufwandes.

26.2 Männchen und Weibchen

Im Prinzip ist es für die geschlechtliche Fortpflanzung nicht notwendig, daß es zwei Geschlechter gibt: eines genügt. In der Natur hat sich aber der sexuelle Dimorphismus fast überall durchgesetzt. Wodurch unterscheiden sich nun Männchen und Weibchen voneinander? Es gibt ein Kriterium, das allgemeiner und grundsätzlicher ist als etwa die kleinen Verschiedenheiten in der Anatomie oder die Festlegung des Geschlechts durch das Y-Chromosom, beides Merkmale, die nur in gewissen Bereichen der Tierwelt Gültigkeit haben: – Überall dort, wo es überhaupt zwei Geschlechter gibt, sind die männlichen Keimzellen klein, aber häufig, hingegen die weiblichen groß, aber rar. Das ist geradezu die Definition von „Männchen" und „Weibchen". Die Samenzellen des Männchens enthalten nicht wesentlich mehr als die bloße Erbinformation, bei dem Ei des Weibchens dagegen kommt noch ein beachtlicher Vorrat an Nährstoffen hinzu. Die Eier des Weibchens sind also recht aufwendige Produkte und können daher nur in geringerer Zahl hergestellt werden als die Samenzellen des Männchens, die fast nichts kosten und in riesigen Mengen vorkommen.

Warum das so ist, läßt sich erklären, und zwar auch wieder mit spieltheoretischen Methoden. – Grob gesagt, genügt es anzunehmen, daß die Überlebenswahrscheinlichkeit der Zygoten hinreichend rasch mit dem Gewicht wächst, die Gesamtmasse an Keimzellen aber beschränkt ist. Dann werden erbliche Variationen im Gewicht der Keimzellen durch natürliche Auslese verstärkt, bis sich ein evolutionsstabiles Paar von Strategien durchgesetzt hat: nämlich entweder viele kleine oder wenige große Keimzellen zu produzieren. Hinzu kommt noch disassortative Paarung, die verhindert, daß Keimzellen gleichen Typs miteinander verschmelzen, und die verschiedenartige Mobilität: die kleinen Keimzellen entwickeln Geißeln, um sich rascher fortbewegen zu können, während die großen unbeweglich auf die Befruchtung warten.

Wir wollen hier aber auf die Einzelheiten nicht näher eingehen, sondern lediglich festhalten, daß Männchen mit ihren Keimzellen viel verschwenderischer umgehen können als Weibchen.

26.3 Der „Kampf der Geschlechter"

Da die weiblichen Eizellen so viel kostspieliger sind als die männlichen Samenzellen, folgt, daß schon im Augenblick der Befruchtung die Mutter mehr für das Kind geleistet hat als der Vater. Bei Säugetieren kommt noch hinzu, daß der Embryo im Leib der Mutter heranwächst. Es wäre vorteilhaft für den Fortpflanzungserfolg des Männchens, seine Gattin zu verlassen und sich nach einer neuen Partnerin umzusehen: dadurch kann das Männchen die Zahl seiner Nachkommen steigern, während die aufwendige Brutpflege dem Weibchen überlassen bleibt. Schafft sie es, dann umso besser; schafft sie es aber nicht, so ist es auch kein großer Verlust für ihn, weitaus kleiner jedenfalls als für sie: denn das Weibchen hat mehr investiert als das Männchen. Genauer gesagt, es muß sehr viel mehr als das Männchen aufwenden, um zu einem „Ersatzkind" zu kommen. Die Brutpflege ebenfalls einzustellen, ist also keine vorteilhafte Gegenstrategie für das Weibchen.

Einen Ausweg gibt es allerdings, eine naheliegende Strategie, die verhindert, daß Weibchen, mit den Kindern am Hals, von den Männchen zurückgelassen werden: sie können spröde sein und auf einer langen Verlobungszeit bestehen. Dadurch wird nicht nur die Verläßlichkeit und Treue des Männchens getestet: der Partner wird vor allem gezwungen, für den künftigen Nachwuchs einen vergleichbar großen Aufwand an Energie und Zeit aufzubringen. Es wird sich für ihn nicht auszahlen, seine Familie zu verlassen, wenn vor der nächsten Begattung wieder die Strapazen einer langen Verlobung warten. Da ist es schon besser, im mühsam geschaffenen Heim zu verbleiben und weiter zu investieren in die Pflege der schon vorhandenen Brut.

In einer Bevölkerung, deren Weibchen die erblichen Anlagen besitzen, auf einer langen Verlobungszeit zu bestehen, werden die Männchen dahin selektiert, ihre Weibchen während der Brutpflege nicht zu verlassen. Auf eine gewiß nicht ganz korrekte, aber einprägsame Formel gebracht: Eine „Verschwörung" spröder Weibchen würde die Männchen zwingen, „treu" zu sein.

Unter „treuen" Männchen hat es freilich ein „williges" Weibchen weit besser als die „spröderen" Schwestern, es erspart sich ja die Verlobungszeit. Das ist ein beachtlicher Vorteil. Er bringt es mit sich, daß die „willigen" Weibchen mehr Nachkommen haben und sich ihre Gene ausbreiten werden.

Freilich kommen dann, ein paar Generationen danach, die „flatterhaften" Männchen wieder zum Zug. Denn unter den vielen „willigen" Weibchen können sie nun reiche Auswahl treffen und sich gewaltig vermehren. Die „treuen" Gatten werden daher immer seltener. Die Weibchen täten nun wieder gut daran, „spröde" zu sein – und unsere Überlegung ist zu ihrem Ausgangspunkt zurückgekehrt.

26.4 Ein Zahlenbeispiel

Das obige Beispiel stammt von Dawkins, der behauptet, daß so wie beim Konflikt zwischen „Tauben" und „Falken" auch hier das Hin- und Herpendeln des Verhaltens nur ein scheinbares ist, und sich vielmehr wieder ein evolutionsstabiles Gleichgewicht einstellen wird. Er gibt auch Zahlenwerte an, für welche er den Gleichgewichtswert berechnet. Wir wollen hier sein Beispiel weiter untersuchen, als interessantes Gedankenexperiment.

Nehmen wir also an, daß ein erfolgreich aufgezogenes Kind für jeden Elternteil + 15 Punkte bedeutet. Die Kosten für die Brutpflege mögen sich auf − 20 belaufen und die Kosten für eine lange Verlobungszeit auf − 3. Für die Männchen gibt es die zwei Strategien E_1 und E_2 – „treu" oder „flatterhaft" – für die Weibchen F_1 und F_2 – „willig" und „spröd".

Wenn ein „treues" Männchen auf ein „sprödes" Weibchen trifft, so beträgt die Auszahlung für beide +2, nämlich +15 (das Kind) - 10 (sie teilen sich die Brutpflegekosten) - 3 (die lange Verlobungszeit). Wenn ein „treues" Männchen auf ein „williges" Weibchen trifft, ersparen sie sich die lange Verlobung und erhalten beide +5. Aber ein „flatterhaftes" Männchen, auf welches ein „williges" Weibchen hereinfällt, macht sich mit +15 davon; es kostet ihn nichts, während sie −5 = 15 − 20 bezahlt, denn sie trägt ja die Brutpflegekosten allein. Trifft schließlich ein „flatterhaftes" Männchen auf ein „sprödes" Weibchen, so entspinnt sich weiter nichts daraus, die Auszahlung ist für beide 0.

Bezeichnen wir mit x_i den Anteil der Männchen, die Strategie E_i spielen, und mit y_i den Anteil der Weibchen mit Strategie $F_i (i = 1,2)$. Natürlich gilt $x_1+x_2 = y_1+y_2 = 1$.

E_1 bringt den Männchen $5y_1 + 2y_2$ Punkte, E_2 dagegen $15y_1 + 0y_2$. Die Strategien E_1 und E_2 sind gleich gut, wenn $y_1 = \frac{1}{6}$, $y_2 = \frac{5}{6}$ gilt. Analog sieht man, daß Strategie F_1 Auszahlung $5x_1 - 5x_2$ liefert, F_2 aber $2x_1 + 0x_2$; die beiden Strategien sind gleich gut, wenn $x_1 = \frac{5}{8}$, $x_2 = \frac{3}{8}$ gilt.

Die Bevölkerung ist im Gleichgewicht, wenn $\frac{5}{8}$ der Männchen „treu" und $\frac{1}{6}$ der Weibchen „willig" sind. Ist dieses Gleichgewicht aber auch evolutionsstabil?

Wenn eine Schwankung die männliche Bevölkerung von $(\frac{5}{8}, \frac{3}{8})$ zu $(\frac{6}{8}, \frac{2}{8})$ ändert, dann ist es nicht die männliche Bevölkerung, die darunter leidet. Ihre Auszahlung ist nach wie vor gleich $\frac{5}{2}$. Der weiblichen Bevölkerung $(\frac{1}{6}, \frac{5}{6})$ geht es auch nicht schlechter: im Gegenteil, ihre Auszahlung hat sich sogar erhöht, von $\frac{5}{4}$ auf $\frac{5}{3}$. Aber die „spröden" Weibchen haben es jetzt schlechter als die „willigen", so daß eine weibliche Bevölkerung $(\frac{1}{2}, \frac{1}{2})$ noch mehr ausbezahlt bekäme, nämlich 2. Es ist unter diesen Umständen schwer zu sehen, wie sich die ursprüngliche Gleichgewichtslage wieder einstellen soll. Man wird sie also kaum als evolutionsstabil bezeichnen dürfen. – Was soll man überhaupt im Fall asymmetrischer Spiele darunter verstehen?

26.5 Das Gleichgewicht in der Spieltheorie

Betrachten wir zwei Bevölkerungen X und Y, die gegeneinander spielen. E_1 bis E_n seien die Strategien von X, F_1 bis F_m die von Y. Wird die Strategie E_i gegen die Strategie F_j verwendet, so sei a_{ij} die Auszahlung für den X-Spieler und b_{ji} die für den Y-Spieler. Das Spiel wird also durch zwei Auszahlungsmatrizen bestimmt, die $n \times m$ – Matrix A und die $m \times n$ – Matrix B. Im Beispiel des vorigen Abschnitts etwa gilt

$$A = \begin{bmatrix} 5 & 2 \\ 15 & 0 \end{bmatrix} \quad \text{und } B = \begin{bmatrix} 5 & -5 \\ 2 & 0 \end{bmatrix} \tag{26.1}$$

Wenn $\mathbf{x} \in S_n$ bzw. $\mathbf{y} \in S_m$ die Anteile der Strategien in der X- bzw. Y-Bevölkerung angeben, so ist die mittlere Auszahlung von E_i (bzw. F_j) durch

$$(\mathbf{Ay})_i = \sum_{j=1}^{m} a_{ij} y_j \qquad \text{bzw.} \qquad (\mathbf{Bx})_j = \sum_{i=1}^{n} b_{ji} x_i$$

gegeben, die mittlere Auszahlung für die Bevölkerung X also durch $\mathbf{x.Ay}$, die für Y durch $\mathbf{y.Bx}$.

Die Strategien $\mathbf{p} \in S_n$ und $\mathbf{q} \in S_m$ bilden ein *Gleichgewichtspaar,* wenn jede eine beste Antwort auf die andere ist, also gilt

$$\begin{aligned} \mathbf{p.\,Aq} &\geqslant \mathbf{x.\,Aq} && \text{für alle } \mathbf{x} \in S_n \\ \mathbf{q.\,Bp} &\geqslant \mathbf{y.\,Bp} && \text{für alle } \mathbf{y} \in S_m. \end{aligned} \tag{26.2}$$

Aus der ersten Ungleichung folgt

$$\mathbf{p.Aq} \geqslant (\mathbf{Aq})_i \qquad i = 1, \ldots, n$$

wobei das Gleichheitszeichen für jene i zu stehen hat, für welche $p_i > 0$ gilt. Wenn insbesondere $\mathbf{p}$ im Inneren von S_n liegt, also total gemischt ist, so folgt

$$(\mathbf{Aq})_1 = \ldots = (\mathbf{Aq})_n$$

und daher gilt $\mathbf{p.Aq} = \mathbf{x.Aq}$ für alle $\mathbf{x} \in S_n$. Analoges gilt natürlich für die zweite Ungleichung von (26.2).

Für die in (26.1) gegebenen Matrizen ist das einzige Gleichgewichtspaar (**p**,**q**), wie schon im vorigen Abschnitt berechnet, durch $\mathbf{p} = (\frac{5}{8},\frac{3}{8})$ und $\mathbf{q} = (\frac{1}{6},\frac{5}{6})$ gegeben.

Der Begriff des Gleichgewichtspaares ist in der Spieltheorie von größter Bedeutung. Es läßt sich zeigen, daß stets mindestens ein solches Paar existiert. Werden **p** und **q** als die Strategien zweier Gegner aufgefaßt, so bedeutet (26.2), daß keiner der beiden seine Lage verbessern kann, wenn er von seiner Strategie abgeht. Bei Konflikten zwischen rationalen Spielen läßt sich (**p**,**q**) also als „Lösung" des Spieles auffassen: keiner der Spieler hat einen Grund, von seiner Strategie abzuweichen, und daher wird auch – so der kühne Schluß – keiner abweichen.

Bei Konflikten zwischen Tieren wird dieser Schluß freilich unsinnig. Hier gibt es ja keinen vorausschauenden, planenden Geist, der das Spielgeschehen bestimmt; nur der zukunftsblinde, keine „Ziele" kennende Vorgang der natürlichen Auslese steuert die Strategien. Hier wird es also immer wieder zu zufälligen Abweichungen vom Gleichgewicht kommen. Wie antwortet aber die Selektion darauf?

26.6 Evolutionsstabilität für asymmetrische Spiele

Das vorhin beschriebene Gleichgewichtspaar entspricht offenbar der „Gleichgewichtsbedingung" in der Definition der evolutionsstabilen Strategien für symmetrische Spiele, die wir in Abschnitt 23.4 kennengelernt haben. Was wir jetzt suchen, ist das Gegenstück zur „Stabilitätsbedingung". Das ist nicht ganz leicht.

Sollen wir etwa fordern, daß falls **x** und **p** beide „beste Antworten" auf **q** sind, die Strategie **q** gegen **p** besser abschneidet als gegen **x**? Also, daß aus

$$\mathbf{p}.A\mathbf{q} = \mathbf{x}.A\mathbf{q} \tag{26.3}$$

und $\mathbf{x} \neq \mathbf{p}$ folgt, daß

$$\mathbf{q}.B\mathbf{p} > \mathbf{q}.B\mathbf{x} \tag{26.4}$$

gilt? Die biologische Bedeutung dieser Bedingung ist nicht eben sinnfällig. Sie könnte auch nur dann erfüllt sein, wenn **p** eine reine Strategie wäre, also ein Eck von S_n: denn wenn **p** eine beste Antwort auf **q** ist, so trifft (26.3) zu, wenn man für **x** eine Ecke $\mathbf{e}_i$ wählt, für welche $p_i > 0$ gilt. Wenn **p** selbst nicht ein Eckpunkt ist, so ist **p** Linearkombination mehrerer solcher Ecken. Aus (26.4) würde dann aber $\mathbf{q}.B\mathbf{p} > \mathbf{q}.B\mathbf{p}$ folgen, was ein Widerspruch ist. Es kann hier also nicht mehr, wie im Spiel zwischen „Falken" und „Tauben", eine gemischte Strategie evolutionsstabil sein.

In manchen Fällen scheint es gerechtfertigt, eine „totale" Auszahlung für die beiden Bevölkerungen zusammen zu betrachten, also die Summe der Auszahlungen der beiden Bevölkerungen. Das Strategienpaar $(\mathbf{p},\mathbf{q}) \in S_n \times S_m$ ist dann eine beste Antwort auf sich selbst, wenn

$$\mathbf{p}.\, A\mathbf{q} + \mathbf{q}.\, B\mathbf{p} \geqslant \mathbf{x}.\, A\mathbf{q} + \mathbf{y}.\, B\mathbf{p} \tag{26.5}$$

für alle $(\mathbf{x},\mathbf{y}) \in S_n \times S_m$ gilt. Diese Bedingung ist für ein Gleichgewichtspaar (**p**,**q**) sicher erfüllt. Falls nun (**x**,**y**) eine andere beste Antwort auf (**p**,**q**) wäre, so müßte man als Stabilitätsbedingung wohl fordern, daß (**p**,**q**) gegen (**x**,**y**) besser davonkommt als (**x**,**y**) gegen sich selbst, also

$$\mathbf{p}.\, A\mathbf{y} + \mathbf{q}.\, B\mathbf{x} > \mathbf{x}.\, A\mathbf{y} + \mathbf{y}.\, B\mathbf{x} \tag{26.6}$$

für alle $(\mathbf{x},\mathbf{y}) \neq (\mathbf{p},\mathbf{q})$, für welche in (26.5) Gleichheit gilt.

Das führt aber zu

$$(\mathbf{p}-\mathbf{x})C(\mathbf{q}-\mathbf{y}) < 0$$

wobei die $n \times m$-Matrix C durch $c_{ij} = a_{ij} + b_{ji}$ definiert wird. Das kann so wie vorhin wiederum nur für reine Strategien **p** und **q** erfüllt sein.

Wie auch immer die evolutionsstabile Strategie definiert wird, kommen wir zu dem Schluß, daß eine solche Strategie eine reine sein muß, wenn der Konflikt asymmetrisch ist. Gleichgewichte, die gemischt sind – wie etwa beim „Kampf der Geschlechter" – scheinen demzufolge biologisch nicht wichtig zu sein. – Wir werden freilich bald sehen, daß sie doch von Bedeutung sind: man muß nur eine Dynamik ins Spiel bringen.

26.7 Anmerkungen

Spieltheoretische Verfahren zur Modellierung von asymmetrischen Konflikten im Tierreich wurden von Maynard Smith und Parker (1976) eingeführt. Von den zahlreichen anschließenden Arbeiten erwähnen wir Taylor (1979), Hammerstein (1979), Hammerstein und Parker (1982), sowie das Buch von Maynard Smith (1982). Selten (1980) bewies in einem viel allgemeineren Rahmen als dem in 26.6 skizzierten, daß evolutionsstabile Strategien für asymmetrische Konflikte nicht gemischt sein können. Das hübsche Beispiel vom „Kampf der Geschlechter" stammt von Dawkins (1976) (siehe auch Wickler und Seibt (1977)): es beruht auf der Analyse des Brutaufwands („parental investment") von Trivers (1972). Die in Abschnitt 26.2 kurz gestreifte Theorie zur Erklärung des sexuellen Dimorphismus geht auf Parker et al. (1972) zurück und wird in Parker (1978), Maynard Smith (1978), Charlesworth (1978) und Schuster und Sigmund (1982) weiter ausgeführt.

27 Differentialgleichungen für asymmetrische Konflikte

27.1 Die Differentialgleichung

In Abschnitt 24.1 stellten wir für symmetrische Spiele eine „*spieldynamische Differentialgleichung*" (24.1) auf. Ähnlich wollen wir jetzt auch asymmetrischen Spielen eine Differentialgleichung zuordnen. Wenn wiederum, wie im vorigen Kapitel, X und Y die Bevölkerungen bezeichnen, S_n und S_m die zugehörigen Räume von Strategien, A und B die Auszahlungsmatrizen und x_i bzw. y_j die Anteile der Strategien E_i bzw. F_j in der X- bzw. Y-Bevölkerung, so wird die Zuwachsrate $\dot{x}_i/x_i$ der Strategie E_i durch die Differenz zwischen der erwarteten Auszahlung $(Ay)_i$ und der durchschnittlichen Auszahlung $\mathbf{x}.Ay$ gegeben. Analoges gilt für die Strategie F_j, so daß man insgesamt die Differentialgleichung

$$\begin{aligned} \dot{x}_i &= x_i((Ay)_i - \mathbf{x}.\,Ay) \qquad i = 1,\ldots,n \\ \dot{y}_j &= y_j((Bx)_j - \mathbf{y}.\,Bx) \qquad j = 1,\ldots,m \end{aligned} \tag{27.1}$$

auf dem (invarianten) Raum $S_n \times S_m$ aller Strategienpaare erhält.

Wieder gilt, daß die Randflächen von $S_n \times S_m$ (also die Produkte einer Randfläche von S_n mit S_m oder mit einer Randfläche von S_m) invariant unter (27.1) sind, und daß die Einschränkung von (27.1) auf so eine Randfläche eine Gleichung von derselben Gestalt liefert. Man erhält die Randflächen, indem man gewisse x_i und y_j gleich 0 setzt. Jede solche Fläche kann nun wieder in Inneres und Rand zerlegt werden, wobei der Rand wieder aus Flächen besteht. Es genügt also, die Einschränkung von (27.1) auf invariante Teilmengen der folgenden Form zu betrachten:

(a) Mindestens eine der Bevölkerungen spielt nur eine – reine – Strategie.

(b) Beide Bevölkerungen spielen auch gemischte Strategien.

Das bedeutet

(a) $x_i \equiv 1$ oder $y_j \equiv 1$ für ein i oder ein j.

(b) $x_i > 0$ für einige i, und $y_j > 0$ für einige j.

Man verliert nichts an Allgemeinheit, wenn man nur die Einschränkung von (27.1) auf die folgenden Mengen studiert:

(a′) $S_n \times \{\mathbf{f}_1\}$ wobei $\mathbf{f}_1$ der Vektor $(1,0,\dots,0) \in S_m$ ist;

(b′) das Innere von $S_n \times S_m$.

Alle anderen Einschränkungen vom Typ (a) oder (b) haben dieselbe Gestalt wie (a′) oder (b′).

Der Fall (a′) ist ganz klar. Die Gleichung wird zu

$$\dot{x}_i = x_i(a_{i1} - \sum_j a_{j1}x_j) \qquad i = 1,\dots,n \tag{27.2}$$

auf S_n (zusammen mit $y_1 \equiv 1$). Diese Gleichung haben wir schon in (17.8) kennengelernt. Wenden wir uns jetzt dem Fall (b′) näher zu.

27.2 Fixpunkte

Die Fixpunkte von (27.1) im Inneren von $S_n \times S_m$ sind die positiven Lösungen der Gleichungen

$$(A\mathbf{y})_1 = \dots = (A\mathbf{y})_n \qquad \sum_{j=1}^{m} y_j = 1 \tag{27.3}$$

$$(B\mathbf{x})_1 = \dots = (B\mathbf{x})_m \qquad \sum_{i=1}^{n} x_i = 1 \tag{27.4}$$

Falls $n > m$ gilt, so besitzt (27.3) nur dann eine Lösung, wenn die Matrix A linear entartet ist, während die Lösungen von (27.4) eine lineare Mannigfaltigkeit der Dimension $\geqslant$ n-m bilden. Die Menge der Fixpunkte im Inneren von $S_n \times S_m$ ist also entweder leer – das ist der allgemeine Fall – oder sie enthält eine (n-m)-dimensionale Fläche.

Ein isolierter Fixpunkt kann mithin nur existieren, wenn n=m gilt. Wenn es einen gibt, so ist er der einzige. Wir zeigen nun: *Die Fixpunkte von (27.1) im Inneren von*

$S_n \times S_m$ *können weder Quellen noch Senken sein. Isolierte Fixpunkte, die es nur dann geben kann, wenn n=m gilt, sind Sättel oder Zentren.*

Zum Beweis: Wir können x_n und y_m eliminieren. An einem Fixpunkt im Inneren gilt $(Ay)_i = \mathbf{x}.Ay$ und daher

$$\frac{\partial \dot{x}_i}{\partial x_j} = \frac{\partial}{\partial x_j} x_i ((Ay)_i - \mathbf{x}.Ay) = x_i (- \frac{\partial}{\partial x_j} (\mathbf{x}.Ay))$$

Nun ist aber

$$\frac{\partial}{\partial x_j}(\mathbf{x}.Ay) = \frac{\partial}{\partial x_j} (x_1 (Ay)_1 + \ldots + x_{n-1}(Ay)_{n-1} + (1 - x_1 - \ldots - x_{n-1})(Ay)_n) =$$

$$= (Ay)_j - (Ay)_n = 0$$

Daraus folgt $\frac{\partial \dot{x}_i}{\partial x_j} = 0$ für alle i und j zwischen 0 und n−1.

Analoges gilt für die y_j, und daher ist die Jacobische von (27.1) am Fixpunkt von der Gestalt

$$J = \begin{bmatrix} 0 & C \\ D & 0 \end{bmatrix}$$

wobei die beiden 0-Blöcke in der Diagonale eine $(n-1) \times (n-1)$ und eine $(m-1) \times (m-1)$-Matrix sind. Für das charakteristische Polynom

$$p(\lambda) = \det (J - \lambda I)$$

(wobei I die Identität ist) gilt

$$p(\lambda) = (-1)^{n-m} p(-\lambda) \tag{27.5}$$

wie man leicht sieht, wenn man die Vorzeichen der ersten n-1 Spalten und der letzten m-1 Zeilen von $J-\lambda I$ umkehrt. Wenn also λ ein Eigenwert von J ist, dann auch $-\lambda$. Damit ist der Beweis geführt.

Insbesondere kann es nur an den Eckpunkten von $S_n \times S_m$ Senken geben. Das entspricht der Tatsache, daß – im asymmetrischen Fall – *keine gemischten evolutionsstabilen Strategien* vorkommen. Es ist zu vermuten, daß wenn ein isolierter Fixpunkt im Inneren von $S_n \times S_m$ ein Zentrum ist – also alle Eigenwerte auf der imaginären Achse liegen – dieser Punkt zwar stabil, aber nicht asymptotisch stabil ist. Bisher ist das allerdings nur für Spezialfälle bewiesen.

Halten wir noch fest, daß wie im symmetrischen Fall (siehe Kapitel 24) auch hier wieder gilt: *wenn eine Bahn von (27.1) ihren ω-Limes im Inneren hat, dann existieren die Zeitmittel und stimmen mit einem Fixpunkt im Inneren von $S_n \times S_m$ überein; wenn es keinen Fixpunkt im Inneren gibt, strebt jede Bahn gegen den Rand.* Die Beweise sind ganz analog.

27.3 Der 2 × 2- Fall

Betrachten wir nun den Fall n = m = 2 etwas näher; er tritt etwa im „Kampf der Geschlechter" auf. Da wir, so wie im symmetrischen Fall, von jeder Spalte in A oder B eine Konstante abziehen können (vgl. Abschnitt 24.4), bedeutet es keine Einschränkung, wenn wir annehmen, daß die Glieder in den Diagonalen verschwinden. Also haben wir

$$A = \begin{bmatrix} 0 & a_{12} \\ a_{21} & 0 \end{bmatrix} \qquad B = \begin{bmatrix} 0 & b_{12} \\ b_{21} & 0 \end{bmatrix} \tag{27.6}$$

Wegen $x_2 = 1 - x_1$ und $y_2 = 1 - y_1$ genügt es, x_1 und y_1 zu betrachten, die wir mit x und y bezeichnen wollen. Aus (27.1) wird

$$\dot{x} = x(1-x)(a_{12} - (a_{12} + a_{21})y)$$

$$\dot{y} = y(1-y)(b_{12} - (b_{12} + b_{21})x) \tag{27.7}$$

auf dem Quadrat $Q = \{ (x,y) : 0 \leqslant x,y \leqslant 1 \} \cong S_2 \times S_2$.

Wenn $a_{12}a_{21} \leqslant 0$, dann ändert $\dot{x}$ in Q das Vorzeichen nie; in diesem Fall ist also x entweder konstant, oder konvergiert gegen 0 oder 1. Entsprechendes gilt falls $b_{12}b_{21} \leqslant 0$. Es bleibt also nur noch der Fall zu untersuchen, wo $a_{12}a_{21} > 0$ und $b_{12}b_{21} > 0$ gilt. In diesem Fall gibt es genau einen Fixpunkt von (27.7) im Inneren von Q, nämlich

$$F = \left(\frac{b_{12}}{b_{12}+b_{21}}, \frac{a_{12}}{a_{12}+a_{21}}\right) \tag{27.8}$$

Die Jacobische an diesem Punkt ist

$$J = \begin{bmatrix} 0 & -(a_{12}+a_{21})\dfrac{b_{12}b_{21}}{(b_{12}+b_{21})^2} \\ -(b_{12}+b_{21})\dfrac{a_{12}a_{21}}{(a_{12}+a_{21})^2} & 0 \end{bmatrix}$$

und ihre Eigenwerte sind der Gestalt $\pm\lambda$, mit

$$\lambda^2 = \frac{a_{12}a_{21}b_{12}b_{21}}{(a_{12}+a_{21})(b_{12}+b_{21})}$$

Wenn $a_{12}b_{12} > 0$ gilt, ist F ein Sattelpunkt. In diesem Fall werden fast alle Bahnen im Inneren von Q gegen den einen oder den anderen von zwei gegenüberliegenden Eckpunkten streben (Abb. 27.1). Wenn aber $a_{12}b_{12} < 0$ gilt, ist F ein Zentrum. In diesem Fall

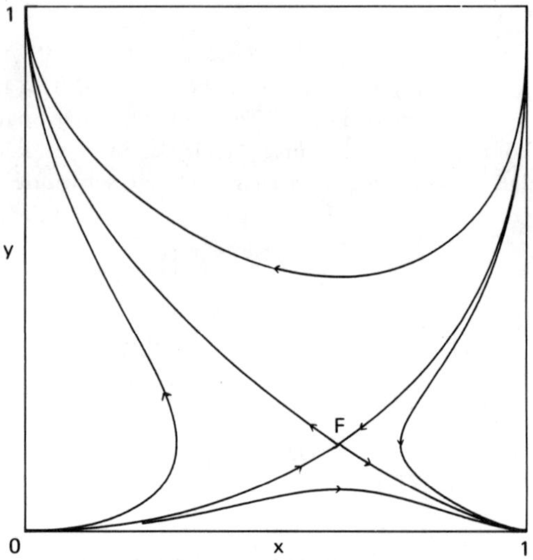

Abb. 27.1 Die Gleichung (27.7) mit $a_{12} = 2$, $a_{21} = 10$, $b_{12} = 5$, $b_{21} = 3$

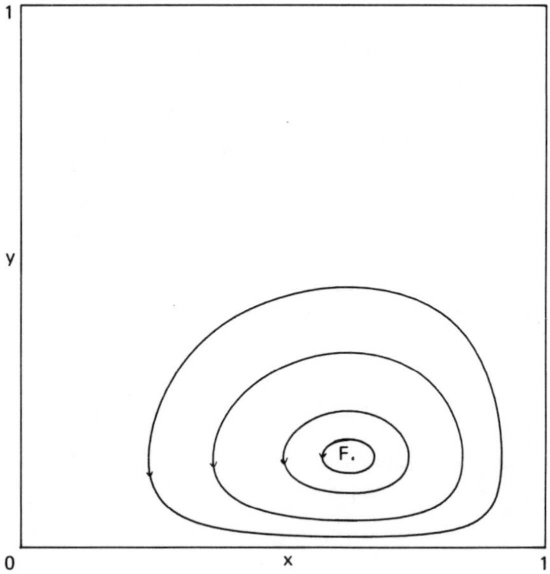

Abb. 27.2 Die Gleichung (27.7) mit $a_{12} = 2$, $a_{21} = 10$, $b_{12} = -5$, $b_{21} = -3$

sind alle Bahnen im Inneren von Q periodisch und kreisen um den Punkt F (Abb. 27.2). In der Tat ist die Funktion

$$V(x,y) = |b_{12}| \log x + |b_{21}| \log(1-x) + |a_{12}| \log y + |a_{21}| \log(1-y) \tag{27.9}$$

die im Inneren von Q definiert ist und F als einziges Maximum besitzt, eine Bewegungsinvariante. Man überprüft nämlich leicht, wenn man die Vorzeichen von b_{ij} und a_{ij} beachtet, daß

$$\dot{V} = \frac{\partial V}{\partial x}\dot{x} + \frac{\partial V}{\partial y}\dot{y} = 0$$

gilt.

Für die Zeitmittel längs einer periodischen Bahn mit Periode T gilt

$$\left(\frac{1}{T}\int_0^T x(t)\,dt, \frac{1}{T}\int_0^T y(t)\,dt\right) = F$$

Kehren wir nun zu dem in 26.4 beschriebenen Beispiel von Dawkins zurück. Hier waren A und B durch (26.1) gegeben und werden nach geeigneter Umformung zu

$$A = \begin{bmatrix} 0 & 2 \\ 10 & 0 \end{bmatrix} \qquad B = \begin{bmatrix} 0 & -5 \\ -3 & 0 \end{bmatrix}$$

Das Gleichgewicht $F = (\frac{5}{8}, \frac{1}{6})$ ist ein Zentrum, daher werden periodische Schwankungen auftreten. Die Gleichung (27.7) ist von der Gestalt:

$$\dot{x} = x(1-x)(2-12y)$$

$$\dot{y} = y(1-y)(-5+8x)$$

Bis auf die Faktoren (1-x) und (1-y) ist das gerade eine Volterra-Lotka-Gleichung der Gestalt (10.1). Wir folgern daraus, daß die Beziehungen zwischen den Geschlechtern viel mit dem Räuber-Beute-Verhalten zu tun haben und ewigen Schwankungen unterworfen sind.

27.4 Nullsummenspiele

In der Spieltheorie sind *Nullsummenspiele* besonders ausführlich untersucht worden, also Spiele, für welche $b_{ij} = -a_{ji}$ gilt. (Der Gewinn des einen Spielers ist der Verlust des anderen). Biologisch scheinen solche Spiele zwar nicht sehr bedeutungsvoll, doch lassen sie sich recht einfach dynamisch behandeln.

Bei Nullsummenspielen existieren stets *Minimax-Strategien*, oder *optimale Paare* $(\mathbf{p},\mathbf{q}) \in S_n \times S_m$ mit der Eigenschaft, daß für alle $\mathbf{x} \in S_n$, $\mathbf{y} \in S_m$

$$\mathbf{x}.\, A\mathbf{q} \leqslant \mathbf{p}.\, A\mathbf{q} \leqslant \mathbf{p}.\, A\mathbf{y} \qquad (27.10)$$

gilt (die zweite Ungleichung bedeutet einfach $\mathbf{q}.\, B\mathbf{p} \geqslant \mathbf{y}.\, B\mathbf{p}$).

Definieren wir nun auf S_n bzw. S_m die Funktionen

$$P = \Pi\, x_i^{p_i} \quad \text{bzw.} \quad Q = \Pi\, y_i^{q_i}$$

Dann gilt für Nullsummenspiele der Satz: *Falls* (**p**,**q**) *im Inneren von* $S_n \times S_m$ *liegt, ist* (**p**,**q**) *genau dann ein optimales Paar, wenn PQ eine Bewegungsinvariante ist. In diesem Fall ist* (**p**,**q**) *stabil, aber nicht asymptotisch stabil.*

Aus der Definition von P und Q folgt nämlich wie in (24.3)

$$\dot{P} = P(\mathbf{p}.Ay - \mathbf{x}.Ay) \qquad \dot{Q} = Q(\mathbf{q}.Bx - \mathbf{y}.Bx)$$

also wegen $b_{ij} = -a_{ji}$ die Gleichung

$$(PQ)^{\cdot} = PQ(\mathbf{p}.Ay - \mathbf{x}.Aq)$$

Wenn PQ eine Bewegungsinvariante ist, gilt $\mathbf{p}.Ay = \mathbf{x}.Aq$, woraus (27.10) folgt. Das Paar (**p**,**q**) ist daher optimal. Wenn umgekehrt (**p**,**q**) ein Gleichgewichtspaar ist (und das ist ja gerade die Bedeutung von (27.10)), so folgt, daß $(A\mathbf{q})_i$ = const für alle i gilt, und daher $\mathbf{x}.A\mathbf{q} = \mathbf{p}.A\mathbf{q}$. Ähnlich gilt $\mathbf{y}.B\mathbf{p} = \mathbf{q}.B\mathbf{p}$, also $\mathbf{p}.Ay = \mathbf{p}.A\mathbf{q}$, woraus wieder $(PQ)^{\cdot} = 0$ folgt.

Jede Bahn im Inneren bleibt also auf einer Konstanzfläche von PQ und strebt nicht zum Rand hin. Daraus folgt für die Zeitmittel

$$\mathbf{p} = \lim_{T \to +\infty} \frac{1}{T} \int_0^T \mathbf{x}(t)\, dt,$$

$$\mathbf{q} = \lim_{T \to +\infty} \frac{1}{T} \int_0^T \mathbf{y}(t)\, dt.$$

27.5 Anmerkungen

Die Differentialgleichung (27.1) wurde in Schuster et al. (1981b) aufgestellt und analysiert. Spezialfälle, wie etwa der „Kampf der Geschlechter", wurden schon in Schuster und Sigmund (1981) behandelt. Gleichung (27.1) kann noch verallgemeinert werden, so daß sie auch Wechselwirkungen innerhalb der beiden Bevölkerungen berücksichtigt; das wird in Taylor (1979) und Schuster et al. (1981c) untersucht. – Nullsummenspiele sind von zentraler Bedeutung in der Spieltheorie und der Optimierung: wir verweisen auf Rauhut et al. (1979).

28 Spieldynamik für Mendelsche Bevölkerungen

28.1 Strategie und Genetik

Dem spieltheoretischen Ansatz, den wir bisher verwendet haben, liegt die stillschweigende Voraussetzung zugrunde, daß sich die Bevölkerung asexuell vermehrt. Das steckt ja in der Annahme, daß die Nachkommen eines Individuums dessen Strategie erben. Dadurch kommt man zwar auf eine schöne Differentialgleichung, nimmt aber eine arge Realitätseinbuße in Kauf: denn die Verhaltensstrategien, die uns besonders interessieren, sind ja solche von Arten, die sich geschlechtlich fortpflanzen. Solange es nur um eine erste Orientierung ging, war die Vereinfachung wohl gerechtfertigt. Doch nun wird es Zeit, uns an die Grundlagen der Vererbung zu erinnern und die Mendelschen Gesetze zu berücksichtigen.

Halten wir zunächst fest, daß der genetische Mechanismus die Verwirklichung einer evolutionsstabilen Strategie verhindern kann. Wird etwa das betreffende Verhalten durch einen Genort mit zwei Allelen bestimmt, und die evolutionsstabile Strategie vom heterozygoten, nicht aber von den homozygoten Genotypen gespielt, so kann sie sich in der Bevölkerung nie vollständig durchsetzen – es vermag sich ja keine rein heterozygote Bevölkerung zu halten. Es ist also möglich, daß der genetische Mechanismus den strategischen Spielraum einschränkt (vgl. auch Abschnitt 5.4).

Wir werden im folgenden aber sehen, daß in vielen Fällen genetische und strategische Modelle miteinander sehr wohl verträglich sein können.

28.2 Auszahlung und Fertilität

Wir nehmen an, daß das Verhalten, welches uns interessiert, durch Gene beeinflußt wird. Die Auszahlung in dem Konflikt wird durch die Strategien der beteiligten Tiere bestimmt. Sie muß, um für die Evolution von Bedeutung zu sein, auf die eine oder andere Weise mit dem Erfolg bei der Fortpflanzung gekoppelt sein. Wie das alles im einzelnen geschieht, ist wohl von Fall zu Fall verschieden: solange es keine genaueren Anhaltspunkte über die Wirkung bestimmter Gene auf bestimmte Verhaltensweisen gibt, wird man sich auf möglichst einfache und allgemeine Modelle beschränken müssen.

Bei *symmetrischen Konflikten* scheinen zwei Ansätze naheliegend zu sein:

(a) Man kann annehmen, daß die Auszahlung vom Geschlecht des Tieres unabhängig ist und die Nachkommenschaft eines Paares durch das Produkt der Auszahlungen der beiden Elternteile gegeben wird. Das ist wohl für Konflikte, die nicht geschlechtsspezifisch sind (etwa um den Besitz einer Nahrungsquelle) das Natürlichste: der Fortpflanzungserfolg eines Paares wird um so größer sein, je besser genährt die beiden Elternteile sind.

(b) Die entgegengesetzte Annahme wäre die, wonach das betreffende Gen zwar von beiden Geschlechtern getragen wird, aber nur in einem Geschlecht zur Wirkung kommt, so daß die Nachkommenschaft eines Paares nur von der Auszahlung des entsprechenden Elternteils abhängt. Das ist für geschlechtsspezifische Konflikte (etwa um den Besitz eines Harems) ziemlich naheliegend. Der Fortpflanzungserfolg eines Gens, welches das Verhalten im Kampf ums Weibchen programmiert, wird durch seine Wirkung innerhalb der männlichen Bevölkerung bestimmt.

Ansatz (a) entspricht dem in Abschnitt 7.4 untersuchten Modell mit multiplikativen, geschlechtsunabhängigen Fertilitätsbeiträgen, Ansatz (b) dagegen der in Abschnitt 7.5 untersuchten Annahme, daß nur ein Geschlecht die Fertilität beeinflußt. In beiden Fällen sind freilich, im Unterschied zu Kapitel 7, die männlichen und weiblichen Beiträge des Genotyps zur Fertilität keine Konstanten, sondern hängen von den Häufigkeiten der Strategien, also auch der Genotypen, in der Bevölkerung ab. Auf die (eventuelle) Gültigkeit der Hardy-Weinberg-Beziehung hat das keinen Einfluß. Die monotone Zunahme der mittleren Fittness wird allerdings im allgemeinen nicht mehr erfüllt sein.

Um die Fertilitätsbeiträge zu berechnen, gehen wir davon aus, daß es n mögliche Strategien $E_1, \ldots, E_n$ gibt und k Allele $A_1, \ldots, A_k$. Die Männchen vom Genotyp A_iA_j verwenden die (möglicherweise gemischte) Strategie

$$p(ij) = (p_1(ij), \ldots, p_n(ij)) \in S_n \tag{28.1}$$

Wenn wir mit x_{ii} die Häufigkeit der Homozygoten A_iA_i bezeichnen, und mit $2x_{ij}$ die der Heterozygoten A_iA_j $(i \neq j)$ so wird die Häufigkeit der Strategie E_l in der männlichen Bevölkerung durch

$$b_l = \sum_{ij} p_l(ij)x_{ij} \tag{28.2}$$

geliefert, und die mittlere Auszahlung für die Strategie E_k durch

$$a_k = \sum_l a_{kl}b_l \tag{28.3}$$

wobei a_{kl} durch die Auszahlungsmatrix gegeben ist. Dann erhält man als Auszahlung für die A_iA_j-Männchen

$$\begin{aligned} m(ij) &= \sum_k p_k(ij)a_k \\ &= \sum_{klrs} a_{kl}p_k(ij)\, p_l(rs)x_{rs} \end{aligned} \tag{28.4}$$

also eine lineare Funktion der Genotyphäufigkeiten.

Im Fall (a) sind die weiblichen Fertilitätsbeiträge w(ij) gleich den m(ij), und man kommt zu Gleichungen der Gestalt (7.24) bzw. (7.25). Im Fall (b) sind die weiblichen Fertilitätsbeiträge konstant, spielen also keine Rolle, und man gelangt zu den Gleichungen (7.35) bzw. (7.37).

Bei *asymmetrischen Konflikten* kommt man zu ähnlichen Ausdrücken wie in (28.4) für die Fertilitätsbeiträge, nur hängen diese jetzt von den Genotyphäufigkeiten der anderen Bevölkerung ab. Die möglichen genetischen Mechanismen sind jetzt freilich noch vielfältiger als im symmetrischen Fall, allein schon deshalb, weil asymmetrische Konflikte ja nicht bloß innerhalb einer Art, sondern auch zwischen zwei Arten stattfinden können.

Wir wollen hier nicht die entsprechenden Gleichungen für die zahlreichen denkbaren Fälle herleiten, sondern bloß zwei Beispiele untersuchen: für symmetrische Konflikte das „Falken-Tauben"-Spiel aus Kapitel 23 und für asymmetrische Konflikte den „Kampf der Geschlechter" aus Kapitel 26.

28.3 Das „Falken-Tauben" Spiel

Im einfachsten Modell werden die zwei Strategien E_1 („Falke") und E_2 („Taube") durch einen Genort mit zwei Allelen A_1 und A_2 bestimmt.

Die Wahrscheinlichkeit für „Falken" innerhalb der drei möglichen Genotypen seien

$$P_o = p_1(11) \qquad P_1 = p_1(12) \qquad P_2 = p_1(22)$$

Die Auszahlungen a_1 und a_2 für „Falken" und „Tauben" werden wie in (28.3) gegeben, wobei die a_{ij} durch die Spielmatrix (23.13) bestimmt sind. Das liefert

$$\begin{aligned} m(11) &= P_o\, a_1 + (1-P_o)\, a_2 \\ m(12) &= P_1\, a_1 + (1-P_1)\, a_2 \\ m(22) &= P_2\, a_1 + (1-P_2)\, a_2 \end{aligned} \tag{28.5}$$

Wir setzen voraus, daß der Konflikt nicht geschlechtsspezifisch ist. Das führt zu dem im vorigen Abschnitt beschriebenen Ansatz (a). Weiters nehmen wir getrennte Generationen an. Dann kommen wir zu Differenzengleichungen der Gestalt (7.24), für welche das Hardy-Weinberg-Gesetz gilt. Bezeichnen wir mit p (statt wie bisher mit x_1) die Häufigkeit von A_1, so erhalten wir als Häufigkeit der „Falken" in der Bevölkerung

$$\begin{aligned} b &= P_o p^2 + 2p(1-p)P_1 + (1-p)^2 P_2 = \\ &= p^2(P_o + P_2 - 2P_1) + 2(P_1 - P_2)p + P_2 \end{aligned} \tag{28.6}$$

Mit der Auszahlungsmatrix (23.13) folgt daraus:

$$\begin{aligned} a_1 &= -45b + 10(1-b) \\ a_2 &= 0b + 4(1-b) \end{aligned} \tag{28.7}$$

Die Häufigkeit p' des Allels A_1 in der folgenden Generation wird durch (7.29) geliefert, also durch

$$p' = p\,\frac{m(11)p + m(12)(1-p)}{\Phi} \tag{28.8}$$

mit

$$\Phi = p[m(11)p + m(12)(1-p)] + (1-p)[m(12)p + m(22)(1-p)].$$

Die Gleichgewichtspunkte sind die Nullstellen von $G(p) = p'-p$. Eine kurze Rechnung liefert

$$G(p) = \frac{1}{\Phi}\, p(1-p)f(p)g(p)$$

mit

$$f(p) = p(P_0+P_2-2P_1) + P_1-P_2 \tag{28.9}$$

und

$$g(p) = a_1-a_2 = -51(b-\frac{6}{51}) = -51[p^2(P_0+P_2-2P_1) + 2(P_1-P_2)p + P_2 - \frac{6}{51}] \tag{28.10}$$

wobei $\frac{6}{51}$ gerade die – in (23.14) berechnete – Häufigkeit der Falkenstrategie im evolutionsstabilen Gleichgewicht ist.

Beachten wir, daß

$$\frac{dg}{dp}(p) = -\ 102f(p) \tag{28.11}$$

gilt. Wenn die quadratische Funktion g zwei reelle Nullstellen p_1 und p_2 besitzt, wird die Nullstelle $\hat{p}$ von f dazwischen liegen. Das erleichtert die Diskussion der Differenzengleichung (28.8). Wir haben nur zu beachten, daß der Gleichgewichtspunkt $\bar{p}$ einer Differenzengleichung $p' = F(p)$ genau dann stabil ist, wenn $\frac{d}{dp} F(\bar{p})$ zwischen -1 und 1 liegt (vgl. Abschnitt 9.5).

(A) Wenn P_0-P_1 und P_2-P_1 verschiedene Vorzeichen besitzen, liegt $\hat{p}$ außerhalb des Intervalls (0,1) (s. Abb. 28.1). Es gibt also höchstens einen Gleichgewichtspunkt in (0,1). Dieser entspricht einer Nullstelle von g.

Existiert er, so ist er global stabil: folglich stellt sich die evolutionsstabile Strategie in der Bevölkerung ein. Existiert so eine Nullstelle aber nicht, so setzt sich einer der beiden Homozygoten durch, und zwar der mit höherer Fitness. Dann wird nicht die evolutionsstabile Strategie angenommen, wohl aber das „Nächstbeste", das die Genetik erlaubt. – Fall (A) umfaßt auch den Fall der Dominanz ($P_0 = P_1$ oder $P_1 = P_2$).

(B) Wenn P_0-P_1 und P_2-P_1 gleiches Vorzeichen haben (etwa positiv) dann liegt $\hat{p}$ in (0.1). $\hat{p}$ ist genau dann stabil, wenn g keine reellen Nullstellen besitzt. Wenn g aber zwei Nullstellen hat, die beide in (0,1) liegen, so sind beide Gleichgewichtspunkte auch stabil, während $\hat{p}$, 0 und 1 unstabil sind. Hat g bloß eine Nullstelle in (0,1), so ist diese stabil, auch eine der homozygoten Nullstellen 0 oder 1 ist stabil, die andere aber unstabil. Liegen schließlich beide Nullstellen von g außerhalb von [0,1], so sind beide homozygoten Nullstellen stabil. Diese Fälle sind in Abb. 28.2 skizziert. Halten wir fest: wenn eine Nullstelle von g in [0,1] liegt, so ist sie stabil und entspricht gerade der evolutionsstabilen Strategie.

28.4 Der „Kampf der Geschlechter"

Hier ist es naheliegend, geschlechtsspezifische Wirkung der Gene anzunehmen, also Fall (b) in 28.2; und der Einfachheit halber auch gleich stetige Generationen, da es ja nach Abschnitt 7.5 die Differentialgleichungen sind, die zum Hardy-Weinberg-Gleichgewicht führen. Dieses Gleichgewicht setzen wir nunmehr voraus.

Die Strategien „treu" und „flatterhaft" seien durch einen Genort mit zwei Allelen A_1 und A_2 gesteuert: diese Allele kommen nur beim Männchen zur Geltung, obwohl auch Weibchen sie tragen.

Mit

$$P_0 = p_1(11) \qquad P_1 = p_1(12) \qquad P_2 = p_1(22)$$

bezeichnen wir die Häufigkeiten der „treuen" Männchen für die Genotypen A_1A_1,

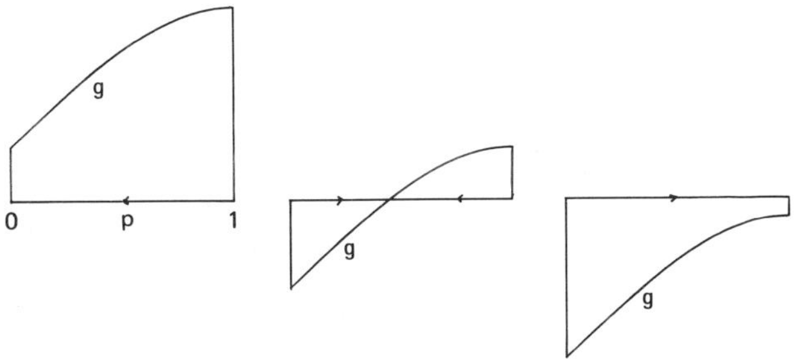

Abb. 28.1 Die Entwicklung der Genhäufigkeiten, falls P_0-P_1 und P_2-P_1 verschiedene Vorzeichen haben (3 Fälle)

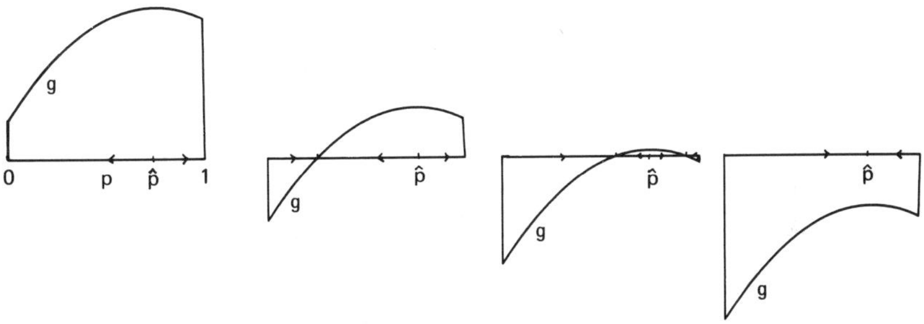

Abb. 28.2 Die Entwicklung der Genhäufigkeiten, falls P_0-P_1 und P_0-P_2 gleiches Vorzeichen haben

A_1A_2 und A_2A_2. Die Häufigkeit der „treuen" Männchen in der Bevölkerung ist dann

$$b = p^2(P_0+P_2-2P_1) + 2p(P_1-P_2) + P_2 \tag{28.12}$$

wobei p die Häufigkeit des Alleles A_1 ist.

Ein anderer ungekoppelter Genort steuere die Strategien „willig" und „spröd". Auch hier nehmen wir an, daß es zwei Allele B_1 und B_2 gilt, die nur beim Weibchen zur Wirkung kommen. Mit Q_0, Q_1 und Q_2 bezeichnen wir die Häufigkeiten der „willigen" Weibchen für die Genotypen B_1B_1, B_1B_2 und B_2B_2. Die Häufigkeit der „willigen" Weibchen in der Bevölkerung ist dann

$$\beta = q^2(Q_0+Q_2-2Q_1) + 2q\,(Q_1-Q_2) + Q_2 \tag{28.13}$$

wobei q die Häufigkeit des Allels B_1 ist.

Bezeichnen wir jetzt mit a_1 und a_2 die Auszahlungen für „treue" und „flatterhafte" Männchen, mit α_1 und α_2 die für „willige" und „spröde" Weibchen. Wenn wir die Auszahlungsmatrizen (26.1) verwenden, erhalten wir

$$\begin{aligned} a_1 &= 5\beta + 2(1-\beta) \qquad & a_2 &= 15\beta \\ \alpha_1 &= 5b - 5(1-b) \qquad & \alpha_2 &= 2b \end{aligned} \tag{28.14}$$

Die Auszahlungen der Genotypen sind

$$\begin{aligned} m(11) &= P_o a_1 + (1-P_o)a_2 & w(11) &= Q_o\alpha_1 + (1-Q_o)\alpha_2 \\ m(12) &= P_1 a_1 + (1-P_1)a_2 & w(12) &= Q_1\alpha_1 + (1-Q_1)\alpha_2 \\ m(22) &= P_2 a_1 + (1-P_2)a_2 & w(22) &= Q_2\alpha_1 + (1-Q_2)\alpha_2 \end{aligned} \quad (28.15)$$

Die Differentialgleichung für die Genhäufigkeit p wird gemäß (7.38) zu

$$\dot{p} = \frac{p}{2}\left\{m(11)p + m(12)(1-p) - p[m(11)p + m(12)(1-p)] - (1-p)[m(12)p + m(22)(1-p)]\right\}$$

und analog für q. Unter Verwendung von (28.14) und (28.15) ergibt sich

$$\begin{aligned} \dot{p} &= \frac{1}{2}p(1-p)f(p)\gamma(q) \\ \dot{q} &= \frac{1}{2}q(1-q)\,\varphi(q)g(p) \end{aligned} \quad (28.16)$$

mit

$$f(p) = p\,(P_o + P_2 - 2P_1) + P_1 - P_2 \quad (28.17)$$

$$\varphi(q) = q\,(Q_o + Q_2 - 2Q_1) + Q_1 - Q_2 \quad (28.18)$$

$$\begin{aligned} \gamma(q) &= a_1 - a_2 = -12\,(\beta - \tfrac{2}{12}) = \\ &= -12[q^2(Q_o + Q_2 - 2Q_1) + 2q\,(Q_1 - Q_2) + Q_2 - \tfrac{2}{12}] \end{aligned} \quad (28.19)$$

$$\begin{aligned} g(p) &= \alpha_1 - \alpha_2 = 8\,(b - \tfrac{5}{8}) = \\ &= 8\,[p^2(P_o + P_2 - 2P_1) + 2p(P_1 - P_2) + P_2 - \tfrac{5}{8}] \end{aligned} \quad (28.20)$$

Beachten wir die Beziehungen

$$\frac{d\gamma}{dq}(q) = -24\,\varphi(q) \qquad \frac{dg}{dp}(p) = 16\,f(p) \quad (28.21)$$

Wenn die quadratische Funktion g (bzw. γ) zwei reelle Nullstellen p_1 und p_2 (bzw. q_1 und q_2) besitzt, dann liegt die Nullstelle $\hat{p}$ von f (bzw. $\hat{q}$ von φ) dazwischen. Das erleichtert die Diskussion des Phasenporträts von (28.16) auf der invarianten Menge

$$Q = \{\,(p,q) \in \mathbb{R}^2 : 0 \leqslant p \leqslant 1,\, 0 \leqslant q \leqslant 1\,\}$$

Wir beschränken uns hier auf die wesentlichen Züge und übergehen entartete Situationen, wie etwa den Fall $2P_1 = P_o + P_2$.

Die vier Ecken des Quadrates Q (welche Paaren von Homozygoten entsprechen) sind Gleichgewichtspunkte. Wenn $\hat{p}$ in (0,1) liegt, erhalten wir ein zusätzliches Paar von Fixpunkten am Rand von Q, auf entgegengesetzten Seiten (Beachten wir, daß $\hat{p} \in (0,1)$ gerade dann gilt, wenn $P_0 - P_1$ und $P_2 - P_1$ gleiches Vorzeichen haben. Wir können in diesem Fall annehmen, daß beide Größen positiv sind – sonst vertauschen wir einfach die Indices der Strategien). Entsprechendes gilt für $\hat{q}$.

Im Inneren von Q kann es bis zu fünf Gleichgewichtspunkte geben, und zwar

(a) $(\hat{p},\hat{q})$, das „lineare Gleichgewicht",

und

(b) (p_1,q_1), (p_1,q_2), (p_2,q_1), (p_2,q_2), welche wir als „quadratische Gleichgewichte" bezeichnen. Die Zahl der quadratischen Gleichgewichte kann 0,1, 2 oder 4 sein: wenn alle vier in Q vorhanden sind, muß auch das lineare Gleichgewicht in Q liegen.

Sei $\mathbf{P} = (p_i,q_j)$ ein quadratisches Gleichgewicht. Die Jacobische von (28.16) ist von der Gestalt (vgl. (28.21)):

$$\begin{bmatrix} 0 & -C f(p_i)\varphi(q_j) \\ D\varphi(q_j)f(p_i) & 0 \end{bmatrix}$$

wobei C und D positive Konstanten sind. Die Eigenwerte von **P** sind somit rein imaginär, und **P** ist ein Zentrum. Setzen wir

$$V(p,q) = G(p) - \Gamma(q) \tag{28.22}$$

mit

$$G(p) = \int \frac{g(p)}{p(1-p)f(p)} dp$$

und

$$\Gamma(q) = \int \frac{\gamma(q)}{q(1-q)\varphi(q)} dq$$

(sowohl G als auch Γ sind mittels Partialbruchzerlegung leicht zu berechnen), so erhalten wir für die Ableitung der Funktion $V(p(t), q(t))$ sofort

$$\dot{V} \equiv 0 \tag{28.23}$$

also ist V eine Bewegungsinvariante. Die Bahnen sind daher – in einer Umgebung von **P** – periodisch. **P** ist stabil, aber nicht asymptotisch stabil. Die Genhäufigkeiten, und mithin auch die Strategien, werden oszillieren.

Betrachten wir nun eine geschlossene Bahn mit Periode T um den Punkt **P** herum. Aus (28.16), (28.13) und (28.19) folgt

$$\int_0^T \frac{2\dot{p}\,dt}{12p(1-p)f(p)} = -\int_0^T [\beta(t) - \frac{2}{12}]dt$$

Wegen der Periodizität ist der linke Ausdruck 0.

Also gilt

$$\frac{1}{T}\int_{0}^{T}\beta(t)dt = \frac{1}{6} \tag{28.24}$$

und analog

$$\frac{1}{T}\int_{0}^{T}b(t)dt = \frac{5}{8} \tag{28.25}$$

Die Zeitmittel der oszillierenden Strategien sind somit nichts anderes als die uns wohlvertrauten Werte des spieltheoretischen Gleichgewichts (s. Abschnitt 26.4).

Als numerisches Beispiel setzen wir $P_0 = P_2 = 1$, $Q_0 = Q_2 = \frac{1}{4}$, $P_1 = Q_1 = 0$. Dann gilt

$$\hat{p} = \hat{q} = \frac{1}{2} \quad p_1 = \frac{1}{4} \quad p_2 = \frac{3}{4} \quad q_1 = \frac{1}{2} - \sqrt{\frac{1}{12}} \quad q_2 = \frac{1}{2} + \sqrt{\frac{1}{12}}$$

Jedes Viertel des Quadrats enthält ein quadratisches Gleichgewicht und ist durch periodische Bahnen ausgefüllt (s.Abb. 28.3).

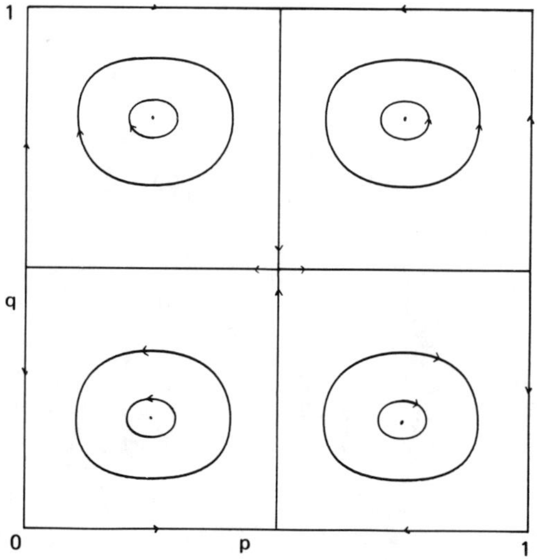

Abb. 28.3 Gleichung (28.16) mit $P_0 = P_2 = 1, P_1 = Q_1 = 0, Q_0 = Q_2 = \frac{1}{4}$

Nun noch zum linearen Gleichgewicht $(\hat{p},\hat{q})$. Es muß ein Sattel sein, wenn auch nur ein quadratisches Gleichgewicht in Q liegt (wie etwa im vorigen Beispiel). Andernfalls kann es auch eine Quelle oder Senke sein, je nach der Jacobischen, die von der Gestalt ist

$$\begin{bmatrix} C\,\gamma(\hat{q}) & 0 \\ 0 & Dg(\hat{p}) \end{bmatrix}$$

wobei C und D positive Konstanten sind. Als numerisches Beispiel betrachten wir $P_0 = P_2 = Q_0 = Q_2 = 1$, $Q_1 = 0$, $P_1 = \frac{1}{16}$. Dann konvergieren alle Bahnen im Inneren von Q gegen $(\hat{p},\hat{q}) = (\frac{1}{2},\frac{1}{2})$ (s. Abb. 28.4). Diese Strategien entsprechen nicht dem spieltheoretischen Gleichgewicht: sie sind das „Nächstbeste", das die Genetik zuläßt.

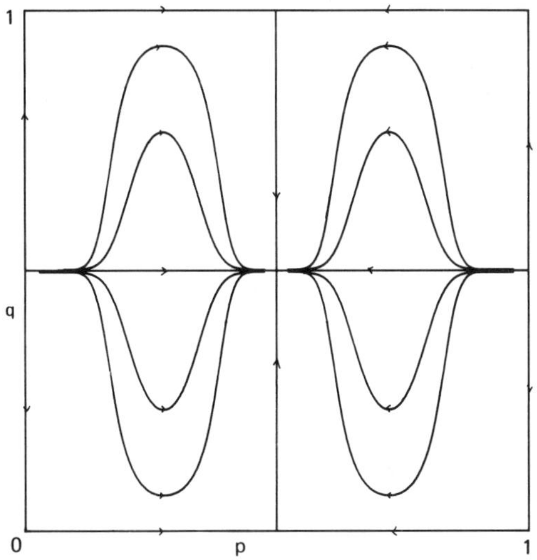

Abb. 28.4 Gleichung (28.16) mit $P_0 = P_2 = Q_0 = Q_2 = 1$, $Q_1 = 0$, $P_1 = \frac{1}{16}$

Fassen wir zusammen: Es kann zwar möglich sein, daß durch den sexuellen Vererbungsmechanismus das spieltheoretische Gleichgewicht nicht erreicht wird: in vielen Fällen – und speziell, wie man leicht nachprüft, bei Dominanz, also wenn $P_0 = P_1$ oder $P_1 = P_2$ gilt – werden sich die Strategien aber genau so verhalten wie im asexuellen Modell.

28.5 Anmerkungen

Dieses Kapitel hält sich weitgehend an Bomze et al. (1983). Das Paradigma von den genetischen und strategischen Modellen wurde von Oster und Rochlin (1979) formuliert. Kritische Äußerungen zu strategischen Modellen in der Evolution finden sich etwa bei Norman (1981) oder Auslander et al. (1978). Die ersten Arbeiten, die den Begriff der evolutionsstabilen Strategie mit den Mendelschen Vererbungsgesetzen verbinden, sind Hines (1980), Maynard Smith (1981) und Hofbauer et al. (1982).

Nachwort

Rückblickend sehen wir, daß sich die Gleichung

$$\dot{x}_i = x_i(\sum_j a_{ij}x_j - \sum_{r,s} a_{rs}x_r x_s) \qquad i = 1, \ldots, n$$

wie ein roter Faden durch alle Teile des Buches zieht. In der Populationsgenetik liefert sie die Selektionsgleichung (6.5), falls noch zusätzlich $a_{ij} = a_{ji}$ für alle i und j gilt. In der Populationsökologie entspricht sie, wie wir in Abschnitt 24.5 sahen, der Volterra-Lotka-Gleichung (14.3). In der präbiotischen Evolution spielt sie als Ratengleichung im Flußreaktor und insbesondere als Hyperzyklusgleichung (18.1) eine wichtige Rolle. In der Soziobiologie schließlich tritt sie als spieldynamische Gleichung bei der Beschreibung von Verhaltensweisen auf (s. Kapitel 24). – Die x_i sind im ersten Fall Häufigkeiten von Allelen in einem Genpool, im zweiten Fall die relativen Kopfzahlen von Tierpopulationen, im dritten Fall die Konzentrationen von selbstreproduzierenden Makromolekülen und im vierten Fall die Wahrscheinlichkeiten bestimmter Strategien. Die binären Koeffizienten a_{ij} beschreiben biologische bzw. chemische Wechselwirkungen in der Populationsökologie bzw. der präbiotischen Evolution; in der Populationsgenetik sind es Überlebenswahrscheinlichkeiten und in der Soziobiologie Auszahlungen bei gewissen Konflikten.

Dabei ist hervorzuheben, daß man in jedem der vier Gebiete auf unabhängige Weise zu der Gleichung gelangt ist.

Der gemeinsame biologische Nenner hinter den vier mathematischen Modellen läßt sich wohl am besten mit dem von Dawkins eingeführten Begriff des „Replikators" beschreiben. Darunter versteht man beliebige Einheiten, die kopiert werden können, und folgende zwei Bedingungen erfüllen:

(a) die Natur dieser Einheit muß einen gewissen Einfluß auf die Wahrscheinlichkeit ausüben, kopiert zu werden;

(b) die Einheit muß – zumindest im Prinzip – Vorfahre einer unendlich langen Abstammungslinie von Kopien sein können.

Ein Gen ist in diesem Sinn Replikator, solange es sich in der Keimbahn befindet. Ein Gen in einer Körperzelle kann nur einige wenige Male kopiert werden, und ist daher kein Replikator. Die RNA-Segmente, die als primitive Vorfahren der Gene in der präbiotischen Evolution untersucht werden, sind ebenfalls Replikatoren. Organismen sind keine Replikatoren, wenn sie sich sexuell vermehren, da sie bei der Fortpflanzung nicht identisch kopiert werden. Doch bei den einfachen populationsökologischen Modellen, die wir untersuchen, haben wir ja von allen Unterschieden abgesehen, und dürfen daher Organismen als Replikatoren behandeln. Ebenso sind natürlich auch genetische Programme – oder Strategien – keine Replikatoren im strengen Sinn, doch kann es bei manchen theoretischen oder empirischen Untersuchungen günstig sein, sie als solche zu behandeln.

In jedem Fall gibt die „Replikatorgleichung" nur einen ersten, rudimentären Ansatz zur mathematischen Beschreibung des biologischen Sachverhalts. In der Populationsgenetik beschreibt sie lediglich die Selektion an einem Genort; in der Populationsökologie wird von der alters- oder geschlechtsspezifischen Struktur der Bevölkerungen abgesehen; in der präbiotischen Evolution muß man extreme Vereinfachungen der chemischen Kinetik hinnehmen und in der Soziobiologie über die Mendelschen Gesetze hinwegsehen.

Es wäre ja auch mehr als verdächtig, wenn ein und dieselbe Gleichung, gewissermaßen als „Patentmedizin“, die Vielfalt evolutionären Geschehens beschreiben möchte. Immerhin wird ein fester Ausgangspunkt gewonnen, von welchem aus verfeinerte Modelle in Angriff genommen werden können.

Schließlich sei noch unterstrichen, wie klein der Ausschnitt der Evolutionstheorie ist, der in diesem Buch mit Hilfe der „Selektionsdynamik für Replikatoren“ behandelt wurde. Der wahrscheinlichkeitstheoretische Aspekt – also eine Hälfte der von „Zufall und Notwendigkeit“ geprägten Evolution – wurde außer acht gelassen. Zu dieser Einschränkung der mathematischen Methodik kommt eine noch drastischere Einschränkung der biologischen Fragestellung hinzu: der gesamte faszinierende Komplex der Makroevolution wurde übergangen. Die Evolution der Evolutionsmechanismen – wie etwa Steuerung der Mutations- und Rekombinationsraten, Ausprägung der Dominanz oder Entstehung der sexuellen Fortpflanzung – sowie der Ursprung und die Koevolution der Arten, mußten in dieser Darstellung, die nur Einführung sein wollte, unberücksichtigt bleiben.

Anmerkungen

Der Begriff des „Replikators“ wurde in dem Buch „The extended phenotype“ von Dawkins (1982) geprägt. Der mathematische Rahmen der „Replikatordynamik“ wird in Schuster und Sigmund (1983) abgesteckt. Mathematische Modelle über Koevolution und die Evolution der Evolutionsmechanismen findet man in dem Lehrbuch von Roughgarden (1979).

Literatur

Akin, E. (1979): The geometry of population genetics. Lecture Notes in Biomathematics 31. Berlin-Heidelberg-New York: Springer-Verlag.

Akin, E. (1980): Domination or equilibrium. Math. Biosciences **50**, 239–250.

Akin, E. (1982): Cycling in simple genetic systems, J. Math. Biology **13**, 305–324.

Akin, E., & J. Hofbauer (1982): Recurrence of the unfit. Math. Biosciences **61**, 51–63.

Andronov, A., E. Leontovich, I. Gordon & A. Maier (1973): Qualitative theory of second-order dynamic systems. New York: Halsted Press.

Armstrong, R.A., & R. Mc Gehee (1976): Coexistence of two competitors on one resource. J. Theor. Biology **56**, 499–502.

Arneodo, A., P. Coullet & C. Tresser (1980): Occurrence of strange attractors in three dimensional Volterra equations. Physics Letters **79A**, 259–263.

Auslander, D., J. Guckenheimer, & G. Oster (1978): Random evolutionarily stable strategies. Theor. Population Biology **13**, 276–293.

Bishop, T., & C. Cannings (1978): A generalized war of attrition. J. Theor. Biology **70**, 85–124.

Block, L., J. Guckenheimer, M. Misiurewicz, & L.S. Young (1980): Periodic points and topological entropy of one-dimensional maps. Lecture Notes in Mathematics **819**, 18–34, Berlin-Heidelberg-New York: Springer-Verlag.

Bodmer, W. (1965): Differential fertility in population genetic models. Genetics **51**, 411–424.

Bomze, I. (1983): Lotka-Volterra equations and replicator dynamics: A two dimensional classification. Biol. Cybern. **48**, 201–211.

Bomze, I., P. Schuster, & K. Sigmund (1983): The role of Mendelian genetics in strategic models on animal behaviour. J. Theor. Biology **101**, 19–38.

Bremermann, H.J. (1979): Theory of spontaneous cell fusion. J. Theor. Biology **76**, 311–334.

Bresch, C., & R. Hausmann (1972): Klassische und molekulare Genetik. (Dritte Auflage). Berlin-Heidelberg-New York: Springer-Verlag.

Bürger, R. (1983a): On the evolution of dominance modifiers I. J. Theor. Biology **101**, 285–298.

Bürger, R. (1983b): Nonlinear Analysis of some models for the evolution of dominance. J. math. Biology **16**, 269–280.

Bürger, R. (1983c): Dynamics of the classical genetic models for the evolution of dominance. Math. Biosciences **67**, 125–143.

Charlesworth, B. (1978): The population genetics of anisogamy. J. Theor. Biology **73**, 347–357.

Chenciner, A. (1977): Comportement asymptotique de systemès différentiels du type „compétition d'espèces". Comptes Rendus Ac.Sc. Paris **284**, 313–315.

Coppel, W. (1966): A survey of quadratic systems. J. Diff. Equs. 2, 293–304.

Coste, J., J. Peyraud, & P. Coullet (1978): Does complexity favor the existence of persistent ecosystems? J. Theor. Biology **73**, 359–362.

Coste, J., J. Peyraud, & P. Coullet (1979): Asymptotic behaviour in the dynamics of competing species. SIAM J. Appl. Math. **36**, 516–542.

Courant, R. (1955): Vorlesungen über Differential- und Integralrechnung, Bd. I und II. Berlin-Göttingen-Heidelberg: Springer-Verlag.

Crow, J.F., & M. Kimura (1970): An introduction to population genetics theory. New York: Harper & Row.

Darwin, Ch. (1859): On the origin of species by means of natural selection. Cambridge-London (1964): Nachdruck Harvard University Press.

Dawkins, R. (1976): The selfish gene. Oxford University Press. Deutsch: Das egoistische Gen. Berlin-Heidelberg-New York: Springer-Verlag (1978).

Dawkins, R. (1982): The extended phenotype. Oxford-San Francisco: Freeman.

Domingo, E., R. Flavell, & Ch. Weissmann (1976): In vitro site-directed mutagenesis: Generation and properties of an infectious extracistronic mutant of bacteriophage Q_β. Gene **1**, 3–26.

Ebeling, W., & R. Feistel (1982): Physik der Selbstorganisation und Evolution. Berlin: Akademie-Verlag.

Eibl-Eibesfeldt, I. (1972): Grundriß der vergleichenden Verhaltensforschung. Piper, München.
Eigen, M. (1971): Selforganization of matter and the evolution of biological macromolecules. Die Naturwissenschaften **58**, 465–523.
Eigen, M., W. Gardiner, P. Schuster, & R. Winkler-Oswatitsch (1981): Ursprung der genetischen Information. Spektrum der Wissenschaft **6**, 37–56.
Eigen, M., & P. Schuster (1979): The hypercycle: A principle of natural selforganization. Berlin-Heidelberg: Springer-Verlag.
Eigen, M., & P. Schuster (1982): Stages of Emerging Life – Five Principles of Early Organization. J. Molecular Evolution **19**, 47–61.
Eigen, M., P. Schuster, K. Sigmund, & R. Wolff (1980): Elementary step dynamics of catalytic hypercycles. Biosystems **13**, 1–22.
Epstein, I. (1979): Competitive coexistence of selfreproducing macromolecules. J. Theor. Biology **78**, 271–298.
Ewens, W.J. (1967): A note on the mathematical theory of the evolution of dominance. Amer. Naturalist **101**, 532–540.
Ewens, W.J. (1969): A generalized fundamental theorem of natural selection. Genetics **63**, 531–537.
Ewens, W.J. (1979): Mathematical Population Genetics. Berlin-Heidelberg-New York: Springer-Verlag.

Feldman, M., & S. Karlin (1971): The evolution of dominance: A direct approach through the theory of linkage and selection. Theor. Population Biology **2**, 482–492.
Feller, W. (1966): An Introduction to probability theory and its applications, vol. I. New York: Wiley.
Fibonacci, L. (1202): Tipographia delle Scienze Mathematiche e Fisiche. Roma.
Fisher, R.A. (1928): The possible modification of the response of the wild type to recurrent mutations. Amer. Naturalist. **62**, 115–126.
Fisher, R.A. (1930): The genetical theory of natural selection. Oxford: Clarendon Press.
Fox, S.W., & K. Dose (1972): Molecular evolution and the origin of life. San Francisco: Freeman.
Freedman, H. (1980): Deterministic mathematical models in population ecology. New York: Dekker.

Gard, T., & T. Hallam (1979): Persistence in food webs I: Lotka-Volterra Food Chains. Bull. Math. Biology **41**, 877–891.
Gause, G.F. (1934): The struggle for existence. Baltimore: Williams and Wilkins.
Guckenheimer, J. (1977): On the bifurcation of maps of the interval. Inventiones Math. **39**, 165–178.

Hadeler, K.P. (1974): Mathematik für Biologen. Berlin-Heidelberg-New York: Springer-Verlag.
Hadeler, K.P. (1981): Stable polymorphisms in a selection model with mutation. SIAM J. Appl. Math. **41**, 1–7.
Hadeler, K.P., & D. Glas (1983): Quasimonotone systems and convergence to equilibrium in a population genetic model. J. Math. Anal. Appl. **95**, 297–303.
Hadeler, K.P., & U. Liberman (1975): Selection models with fertility differences. J. Math. Biology **2**, 19–32.
Haldane, J.B.S. (1932): The causes of evolution. New York: Harper and Row.
Hamilton, W.D. (1964): The genetical evolution of social behaviour. J. Theor. Biology **7**, 1–52.
Hamilton, W.D. (1972): Altruism and related phenomena, mainly in social insects. Am. Rev. Ecol. Syst. **3**, 193–232.
Hammerstein, P. (1979): The role of asymmetries in animal contests. Animal Behaviour 29, 193–205.
Hammerstein, P., & Parker (1982): The asymmetric war of attrition. J. Theor. Biol. **96**, 647–682.
Hardy, G. (1908): Mendelian proportions in a mixed population. Science **28**, 49–50.
Harrisson, G.W. (1978): Global stability of food chains. Amer. Naturalist. **114**, 455–457.
Hassenstein, B. (1980): Instinkt-Lernen-Spielen-Einsicht. München: Piper-Verlag.
Hassard, B.D., N.D. Kazarinoff, & Y.-H. Wan (1981): Theory and Applications of Hopf Bifurcation. London Math. Society Lecture Note Series **41**, Cambridge University Press.
Hastings, A. (1981a): Stable cycling in discrete-time genetic models. Proc. Natl. Acad Sci. USA **11**, 7224–7225.
Hastings, A. (1981b): Simultaneous stability of $D = 0$ and $D \neq 0$ for multiplicative viabilites at two loci: An analytical study. J. Theor. Biology **89**, 69–81.
Hines, G. (1980): An evolutionarily stable strategy model for randomly mating diploid populations. J. Theor. Biology **87**, 379–384.
Hirsch, M., & S. Smale (1974): Differential Equations, Dynamical Systems and Linear Algebra. New York: Academic Press.
Hofbauer, J. (1981a): On the occurrence of limit cycles in the Volterra-Lotka equation. Nonlinear Analysis. TMA **5**, 1003–1007.

Hofbauer, J. (1981b): A General Cooperation Theorem for Hypercycles. Monatsh. Math. **91**, 233–240.
Hofbauer, J., P. Schuster, & K. Sigmund (1979): A note on evolutionarily stable strategies and game dynamics. J. theor. Biology **81**, 609–612.
Hofbauer, J., P. Schuster, & K. Sigmund (1981): Competition and cooperation in catalytic selfreplication. J. Math. Biol. **11**, 155–168.
Hofbauer, J., P. Schuster, & K. Sigmund (1982): Game dynamics for Mendelian Populations. Biol. Cybern. **43**, 51–57.
Hofbauer, J., P. Schuster, K. Sigmund, & R. Wolff (1980): Dynamical Systems under constant organization. Part 2: Homogeneous growth functions of degree 2. SIAM J. Appl. Math. **38**, 282–304.
Hsu, S., S. Hubbell, & P. Waltman (1978): Competing predators. SIAM J. Appl. Math. **35**, 617–625.
Hurewicz, W. (1958): Lectures on Ordinary Differential Equations. New York: Wiley.

Jagers, P. (1975): Branching processes with biological applications. London: Wiley.
Johansson, I. (1980): Meilensteine der Genetik. Hamburg-Berlin: Verlag Paul Parey.
Jones, B., R. Enns, & S. Ragnekar (1976): On the theory of selection of coupled macromolecular systems. Bull. Math. Biol. **38**, 15–28.

Karlin, S. (1975): General Two-Locus Selection Models: Some Objectives, Results and Interpretations. Theor. Population Biology **7**, 364–398.
Karlin, S., & J. Mc Gregor (1974): Towards a theory of the evolution of modifier genes. Theor. Population Biology **5**, 59–103.
Kingman, J. (1961): A matrix inequality. Quarterly J. Math. **12**, 78–80.
Kolmogoroff, A. (1936): Sulla teoria di Volterra della lotta per l'esistenza. Giornale dell'Istituto Ital. Attuari **7**, 74–80.
Küppers, B.O. (1983): Molecular theory of evolution. Berlin: Springer-Verlag.

Levin, S. (1970): Community equilibria and stability, and an extension of the competitive exclusion principle. Amer. Naturalist **104**, 413–423.
Levin, S. (1978): Studies in Mathematical Biology. MAA Studies in Mathematics. Vol. 15 and 16.
Li, C. (1972): Population genetics. Chicago: University Press.
Lorenz, K. (1974): Das sogenannte Böse. München: Deutscher Taschenbuchverlag.
Lorenz, K. (1978): Vergleichende Verhaltensforschung. Wien-New York: Springer-Verlag.
Losert, V., & E. Akin (1983): Dynamics of games and genes: Discrete versus continuous time. J. Math. Biology **17**, 241–251.
Lotka, A.J. (1920): Undamped oscillations derived from the law of mass action. J. Am. Chem. Soc. **42**, 1595–1598.

Mac Arthur, R., & E.O. Wilson (1967): The theory of island biogeography. Princeton University Press.
Malthus, R. (1798): An essay on the principles of population. London.
Marsden, J., & M. Mc Cracken (1976): The Hopf bifurcation and its applications. Appl. Math. Sciences, Vol. 19. Berlin-Heidelberg-New York: Springer-Verlag.
May, R.M. (1973): Stability and complexity in model ecosystems. Princeton University Press.
May, R.M. (1976): Simple mathematical models with very complicated dynamics. Nature **261**, 459–467.
May, R.M., & W. Leonard (1975): Nonlinear aspects of competition between three species. SIAM J. Appl. Math. **29**, 243–252.
May, R.M., & Oster (1976): Bifurcations and dynamic complexity in simple ecological models. Am. Naturalist **110**, 573–599.
Mayr, E. (1967): Artbegriff und Evolution. Hamburg-Berlin: Verlag Paul Parey.
Maynard Smith, J. (1970): Mathematical Ideas in Biology. Cambridge University Press.
Maynard Smith, J. (1972): Game theory and the evolution of fighting. In: J. Maynard Smith, On Evolution, Edinburgh University Press.
Maynard Smith, J. (1974a): Models in Ecology. Cambridge University Press.
Maynard Smith, J. (1974b): The theory of games and the evolution of animal conflicts. J. Theor. Biol. **47**, 209–221.
Maynard Smith, J. (1976): Evolution and the theory of games. Amer. Scientist **64**, 41–45.
Maynard Smith, J. (1978): The evolution of sex. Cambridge University Press.
Maynard Smith, J. (1981): Will a sexual population evolve to an ESS? Amer. Naturalist **177**, 1015–1018.

Maynard Smith, J. (1982): Evolutionary game theory. Cambridge University Press.

Maynard Smith, J., & G. Parker (1976): The logic of asymmetric contests. Animal Behaviour **24**, 159–179.

Maynard Smith, J., & G. Price (1973): The logic of animal conflicts. Nature **246**, 15–18.

Mc Gehee, R., & R.A. Armstrong (1977): Some mathematical problems concerning the ecological principle of competitive exclusion. J. Diff. Equs. **23**, 30–52.

Mendel, G. (1866): Versuche über Pflanzenhybriden. Verhandlungen des Naturforscher-Vereins in Brünn.

Miller, S., & L. Orgel (1973): The origins of life on earth. New Jersey: Prenctice Hall.

Monod, J. (1970): Le hasard et al necessite. Edition du Seuil, Paris. Deutsch: Zufall und Notwendigkeit. München: Piper-Verlag.

Morgan, Th. (1926): The theory of the gene. Yale Univ. Press.

Mulholland, H., & C. Smith (1959): An inequality arising in genetical theory. Amer. Math. Monthly **66**, 673–683.

Nagylaki, T. (1977): Selection in one- and two-locus systems. Lecture Notes in Biomathematics **15**. Springer-Verlag.

Nagylaki, T., & J.F. Crow (1974): Continuous selective models. Theor. Population Biology **5**, 257–283.

Neumann, J.v., & O. Morgenstern (1953): Theory of games and economic behaviour. Princeton, N.J.

Nitecki, Z. (1978): A periodic attractor determined by one function. J. Differential Equations **29**, 214–234.

Nöbauer, W., & W. Timischl (1979): Mathematische Modelle in der Biologie. Braunschweig-Wiesbaden: Vieweg-Verlag.

Norman, F. (1981): Sociobiological variation on a Mendelian theme. In: Grossberg, Mathematical Psychology and Psychophysiology. SIAM-AMS-Proceedings **13**, 187–196.

Osche, G. (1973): Ökologie. Freiburg-Basel-Wien: Herder-Verlag.

Oster, G., & S. Rochlin (1979): Optimization models in evolutionary biology. AMS Lectures on Mathematics in the life sciences **11**, 21–88.

Parker, G. (1978): Selection in non-random fusion of gametes during the evolution of anisogamy. J. theor. Biol. **73**, 1–28.

Parker, G., R. Baker, & V. Smith (1972): The origin and evolution of gamete dimorphism and the male-female-phenomenon. J. theor. Biol. **36**, 529–553.

Parsons, P., & W. Bodmer (1961): The evolution of overdominance, natural selection and heterozygote advantage. Nature **190**, 7–12.

Pollak, E. (1978): With selection for fecundity the mean fitness does not necessarily increase. Genetics **90**, 383–389.

Pollak, E. (1979): Some models of genetic selection. Biometrics **35**, 119–137.

Pontrjagin, L.S. (1962): Ordinary Differential Equations. London-Paris: Pergamon Press.

Rauhut, B., N. Schmitz, & E. Zachow (1979): Spieltheorie. Stuttgart: Teubner-Verlag.

Rescigno, A., & I. Richardson (1965): On the competitive exclusion principle. Bull. Math. Biophysics **27**, 85–89.

Rescigno, A. & I. Richardson (1967): The struggle for life I: Two species. Bull. Math. Biophysics **29**, 377–387.

Rescigno, A. (1968): The struggle for life II: Three competitors. Bull. Math. Biophysics **30**, 291–298.

Riedl, R. (1975): Die Ordnung des Lebendigen. Systembedingungen der Evolution. Hamburg-Berlin: Verlag Paul Parey.

Rosenzweig, M.L., & R.H. Mac Arthur (1963): Graphical representation and stability condition of predator-prey interaction. Am. Naturalist **97**, 209–223.

Roughgarden, J. (1979): Theory of Population Genetics and Evolutionary Ecology. New York: Mac Millan.

Roux, C. (1977): Fecundity differences between mating pairs for a single autosomal locus, sex differences in viabilities and nonoverlapping generations. Theor. Population Biology **12**, 1–9.

Scheuer, P., & S. Mandel (1959): An inequality in population genetics. Heredity **13**, 519–524.

Schidlowski, M. (1981): Die Geschichte der Erdatmosphäre. Spektrum der Wissenschaft, 16–27.

Schneider, F., D. Neuser, & M. Heinrichs (1979): Hysteretic behaviour in poly(A)-poly (U) synthesis in a stirred flow reactor. In: Balaban (Ed.): Molecular mechanisms of biological recognition, pp. 241–252. Amsterdam: Elsevier-Verlag.

Schuster, P. (1981): Prebiotic Evolution. In: Gutfreund, H. (Ed.): Biochemical Evolution, Cambridge: Cambridge Univ. Press, pp. 15–87.

Schuster, P., & K. Sigmund (1980a): Self-organization of biological macromolecules and evolutionarily stable strategies. In: Dynamics of Synergetic Systems, 156–169. Berlin-Heidelberg-New York: Springer-Verlag.

Schuster, P., & K. Sigmund (1980b): A mathematical model of the hypercycle. In: Dynamics of Synergetic Systems, 170–178. Berlin-Heidelberg-New York: Springer-Verlag.

Schuster, P., & K. Sigmund (1981): Coyness, philandering and stable strategies. Anim. Beh. **29**, 186–192.

Schuster, P., & K. Sigmund (1982): A note on the evolution of sexual dimorphism. J. theor. Biol. **94**, 107–110.

Schuster, P., & K. Sigmund (1983): Replicator Dynamics. J. theor. Biology **100**, 533–538.

Schuster, P., K. Sigmund, J. Hofbauer, & R. Wolff (1981a): Selfregulation of behaviour in animal societies. Part 1: Symmetric contests. Biol. Cybern. **40**, 1–8.

Schuster, P., K. Sigmund, J. Hofbauer, & R. Wolff (1981b): Selfregulation of behaviour in animal societies. Part 2: Games between two populations without selfinteraction. ibid, 9–15.

Schuster, P., K. Sigmund, J. Hofbauer, R. Gottlieb, & A. Merz (1981c): Selfregulation of behaviour in animal societies. Part 3: Games between two populations with selfinteraction. ibid, 17–25.

Schuster, P., K. Sigmund, & R. Wolff (1978): Dynamical systems under constant organization. Part 1: A model for catalytic hypercycles. Bull. Math. Biophysics **40**, 743–769.

Schuster, P., K. Sigmund, & R. Wolff (1979a): Dynamical systems under constant organization. Part 3: Cooperative and competitive behaviour of hypercycles. J. Diff. Equs. **32**, 357–368.

Schuster, P., K. Sigmund, & R. Wolff (1979b): On ω-limits for competition between three species. SIAM J. Appl. Math. **37**, 49–54.

Schuster, P., K. Sigmund, & R. Wolff (1980): Mass action kinetics of selfreplication in flow reactors. J. Math. Anal. Appl. **78**, 88–112.

Schuster, P., & J. Swetina (1982): Selfreplication with errors: A model for polynucleotide replication. Biophys. Chem. **16**, 329–345.

Schwerdtfeger (1978): Lehrbuch der Tierökologie. Hamburg-Berlin: Verlag Paul Parey.

Scudo, F., & J. Ziegler (1978): The golden age of theoretical ecology, 1923–1940. Lecture Notes in Biomathematics 22.

Selten, R. (1980): A note on evolutionarily stable strategies in asymmetrical animal conflicts. J. theor. Biology **84**, 93–101.

Sharkowski, A. (1964): Koexistenz von Zyklen von stetigen Abbildungen der Geraden in sich (russisch). Ukr. Mat. Z. **16**, 61–71.

Shahshahani, S. (1979): A new mathematical framework for the study of linkage and selection. Memoirs AMS **211**.

Sheppard, P.M. (1958): Natural selection and heredity. London: Hutchinson.

Sieveking (1983): persönliche Mitteilung.

Slatkin, M., & J. Maynard Smith (1979): Models of coevolution. Quarterly Review of Biology **54**, 233–263.

Smale, S. (1976): On the differential equations of species in competition. J. Math. Biol. **3**, 5–7.

Smale, S., & R. Williams (1976): The qualitative analysis of a difference equation of population growth. J. Math. Biol. **3**, 1–4.

So, J. (1979): A note on global stability and bifurcation phenomenon of a Lotka-Volterra food chain. J. theor. Biol. **80**, 185–187.

Spiegelman, S. (1971): An approach to the experimental analysis of precellular evolution. Quart. Rev. Biophysics **4**, 213–253.

Taylor, P. (1979): Evolutionarily stable strategies with two types of players. J. Appl. Prob. **16**, 76–83.

Taylor, P., & L. Jonker (1978): Evolutionarily stable strategies and game dynamics. Math. Biosciences **40**, 145–156.

Thompson, C., & J. Mc Bride (1974): On Eigen's theory of selforganization of matter and evolution of biological macromolecules. Math. Biosciences **21**, 127–145.

Tinbergen, N. (1972): Instinktlehre. Berlin-Hamburg: Verlag Paul Parey.

Trivers, R. (1972): Parental investment and sexual selection. In: Sexual selection and the descent of man (Ed. Campbell). London: Heinemann.

Trivers, R., & H. Hare (1976): Haplodiploidity and the evolution of social insects. Sciences **191**, 249–263.

Verhulst, P.F. (1845): Recherches mathematiques sur le taux d'accroissement de la population. Mem. Acad. Roy. Belgique. **18**, 1–38.

Volterra, V. (1931): Leçons sur la theorie mathematique de la lutte pour la vie. Paris: Gauthier-Villars.

Wagner, G., & R. Bürger (1983): On the evolution of dominance modifiers II, Vordruck.

Watson, J.D. (1977): The molecular biology of the genes. New York: Benjamin.

Weinberg, W. (1908): Über den Nachweis der Erblichkeit. Jb. Ver. Vaterl. Naturk. Württemberg **64**, 368–382.

Wickler, W., & U. Seibt (1977): Das Prinzip Eigennutz. Hamburg: Hoffmann und Campe-Verlag.

Williams, G.C. (1975): Sex and evolution. Princeton University Press.

Wilson, E. (1975): Sociobiology. Belknap Press, Cambridge, Ma.

Wright, S. (1921): Systems of mating. Genetics **6**, 111–178.

Wright, S. (1931): Evolution in Mendelian populations. Genetics **16**, 97–159.

Zeeman, E.C. (1980): Population dynamics from game theory. In: Global Theory of dynamical systems, Lecture Notes in Mathematics **819**.

Zeeman, E.C. (1981): Dynamics of the evolution of animal conflicts. J. theor. Biology **89**, 249–270.

Sachverzeichnis